ALLGEMEINE SINNESPHYSIOLOGIE

STELLUNG UND BEDEUTUNG DES SINNESPHYSIOLOGISCHEN VERSUCHES IM BEREICH DER OBSERVATION, DES EXAKTEN EXPERIMENTES UND DER BEGRIFFSBILDUNG

VON

YRJÖ RENQVIST-REENPÄÄ
PROFESSOR FÜR PHYSIOLOGIE AN DER UNIVERSITÄT HELSINKI

MIT 15 TEXTABBILDUNGEN

WIEN
VERLAG VON JULIUS SPRINGER
1936

ISBN-13:978-3-7091-9596-3 e-ISBN-13:978-3-7091-9843-8
DOI: 10.1007/978-3-7091-9843-8

Vorwort.

v. KRIES publizierte seine bekannte „Allgemeine Sinnesphysiologie" im Jahre 1923. Seitdem ist meines Wissens kein ähnliches Werk erschienen. v. KRIES' Autorität sowie der Umstand, daß der Begriff *allgemeine* Sinnesphysiologie während der inzwischen verflossenen langen Zeitspanne nicht gebraucht und nicht entwickelt worden ist, bedingen, daß Inhalt und Grenzen der Sinnesphysiologie auch in der vorliegenden Arbeit in dem ihnen von jenem Forscher verliehenen Sinne verstanden worden sind. Im Vorwort seines Buches erwähnt v. KRIES, er werde sein Thema vorwiegend vom Standpunkt des Physiologen aus behandeln, sagt aber, daß er die große Bedeutung der Logik und der Erkenntnistheorie für die allgemeine Sinnesphysiologie in Betracht ziehen müsse. Und in seiner Behandlung kommt denn auch die zentrale, ja fast ausschlaggebende Bedeutung dieser Disziplinen darin zum Ausdruck, daß sie in speziellen Kapiteln des Buches Beachtung gefunden haben, sowie ferner darin, daß sein ganzer Stil der Behandlung von erkenntniskritischem Geiste durchdrungen ist. Am Ende seiner Vorrede bemerkt v. KRIES, daß wir von einer endgültigen Lösung der logischen und erkenntnistheoretischen Probleme nicht sprechen können, und daß die Verknüpfung dieser Fragen auch mit sinnesphysiologischen Problemen für ihre fortlaufende Entwicklung von Nutzen sein werde. Kurz: v. KRIES hat die *allgemeine Sinnesphysiologie* als ein erkenntnistheoretisches Problem der Beziehungen zwischen unsern Inhalten und den Dingen der Außenwelt behandelt, wobei gemäß der Art des Materials die Inhalte, nebst ihren Entsprechungen, die in den typischen sinnesphysiologischen Versuchen vorkommen, den Hauptgegenstand der Behandlung bilden.

Auch der Verfasser dieser Abhandlung betrachtet die Analyse des Versuchstyps, den wir als den sinnesphysiologischen Versuch bezeichnen, als die Aufgabe der allgemeinen Sinnesphysiologie. Wie aus der folgenden Darstellung, glaube ich, hervorgehen wird, ist dieser Versuchstyp außerdem in bestimmtem Sinne mit der *exakten Observation* überhaupt zu identifizieren, so wie diese in allen exakten Wissenschaften zutage tritt. Demgemäß würde die allgemeine Sinnesphysiologie die allseitige Erforschung der exakten Observation einschließen. Zumal heute, wo im Kreis der exakten Wissenschaften (in der Physik) Schwierigkeiten aufgetaucht sind, die offenbar irgendwie mit den dabei auszuführenden Observationen zusammenhängen, und wo die logische und erkenntnistheoretische Forschung in kräftiger Entwicklung begriffen sind, ist es vom Standpunkt der in der oben angegebenen Weise verstandenen allgemeinen Sinnesphysiologie ganz natürlich, wenn man diese Dinge im Zusammenhang zu studieren versucht. Die allgemeine Sinnesphysiologie würde demnach die Psychologie und Erkenntnistheorie der exakten Observation umfassen.

Aus der Entwicklung dieser Arbeit geht hervor, daß sie von einem Sinnesphysiologen verfaßt, sowie daß sie in erster Linie für einen physiologisch und psychologisch geschulten Leserkreis bestimmt ist. Im Anfangsteil der Abhandlung wird der sinnesphysiologische Versuch so dargestellt, wie ihn diese Leser aus den Handbüchern der Physiologie und Psychologie kennen. Die fortgesetzte Behandlung des Themas zeigt, daß eine Entwicklung darüber hinaus ohne die Hilfe der Denkwissenschaft, der *Logik*, nicht möglich ist. Und in diesem Zusammenhang gelangt man dann nicht nur zu einer logischen und erkenntniskritischen Untersuchung des sinnesphysiologischen Versuches sowie der in enger Verbindung damit stehenden Versuche der Geometrie und der Mechanik, sondern vice versa auch zu einer Untersuchung der Wahrnehmungsgrundlagen unserer Denkverfahren. Die Behandlung des Stoffes geht somit aus von der Basis des vorliegenden sinnesphysiologischen Materials und wendet sich erst allmählich allgemeineren Gesichtspunkten zu. Vom Standpunkt der Gesamtheit des Stoffes ist dies natürlich eine Schwäche, aber ich glaube, daß es zumal einem Leser, der wohl in der Sinnesphysiologie und Psychologie, nicht aber in der heutigen Logik und Erkenntnistheorie bewandert ist, die Arbeit wesentlich erleichtert. Das Buch dürfte denn auch für jeden, der ein wenig allgemeine Vorkenntnisse besitzt, leicht zu lesen sein.

Die Darstellungsform meiner Arbeit ist jedoch ausschlaggebend dadurch bestimmt worden, daß mir als Physiologen das sinnesphysiologische Material als Ausgangspunkt gedient hat, und daß ich erst allmählich zur Einsicht darüber gekommen bin, welches die Berührungspunkte dieses Versuchstypus mit den andern wissenschaftlichen Disziplinen sind, und wie diese Zusammenhänge zu entwickeln und zu gestalten wären. Die Abhandlung kann demgemäß natürlich keinen Anspruch darauf machen, irgendein fertiges Lehrgebäude des sinnesphysiologischen Experimentes oder überhaupt der exakten Observation vorzulegen. Dagegen möchte ich es als den Hauptzweck meiner Arbeit betrachten, daß die Aufmerksamkeit mehr als bisher darauf hingelenkt wird, eine wie entscheidend wichtige Bedeutung das Studium der Observation und besonders der exakten Observation für das Verständnis der Grundlagen der exakten Wissenschaften hat.

Schließlich ist es mir eine große Freude, meinem verehrten Kollegen, dem Professor der Mathematik R. NEVANLINNA, für die große Liebenswürdigkeit der Durchsicht meiner Arbeit zu danken. Seine meinen darin dargelegten Ideen erteilte Billigung ist mir besonders wertvoll. Desgleichen bin ich meinem verehrten Kollegen, Herrn Professor E. KAILA, zu großem Danke verpflichtet, sowohl für seine Durchsicht der Arbeit wie für unsere gemeinsamen Gespräche, die mich veranlaßten, mich mit der Logik zu beschäftigen.

Helsinki, 18. April 1936. DER VERFASSER.

Inhaltsverzeichnis.

Einleitung.

Die Sinnesphysiologie im weiteren Sinne ist den Forschungsgebieten der Naturwissenschaft nicht gleichzustellen. Zu dem Untersuchungskreis der Sinnesphysiologie gehören die sog. Empfindungen, welche Inhalte oder Erlebnisse sind und nicht Außendinge, Gegenstände oder Vorgänge der Außenwelt, welch letztere ausschließlich zum Forschungsgebiet der eigentlichen Naturwissenschaften gehören. Die Sinnesphysiologie ist auch keine reine Psychologie, ja nicht einmal ein Teil der Psychologie, sofern wir unter Psychologie nur die Erforschung psychischer Umstände verstehen. Denn einen sehr wesentlichen Teil der Sinnesphysiologie bildet die Untersuchung der Entsprechungen der Empfindungen, der sog. Reize, die zu der Außenwelt gehören. Auf diese Weise wird die Sinnesphysiologie, wenn wir ihr Forschungsgebiet etwas konventionell definieren, am nächsten *Psychophysik* sein. Zu dem Kreis ihrer Forschung gehört sowohl die Untersuchung unserer Inhalte von Empfindungscharakter als der diesen „entsprechenden" Reize, sowie besonders die Klarlegung dessen, welcher Natur die Entsprechung ist, die zwischen dem erwähnten psychischen und physischen Bereich besteht.

Zum Kreise der Sinnesphysiologie gehört auch das Studium der Physiologie der Sinnesorgane mittels ähnlicher physiologischer Methoden, wie sie bei der Untersuchung der übrigen Organe des Organismus verwendet werden. Die Physiologie der Sinnesorgane gestaltet sich so entweder gewissermaßen zu einem Teil der übrigen Physiologie, wobei die spezielle Funktion der Sinnesorgane, die „Vermittlung" von Empfindungen unberücksichtigt bleibt, oder aber sie verschmilzt dadurch, daß die Empfindungen selbst dennoch Beachtung finden mit der Sinnesphysiologie im allgemeinen Sinne, trotzdem die Hauptaufmerksamkeit dem Organ zugewandt wird.

Wenn man die *Entwicklung* der Sinnesphysiologie betrachtet, bemerkt man, daß die psychophysische Natur dieses Forschungsgebietes in den ersten Zeiten die Richtschnur der Untersuchung bildete. GOETHES wunderbare Vorstellung vom Licht und vom Sehen, wonach ein inneres und ein äußeres Licht, indem sie einander begegnen und miteinander vereinigt werden, das Sehen bedingen, ist in diesem Sinne gleichsam ein

Vorläufer der eigentlichen systematischen sinnesphysiologischen Forschung. E. H. Weber, Fechner, Hering waren bei ihren Untersuchungen ebenfalls immer auf die psychophysische Kernfrage dieses Forschungsgebietes gerichtet. Auch Helmholtz, v. Kries, v. Frey und andere Sinnesphysiologen der älteren Generationen haben diese Kernfrage nicht aus ihrem Gesichtskreis verloren. Dagegen kann man wohl sagen, daß in unseren Tagen das Studium der Physiologie der Sinnes*organe* als eines mehr reinen, nur physiologischen Forschungsgebietes in den Vordergrund getreten ist. In diesem Sinne wird die Sinnesphysiologie von der Adrianschen Schule untersucht. Die Erforschung der Kernfrage der Sinnesphysiologie ist somit mehr auf die Forscher der Psychologie übergegangen. In dem Verfasser dieser Abhandlung hat sich jedoch allmählich die Auffassung gebildet, daß wir in dem sinnesphysiologischen Versuch den Grundtypus allen exakten Experimentierens besitzen, und deswegen muß auch der Sinnesphysiologie im weiteren Sinne meines Erachtens nach wie vor ein Platz unter den naturwissenschaftlichen Forschungsgebieten eingeräumt werden, wo das exakte Experiment eine so zentrale Stellung einnimmt.

Die Modalkreise.

Wenn wir zur Behandlung der Sinnesphysiologie in dem vorerwähnten weiteren Sinne schreiten, beginnen wir unsere Behandlung ganz konventionell mit einer Zweiteilung. Wir behandeln zunächst die *Inhalte* oder die sog. Empfindungen und darauf deren Entsprechungen, die sog. *Reize*. Diese herkömmliche Einteilung ist auch rein didaktisch am vorteilhaftesten.

Wir versuchen zunächst, den typischen Verlauf des *sinnesphysiologischen Versuches* zu schildern. Unsere Schilderung wird Worte und Termen enthalten, deren Bedeutung vorläufig ungenau bleibt und erst im Laufe der späteren Behandlung genau definiert wird [Renqvist (*16*, *17*)]. Bei dem sinnesphysiologischen Versuch werden der *Versuchsperson* Inhalte dargeboten, die in der Regel mehr oder weniger *gestaltet*, d. h. in bestimmter Weise mannigfaltig sind, und an denen man gleichsam einzelne Seiten oder Momente unterscheiden kann. So stellt z. B. der sich uns darbietende Sehgestaltsinhalt eine Art Totalität dar, als deren Momente wir Farben, Formen, Intensitäten usw. unterscheiden können. Bei dem typischen sinnesphysiologischen Versuch soll nun die Versuchsperson nicht die Totalgestalt beachten, sondern ausschließlich eines der vorerwähnten Momente oder Seiten, z. B. bei der Sehgestalt nur die Intensität, und die übrigen Momente, bei der Sehgestalt z. B. die Form- und Farbenmomente, unbeachtet lassen. Für den sinnesphysiologischen Versuch ist eine nach Art der vorerwähnten „künstliche" Einstellung gegenüber den sich darbietenden Inhalten charakteristisch. Der Versuch, bei dem die Totalgestalt der Betrachtung unterzogen wird, ist nicht ein zum Kreise der Sinnesphysiologie, sondern der Psychologie gehöriger Versuch [KAILA (*1*), KÖHLER]. Später, wenn wir unsere verschiedenen Inhalte überprüfen, kommen wir auch auf einen Versuch dieser Art zurück.

Welcher Art ist denn der Momentinhalt des sinnesphysiologischen Versuches? Sein Wesen wird vielleicht am besten durch das Wort *monoton* gekennzeichnet. Er ist einlinig, gleichsam eindimensional, „künstlich", gemäß der Intention des Versuches aus dem vieldimensionalen Gestaltsinhalt isoliert. Dieser monotone Inhalt ist allerdings als solcher gegeben, wie der gestaltete Inhalt ist auch er seinem Wesen nach *unmittelbar*. Derartige Unmittelbarkeiten sind z. B. der monotone Inhalt, den wir als Bläue, oder derjenige, den wir als in unseren Muskeln wahrnehmbare Spannung bezeichnen.

Die monotonen Inhalte sind, untereinander, wie wir gleichfalls unmittelbar wahrnehmen, sehr verschiedener Natur. Die Farbeninhalte, die Spannungsinhalte, die Toninhalte, die Tastinhalte usw. sind völlig verschieden und scheinen keinen Zusammenhang untereinander zu besitzen. Die nähere Betrachtung zeigt jedoch, daß zwischen manchen monotonen Inhalten gleichsam eine Verwandtschaft besteht, auf Grund welcher man dieselben zu Gruppen oder sog. Modalkreisen zusammenfassen kann. Zu dem *Sehmodalkreis* vereinigen wir somit alle die Inhalte, die, wie wir unmittelbar bemerken, dem Namen des Kreises gemäß zu diesem gehören. Zu diesem Kreise gehörige monotone Inhalte sind beispielsweise die Farbeninhalte, Sehintensitätsinhalte, Formsehinhalte; die Worte geben den gemeinten unmittelbaren Charakter des Inhaltes oft nur unvollständig wieder. Der *Gehörsmodalkreis* enthält dementsprechend z. B. die Tonhöheninhalte, die Tonintensitätsinhalte, die Geräuschintensitätsinhalte. Der *Propriozeptivmodalkreis* ist der Kreis derjenigen monotonen Inhalte, die sich uns darbieten, wenn wir uns bewegen. Hierher gehörige Inhalte sind die Muskel- oder Sehnenspannungsinhalte, die Bewegungsstrecken- oder -abstandsinhalte, die Bewegungsgeschwindigkeitsinhalte unserer Glieder. Die zum *Hautmodalkreis* gehörenden Inhalte sind mannigfaltig und können demgemäß in Unterkreise eingeteilt werden; Inhalte des *Hautempfindungs*kreises sind z. B. der Hautempfindungsintensitätsinhalt, der Hautlokalisationsinhalt, der Hautempfindungs-Oberflächenausdehnungsinhalt u. a. Wir merken, daß die Benennung der Inhalte durch Worte erfolgt, die Gegenstände, Vorgänge oder bisweilen exakte Begriffe ausdrücken. Und ebenso kommt es einem vor, als ob die Wahl dieser Inhalte und ihre Abtrennung von der Totalgestalt gewissermaßen unbestimmt und unserer Willkür überlassen wären. So kann es z. B. willkürlich erscheinen, wenn man von einem Bewegungsgeschwindigkeitsinhalt spricht. Irgendeine Willkür waltet hier indessen nicht, denn alle Inhalte, auch die jetzt behandelten monotonen Inhalte, sind ganz unmittelbar und als solche „gegeben" und in diesem Sinne bestimmt, und das Gefühl der Unbestimmtheit rührt nur daher, daß ihre Analyse, ihre Benennung und noch mehr ihre genaue, mittels der Reizbegriffe erfolgende Definierung, auf die wir später eingehen werden, diesen als Unbestimmtheit empfundenen, eigentümlichen und für die Sinnesphysiologie sehr wesentlichen Sachverhalt mit sich bringen. Weiterhin: der Hautempfindungskreis muß vielleicht selbst auch in zwei Unterabteilungen geteilt werden, von denen der eine die Inhalte umfaßt, die wir als ganz leichte *Hautberührungsinhalte* bezeichnen könnten, und der andere diejenigen, die als *Hautdruckinhalte* zu bezeichnen sind. Der zweite Unterkreis des Hautmodalkreises ist der *Hauttemperaturkreis*, in welchen die Inhalte des Kalten und des Warmen eingehen. Hier zu erwähnende monotone Inhalte sind beispielsweise der Kälteintensitätsinhalt, der Wärmeintensitätsinhalt, der Kälte- und der Wärmelokalisationsinhalt u. a. Zu einem besonderen Unterkreis der Haut kann man die *Hautschmerzinhalte* zusammenfassen. Jeder kann sich selbst viele derartige monotone Inhalte vorstellen. Ferner ist es vielleicht motiviert, hier noch einen speziellen Unterkreis, nämlich den *Hautvibrationskreis*, abzutrennen. Wenn eine Vibration mit einer regelmäßigen Periode irgendeine Hautstelle trifft, haben wir einen Inhalt, der mit keinem der vorerwähnten Inhalte identisch, sondern unmittelbar eigenartig ist. Diesem seltenen Inhalt kommt eventuell eine besondere theoretische Bedeutung zu, so daß er hier erwähnt zu werden verdient. Zu dem *Geruchsmodalkreis* gehören Inhalte, deren Charakterisierung offenbar schwieriger ist als diejenige der bisher erwähnten Inhalte. Wir können als solche die Geruchsintensitätsinhalte, die Geruchsqualitätsinhalte nennen; das Wort Lokalisation dagegen ist in diesem Zusammenhang nicht geeignet, irgendeinen unmittelbaren Inhalt wiederzugeben. Dasselbe können wir über den *Geschmacksmodalkreis* sagen. Hier sind die Geschmacksqualitätsinhalte und die Geschmacksintensitätsinhalte die beiden monotonen Dimensionen, die den ganzen Kreis charakterisieren.

Die obenerwähnten Modalkreise schließen noch nicht alle vorkommenden monotonen Inhalte in sich ein. Die übrigbleibenden vereinigen wir etwas willkürlich in einem Kreis, den wir als *Innenorganmodalkreis* bezeichnen. Zu diesem Kreis denken wir uns alle die Inhalte zusammengefaßt, deren — oft auch sehr unbestimmte — Lokalisation sich irgendwo im Innern unseres Körpers befindet, z. B. die verschiedenen Druckgefühle in Brust- und Bauchhöhle, die inneren Schmerzen u. a. Da einmal vom Schmerzinhalt die Rede ist, ist daran zu erinnern, daß auch in dem Hautmodalkreis Schmerzinhalte vorkommen. Sie können, wie oft auch der Innenorganschmerz, typisch monoton sein. Der Unterschied zwischen Haut- und Innenorganschmerz ist jedoch so evident, daß diese Inhalte zu verschiedenen Modalkreisen gehören. Das, was diesen Inhaltsgruppen gemeinsam ist, ist ihr negativer Affektgehalt, was in der einheitlichen Schmerzbenennung ausschließlich auch zum Ausdruck gebracht wird.

Wenn wir die oben aufgezählten verschiedenen Modalkreise betrachten, bemerken wir, daß sie in einer Art Rangordnung aufgeführt sind, mit dem bedeutsamsten beginnend und mit dem ursprünglichsten aufhörend. Können wir genauer definieren, was diese Bedeutsamkeit und diese Ursprünglichkeit besagen? Wir erwähnten schon, daß die Haut- und die Innenorgan-Schmerzinhalte ein gemeinsames Affektmoment besitzen. Aber auch in den übrigen Kreisen ist mit dem Inhalt oft, wenn auch nicht immer, ein Affektmoment verbunden. Wir können bemerken, daß das mit den Inhalten verbundene Affektmoment in dem ersten in unserem Modalkreisverzeichnis erwähnten Modalkreis, dem Sehkreis, seltener und für den Inhalt keineswegs wesentlich ist. Im Gehörsmodalkreis und im Propriozeptivkreis kommt es vielleicht häufiger vor, kann aber auch hier kaum als wesentlich gelten. Im Hautmodalkreis sind viele Druck-, Berührungs- und Temperaturinhalte affektbetont, obwohl diese Inhalte auch völlig affektfrei sein können. In dem Geschmacks- und zumal in dem Geruchsmodalkreis sind die Inhalte meist sehr stark affektbetont, entweder angenehm oder unangenehm. Und bei den monotonen Inhalten, die wir als Schmerzen bezeichnen, möge es sich nun um Haut- oder Innenorganschmerzen handeln, ist die Affektivität gleichsam die wesentlichste Seite des Inhaltes, die den Inhalten den Namen gibt. Es ist aber zu beachten, daß das Affektmoment dieser Inhalte, obgleich es meistens unangenehm, negativ, ist, bisweilen auch angenehm, positiv, sein kann, wo wir es dann, weil es seltener vorkommt, als etwas abnorm ansprechen.

Die Rangordnung unseres Modalkreisverzeichnisses gründet sich indessen nicht einzig und allein auf die größere oder geringere Affektbetonung der Inhalte; sondern der hauptsächliche Rangordnungsunterschied zwischen den Inhalten der verschiedenen Kreise besteht darin, in welchem Umfang sich auf Grund dieser Inhalte *Begriffsbildungen* entwickelt haben. Was hiermit gemeint wird, darein können wir uns jetzt noch nicht vertiefen, aber wir verweisen darauf als auf den vielleicht wesentlichsten Punkt der Sinnesphysiologie, und machen darauf aufmerksam, daß diese Bildung von Begriffen auf der Inhaltsgrundlage offenbar mit dem Affektgehalt der Inhalte zusammenhängt. Die Inhalte im Gesichts-, Gehörs-, Propriozeptivkreis und im Berührungskreis der Haut, sofern letztere affektlos sind, können, weil sie „rein" monoton sein können, die Grundlage für unsere Begriffsbildung abgeben, wogegen der Geruchsmodalkreis und der Innenorganmodalkreis ihrem Wesen gemäß keine derartige Grundlage liefern. Die letzterwähnten Kreise sind, wie die tatsächlich vorliegende Entwicklung der Sinnesphysiologie erweist, schwer zu „erfassen". Die Quellen, aus denen sich unsere exakten Begriffe vermutlich herleiten, sind vornehmlich der propriozeptive Kreis und der Sehkreis, was darauf zurückzuführen sein dürfte, daß wir vor allem frei bewegliche und sehende Wesen sind, für welche die anderen Modalkreise erheblich weniger bedeutungsvoll sind als jene zwei.

Bevor wir die Behandlung der Modalkreise verlassen, müssen wir noch ein paar Umstände erwähnen, welche dieselben wesentlich charakterisieren. Die beiden ersten Kreise in der Rangordnung, das Gesicht und das Gehör, sind gleichsam vollständig in sich selbst abgeschlossen. Ihre Inhalte, wenigstens diejenigen des Gesichtes, besitzen nicht die geringste Gemeinschaft oder Verwandtschaft mit den Inhalten der anderen Kreise. Dagegen können die Inhalte des Propriozeptivkreises und die Inhalte des Hautempfindungskreises unmittelbar aneinander erinnern, und ebenso sind auch die Geruchs- und Geschmacksinhalte oft ununterscheidbar. Der Propriozeptivkreis, der Hautempfindungs- und -schmerzkreis, sowie der Unterkreis, den wir den Kreis der Vibrationsinhalte nannten, scheinen gleichsam eine Art größerer Einheit darzustellen, die wir als den Kreis der „mechanischen" Inhalte bezeichnen könnten. Eventuell könnte man zu dieser größeren Einheit auch sowohl den Haut- wie den Innenorgan-Schmerzkreis und schließlich womöglich noch als einen sozusagen entfernteren Anhang auch den Gehörskreis rechnen, weil zwischen den Inhalten des Gehörs- und des Hautvibrationskreises eine offenbare Verwandtschaft besteht. Wir bekämen auf diese Weise schließlich gleichsam drei große *Modalverbände* oder -bereiche: den Sehbereich (das optische Gebiet), den Bereich der „mechanischen" Inhalte mit dem Gehörsanhang (das mechanisch-akustische Gebiet) sowie den Geruchs-Geschmacksbereich (das „chemische" Gebiet).

Endlich müssen wir, ehe wir diese Darstellung der Inhalte und der von ihnen gebildeten natürlichen und unmittelbar wahrnehmbaren Verwandtschaftsverhältnisse abschließen, noch einmal betonen, wie wenig die Worte und Benennungen wegen ihrer Unvollkommenheit geeignet sind, das hier Vorzuführende wiederzugeben. Die Bezeichnungen bringen oft einseitig nur eine Seite jener *Unmittelbarkeiten* zum Ausdruck, um die es sich hier handelt, und deren Charakter nur darin richtig zutage tritt, daß sie Erlebnisse sind. Die mit den Bezeichnungen unseres gewöhnlichen Sprachgebrauches arbeitende Sinnesphysiologie vermag deswegen die innere Struktur dieser Erlebnisse und ihres Zusammenhanges nur sehr schwer zum Ausdruck zu bringen. Dies ist der Grund, weshalb wir in der folgenden Darstellung versuchen, die uns von der Logik dargebotenen Methoden auf die Untersuchung der unmittelbaren monotonen Inhalte anzuwenden.

Die Inhaltsabstraktionsklassen oder -gleichheitskreise, die „Empfindungen".

Zu diesem Zweck müssen wir abermals auf den sinnesphysiologischen Versuch eingehen, so wie er sich im Prinzip immer darbietet, und ihn *logisch* zu analysieren versuchen. Bei dem sinnesphysiologischen Versuch nimmt die Versuchsperson mehrere Male unmittelbare monotone Inhalte wahr und versucht die in gewisser Beziehung *gleichartigen* Inhalte aus der Versuchsserie auszusondern. Der *Versuchsleiter* ist bestrebt, die Versuchsbedingungen im Verlauf des Experimentes so zu gestalten, daß die *Versuchsperson* möglichst oft derartige, in gewisser Beziehung übereinstimmende Inhalte erlebt. Um die Sprache der Logistik anzuwenden, liegt uns hier also eine *Serie oder Folge von Elementen* vor [s. CARNAP (*2, 3*)], und aus dieser Folge müssen die zueinander in einer *Gleichheitsbeziehung* oder *-relation* stehenden Elemente (von der Versuchsperson) zu einer Gruppe vereinigt werden, welche in der Logistik als *Gleichheitskreis* oder *Abstraktionsklasse* bezeichnet wird. Wenn man die Termen der Sinnesphysiologie benutzt, so nimmt die Versuchsperson bei dem Versuch gleiche Inhalte wahr und bildet daraus einen Inhaltsgleichheitskreis oder eine *Inhaltsabstraktionsklasse.* Bezeichnen wir die Gleichheitsbeziehung oder -relation mit E, so wird der auf Grund dieser Beziehung aus einer bestimmten Folge von Elementen gebildete Gleichheitskreis oder Abstraktionsklasse ϵ in der Logistik durch den Ausdruck $\epsilon =_{Df} \mathrm{Aeq}\,`E$ wiedergegeben, worin Df das Definitionszeichen darstellt und das Zeichen Aeq ' die auf Grund der Gleichheitsrelation (E) bezeichnete (Gleichheits-) Klasse angibt (Aeq von dem Worte Äquivalenz). Es ist zu beachten, daß das hier auftretende Element von ganz beliebiger Natur sein kann, desgleichen auch die Serie, zu der die Elemente gehören. Bei dem sinnesphysiologischen Versuch bestehen die Elemente aus den unmittelbaren, „monotonen" Inhalten der einzelnen Versuche, und die Serie wird von der Folge sämtlicher Versuche der Versuchsreihe gebildet; aber vom logischen Standpunkt aus betrachtet, ist dies nur ein Fall von den aus zahllosen verschiedenen Elementserien zu bildenden Abstraktionsklassen. Logisch stellt also eine Empfindungs- oder Inhaltsabstraktionsklasse nur einen Fall dieser Klassen dar, sieht man die Sache aber vom psychologischen Standpunkt aus an, so glaube ich, daß wir hier den *Grundtypus* für das Vorgehen bei jeder exakten Behandlung, also auch der logischen Behandlung vor uns haben. Hierauf kommen wir jedoch erst später zurück, nachdem wir die Sache logisch vollständiger behandelt haben.

Logisch kommt also der sinnesphysiologische Versuch, vom Standpunkt der Versuchsperson aus betrachtet, der Bildung einer Inhaltsabstraktionsklasse gleich. Wenn sich die Sache so verhält, müssen die sinnesphysiologischen Versuche prinzipiell immer in Form von *Versuchs-*

reihen stattfinden, wobei die Inhalte der einzelnen Versuche die Elemente darstellen. Und tatsächlich ist es auch so; denn bei jedem sinnesphysiologischen Experiment muß die Versuchsperson etwas Mitteilbares wahrnehmen, und diese Mitteilung bezieht sich auf die einzelnen Erlebnisse der Versuchs*serie*, auf ihre Inhalte oder Elemente. Die Mitteilung wiederum erfolgt in der einzigen uns zu Gebote stehenden Art, d. h. so, daß die Versuchsperson angibt, welche Erlebnisse untereinander gleich und welche nicht gleich sind. Der sinnesphysiologische Versuch basiert demnach wirklich auf der Gleichheitsrelation der Elemente einer Serie, und sein Ergebnis vom Standpunkt der Versuchsperson aus ist somit die Bildung eines Gleichheitskreises oder einer Abstraktionsklasse. Daß wir über keine andere Art der „Mitteilung" von Inhalten als die mittels der Gleichheitsbeziehung erfolgende verfügen, ist ein Problem, das mit dem Problem des Messens zusammenhängt. Auch die klassische Frage, ob man Inhalte in gleichem Sinne wie sog. äußere Größen messen kann, ist eng hiermit verbunden.

Diese Frage können wir indessen erst dann behandeln, wenn wir die Natur der den Inhalten „entsprechenden" äußeren, sog. Reizgrößen zu analysieren versucht und dargelegt haben, was das sog. Messen bedeutet.

Wir haben konstatiert, daß im sinnesphysiologischen Versuch Inhalts*elemente* oder Einzelerlebnisse, sowie außerdem auf ihrer Grundlage mittels der Gleichheitsrelation gebildete sog. Inhaltsabstraktions*klassen* vorkommen. Weil es nun in der Sinnesphysiologie üblich ist, an Stelle dieser Benennungen die Bezeichnung „Empfindung" zu gebrauchen, müssen wir uns darüber einigen, ob wir Inhaltselemente, also Einzelerlebnisse oder Inhaltsabstraktionsklassen mit diesem Namen bezeichnen wollen. Um Verwechslungen zu vermeiden, ist es vorteilhaft, daß wir uns ein für allemal hierüber einig werden, und daß wir nicht, wie es in der Literatur, in Ermanglung der notwendigen Analyse, bisweilen der Fall ist, mit dem Wort Empfindung sowohl den einen wie den anderen dieser Begriffe meinen. Die fortgesetzte Behandlung des sinnesphysiologischen Versuches wird zeigen, eine wie zentrale Bedeutung der Inhaltsabstraktionsklasse zukommt. Das Einzelerlebnis nimmt dagegen keine besonders zentrale Stellung in der logischen Behandlung des sinnesphysiologischen Versuches ein. Auf Grund dieser Tatsache werden wir im folgenden mit der Bezeichnung „Empfindung" eine Inhaltsabstraktionsklasse meinen. So meinen wir z. B. mit der Blau-Empfindung den Kreis sämtlicher einzelnen Blau-Erlebnisse, Gleichheitskreise oder Abstraktionsklassen der Bläue.

Es ist vielleicht am Platze, einen kurzen Blick auf das Verhältnis der verschiedenen, jetzt genau von uns definierten Abstraktionsklassen, der Empfindungen, zu den in unserer früheren Behandlung erwähnten, voneinander zu unterscheidenden Modalkreisen und deren Inhalten zu werfen. In der Tat ist das, was wir früher als Inhalte bezeichneten, von denen wir verschiedenartige und zu verschiedenen Modalkreisen gehörige aufführten, an Hand unserer neuen Definition mit den Inhaltsabstraktionsklassen des entsprechenden Namens zu identifizieren. Wir glauben dartun zu können, daß wir uns durch dies Vorgehen von der bisher von uns angewandten, durch Worte erfolgenden Bezeichnung der anfangs erwähnten „Inhalte" zu befreien und so die Strukturfrage unseres psychophysischen Problems in Angriff zu nehmen vermögen. In diesem Zusammenhang ist es motiviert, darauf hinzuweisen, daß zwischen den verschiedenen Inhaltsabstraktionsklassen Beziehungen bestehen, die wir als Ähnlichkeits- oder Verwandtschaftsbeziehungen bezeichnen könnten. So sind alle diejenigen Abstraktionsklassen, zu deren Bezeichnung wir das Wort Intensität verwenden könnten, in gewissem Sinne ähnlich. Eine derartige Ähnlichkeit besitzen z. B. die Sehinhalts-Intensitätsabstraktionsklassen und die Muskelspannungs-Inhaltsabstraktionsklassen. Wir bemerken, daß die Beziehungen zwischen den Abstraktionsklassen die Grenzen der Modalkreise überschreiten. Wir können auch sagen, daß wir in sämtlichen Modalkreisen dreierlei Abstraktionsklassen zu bilden vermögen, die einander in einer später genauer zu definierenden Weise „ähnlich" sind, und die wir als *Intensitäts-*, als *Zeit-* und als *Lokalisations-* (*Orts-* oder *Raum-*) *abstraktionsklassen* bezeichnen können. Diese Abstraktionsklassen und ihre bessere oder schlechtere Bildungsmöglichkeit in den verschiedenen Modalkreisen bringen logisch das zum Ausdruck, was wir gewöhnlich als die mehr oder weniger exakte Zeitlichkeit oder Örtlichkeit unserer Inhalte bezeichnen. In den oberen Modalkreisen, den Kreisen des Gesichtes, des Gehörs und der Propriozeptik sind diese Momente oder wenigstens einige von ihnen sehr wesentlich, was aus der genauen, exakten Bildungsmöglichkeit der entsprechenden Zeit-, Ort- oder Intensitätsabstraktionsklassen hervorgeht, während die in den unteren Modalkreisen, zumal in dem Innenorgankreis, aber auch im Geruchs- und Geschmackskreis feststellbare Unbestimmtheit in bezug auf Zeitlichkeit, Örtlichkeit und Intensität ihr logisches Gegenstück darin besitzt, daß man dementsprechende Abstraktionsklassen nicht oder wenigstens nicht exakt bilden kann. Wir ersehen hieraus, daß die Möglichkeit der exakten Gleichheitsabstrahierung, wenn wir alle unsere möglichen Inhalte in Betracht ziehen, sehr beschränkt ist, und dies läßt uns ahnen, daß sich auch die Möglichkeit der exakten Behandlung, sofern nämlich die genaue und exakte Behandlung mit der Abstrahierungsmöglichkeit identisch ist, auf einen nur kleinen Teil der Wirklichkeit und überdies auf einen Teil beschränkt, der vom biologischen Standpunkt aus betrachtet, vielleicht nicht einmal immer der wichtigste ist.

Die Ähnlichkeitskreise.

Nachdem wir dargetan haben, daß die Tätigkeit der Versuchsperson beim sinnesphysiologischen Versuch in der Bildung von Abstraktionsklassen oder Inhaltsgleichheitskreisen besteht, erhebt sich die Frage, wie sich die Sache bei einem entsprechenden *psychologischen Versuch* verhält, wo die einzelnen Erlebnisse nicht monotone, sondern gestaltete Inhalte darstellen. Könnte man denn nicht auch bei einem derartigen Versuch, mittels irgendeiner darin vorkommenden Beziehung oder Relation, auf welcher die Tätigkeit der Versuchsperson basiert, den Gleichheitskreisen entsprechende Klassen bilden und den Versuch auf diese Weise exakt analysieren? Tatsächlich ist jedoch die Versuchssituation bei einem solchen Versuch eine derartige, daß die Versuchsperson keine wirkliche, volle Gleichheit zwischen ihren einzelnen Inhalten feststellen kann. Die Erwähnung der Mannigfaltigkeit der Gestalten ist nur eine andere Ausdrucksweise für den Umstand, daß eine Gleichheit unter denselben kaum jemals vorkommt. Dagegen kann man in einer bestimmten Gestaltsfolge eine dahingehende „Ähnlichkeit" antreffen, die wir als ein unbestimmtes Aneinandererinnern bezeichnen könnten. Wenn wir uns die Anwendung einer solchen unbestimmten Relation gestatten, könnten wir auch von auf Grund derselben zu bildenden *Ähnlichkeitskreisen* sprechen [CARNAP (*3*)]. Als Beispiel könnten wir den Ähnlichkeitskreis erwähnen, der von den „ähnlichen" Gesichtern in einer großen Reihe geschauter menschlicher Antlitz-Gestalten gebildet wird. Von irgendeiner exakten Gleichheit kann hier, wie man leicht bemerkt, überhaupt nicht die Rede sein. Es ist vermutlich ganz wesentlich, daß genaue, exakte Abstraktionsklassen nur auf Grund von Folgen gebildet werden können, die aus monotonen Inhalten bestehen. Nur im Kreis dieser Inhalte kann man die Gleichheitsrelation „benutzen", und gerade hierauf beruht es offenbar, daß man den sinnesphysiologischen Versuch, bei dem diese monotonen Inhalte als Untersuchungsobjekte dienen, meines Erachtens als den Grundtypus auch für anderweitiges exaktes Experimentieren ansprechen darf, bei dem die Untersuchung der monotonen Inhalte nicht direkt zur Problematik gehört. Es ist jedoch zu beachten, daß die Gleichheitsbeziehung und anderseits die Ähnlichkeitsbeziehung, obwohl sie formell verschiedene Beziehungen sind, in dem Falle, daß sie auf empirische Objekte, z. B. auf Erlebnisse angewendet werden, nicht scharf voneinander zu trennen sind. Die volle Gleichheit von Erlebnissen ist vielleicht nur gleichsam ein Grenzfall in einer Serie von Ähnlichkeiten unter Erlebnissen oder Inhalten, in welcher Serie die Ähnlichkeit immer vollständiger wird. Die Vollgleichheit von Erlebnissen dürfte hiermit empirisch nicht immer erreichbar sein; vielleicht müssen wir sie als einen Grenzfall betrachten, dem sich die Ähnlichkeitsbeziehung annähern kann. Wenn wir einen Versuch als exakt ansprechen, in welchem danach gestrebt wird, eine möglichst vollständige Gleichheitsbeziehung zwischen den Inhalten zu erreichen, so können wir feststellen, daß dies besser gelingt, die hergestellte Beziehung also mehr vollgleich ist, wenn die

Inhalte den Charakter von monotonen Erlebnissen besitzen, als bei Inhalten von Gestaltcharakter. Und dies dürfte besagen, daß ein großer Teil der eigentlichen Psychologie der exakten Behandlung nicht zugänglich ist. Die Auffassung, wonach es nur eine Zeitfrage, von der Entdeckung der richtigen Methoden abhängig ist, wann man auch die Untersuchung der Psychologie mittels Verfahren betreiben kann, die der Exaktheit ebensoviel nahe kommen, wie die heute bei der Untersuchung von monotonen Erlebnissen bekannten Verfahren, ist deshalb nach unserem Dafürhalten nicht richtig. Die gestalteten Inhalte gehören, genau wie auch viele der von uns bereits erwähnten monotonen Inhalte der niederen Modalkreise, zu dem Teil der Wirklichkeit, auf den sich die exakte Behandlung in dem oben angegebenen Sinne kaum erstrecken kann. Aber auf diese Frage kommen wir später erneut zurück, nachdem wir die Typenlehre der Begriffe erörtert haben.

Die Reizabstraktionsklassen oder -gleichheitskreise, die „Reize".

Gemäß unserem eingangs erwähnten, didaktische Gesichtspunkte berücksichtigenden Programm gehen wir nun zur Behandlung der anderen Seite des sinnesphysiologischen Experimentes, der Charakterisierung der darin vorkommenden Reizsituation oder des *Reizes* über. Man sagt vom Reiz, daß er der Erreger oder die äußere Ursache des ihm „entsprechenden" Inhaltes sei. Wir bemerken, daß wir es hier mit einem Ursache-Folge- oder einem *Kausalitätsproblem* zu tun bekommen. Weil dies Problem in seiner ursprünglichen Form als ein Problem des Zusammenhanges zweier äußerer Ereignisse auftritt, wollen wir hier, wo es sich um eine Beziehung zwischen einem inneren Erlebnis und einem äußeren Reiz handelt, die geliehene Kausalitätsbenennung vermeiden und vorläufig lieber das Wort „Entsprechung" gebrauchen. Auch in dieser Phase der Darstellung kann man jedoch nicht umhin, darauf aufmerksam zu machen, daß das Kausalitätsverhältnis zwischen den „äußeren" Ereignissen der Physik im Grunde genommen eine Entsprechung der bei der Wahrnehmung der Ereignisse vorkommenden Inhalte ist. So läßt sich z. B. das Kausalitätsverhältnis der in einem Thermoelement auftretenden Wärme- und Elektrizitätsenergien (das Konstantbleiben der Energie bei der Transformation) tatsächlich als eine „Entsprechung" der einerseits bei der Feststellung der Wärmeenergie und anderseits bei der Feststellung der elektrischen Energie auftretenden Inhalte ausdrücken. Wesentlich ist also, daß die sog. äußeren Ereignisse eine Art Reproduktionen von Inhalten sind. Aber welcher Art diese Reproduktionen sind, darin gerade liegt der Kern des ganzen Reizproblems, in dessen Zusammenhang sich auch das Kausalitätsproblem in der von uns angedeuteten Weise als eine Art „psychophysischer Entsprechung" darstellt.

Das vorliegende Material der Sinnesphysiologie zeigt, daß die darin auftretenden Reize *physikalische* und *chemische* Größen sind. „Entsprechend" den verschiedenen Inhaltsmodalkreisen kommen darin als Reizgrößen verschiedene physikalische und chemische Größen vor, wie mechanische Kräfte, Lichtintensitäten, Lautstärken, adsorbierte Substanzmengen, energetische Größen u. a. In der quantitativen, messenden Sinnesphysiologie haben wir es mit derartigen genau definierten Größen zu tun, wogegen in der sich mit sog. qualitativen Feststellungen begnügenden Sinnesphysiologie und in der Psychologie als „Entsprechungen" der Inhalte Ereignisse und Gegenstände der Außenwelt auftreten, die nicht genau definiert sind. So ist z. B. die Entsprechung des Gestaltsinhaltes, der sich uns beim Erblicken eines Tisches darbietet, der äußere „Gegenstand" „Tisch", während der Geschmacksschwelleninhalt darauf „basiert", daß in der Zeiteinheit an den Geschmacksknospen eine ganz bestimmte Menge der schmeckenden Substanz adsorbiert wird, die wir durch einen physikalisch-chemischen Ausdruck wiedergeben können. Es kommt einem so vor, als könnten wir Inhalts*gleichheits*kreise oder -abstraktionsklassen nur dann bilden, wenn sich auch „entsprechende" exakte Reizgrößen bilden ließen. Obgleich wir noch gar nicht definiert haben, was wir mit psychophysischer Entsprechung eigentlich meinen, sehen wir doch, wie schon das in der Sinnesphysiologie und in der Psychologie gesammelte Material zeigt, daß eine gewisse Übereinstimmung in der Genauigkeit der Möglichkeit der Wiedergabe von Inhalten und deren Reizen vorhanden ist.

Wir lassen dies Problem vorläufig beiseite und sprechen von den Reizen des exakten sinnesphysiologischen Versuches, so wie sie sich in dem vorliegenden Material der Sinnesphysiologie darstellen. Während die Versuchsperson beim sinnesphysiologischen Versuch ihre Inhalte wahrnimmt und eine Abstraktionsklasse daraus bildet, nimmt der *Versuchsleiter* (dieselbe Person kann sowohl Versuchsperson als Versuchsleiter sein) gleichzeitig die Veränderungen der Reizsituation wahr. Er versucht dann (entsprechend), wenn die Versuchsperson eine Gleichheit in ihren Inhalten gefunden hat, etwas Gleiches in der Reizsituation zu entdecken. Und wenn der Versuchsleiter in diesem seinem Bestreben Erfolg hat, so kommt dies darin zum Ausdruck, daß er angeben kann, irgendeine physikalisch-chemische Größe sei immer dann gleich groß, wenn auch die Inhalte der Versuchsperson untereinander gleich groß sind. Diese physikalisch-chemische Größe gilt im *messenden* oder *quantitativen* Sinne als der dem Inhalt entsprechende Reiz. Wenn wir zur Wiedergabe des Resultates der hier geschilderten Experimentiermethode die Hilfe der Logik in Anspruch nehmen, bemerken wir, daß der *Versuchsleiter* einen Gleichheitskreis oder eine *Abstraktionsklasse aus Reizen* bildet, genau in derselben Weise und „entsprechend", wie es die *Versuchsperson* aus

Inhalten tut. Und wenn wir die Gleichheitsrelation im Kreise der Reize mit R bezeichnen, so ergibt sich als Bezeichnung dieser Reizabstraktionsklasse (ϱ) der Ausdruck $\varrho =_{Df} \text{Aeq}`R$. Ehe wir dies mittels konkreter Beispiele aus der Sinnesphysiologie beleuchten, müssen wir noch darüber sprechen, was ganz allgemein mit „Messen" gemeint wird, und zumal darüber, was man im Kreise der Sinnesphysiologie unter *Messen* versteht.

Das Messen: Topologie und Metrik.

Wir können sogleich bemerken, daß das *Messen* ein Verfahren ist, das den oben erläuterten Begriff des Abstrahierens in sich schließt. Die Darlegung über das Messen gibt jedoch die verschiedenen Abstrahierungsverfahren, die sich uns bei der logischen Analysierung einer bestimmten Folge oder eines bestimmten Gebietes von Elementen darbieten, genauer wieder. Wir können vom Messen in zweierlei Sinne reden [CARNAP (*1*)], nämlich von einer Art, die wir als das *topologische* und von einer anderen, die wir als das *metrische* Messen bezeichnen. Das topologische Messen eines einheitlichen Gebietes oder eines aus Elementen bestehenden Kreises bedeutet nichts anderes als eine Vereinbarung darüber, was in dem betreffenden Kreis mit gleicher Größe oder besser mit Gleichheit gemeint wird. Wenn wir z. B. eine geometrische Linie nehmen, so bedeutet deren topologische Messung also, daß wir uns darüber einigen, welche Teile der Linie wir als gleich groß betrachten wollen. Diese Bestimmung können wir beispielsweise in der Art treffen, daß wir übereinkommen, sämtliche Teile der Linie als gleich groß anzusprechen, deren Anfangs- und Endpunkte mit den Enden eines bestimmten, aus festem Material hergestellten Stabes zusammenfallen, den wir Maßstab nennen, wenn wir den Stab an einer beliebigen Stelle der betreffenden Linie anlegen. Der konventionelle Charakter des topologischen Messens erhellt daraus, daß wir als Maß statt des Stabes auch irgendeine andere Größe wählen könnten. Wir könnten z. B. auch diejenigen Teile der Linie als gleich definieren, die dem Beschauer auf Grund seines Augenmaßes als gleich groß erscheinen. Eine so bestimmte Topologie würde natürlich nicht mit der Stabtopologie übereinstimmen, sondern, vom Standpunkt der Stabtopologie aus betrachtet, Unstimmigkeiten oder Fehler aufweisen. Vom Standpunkt der Augenmaßtopologie wiederum könnte man dementsprechend die Stabtopologie als unzutreffend bezeichnen, wenn wir nicht aus irgendeinem Grunde geneigt wären, der Stabtopologie den Vorrang einzuräumen und sie als „richtig" zu betrachten.

Wenn wir eine aus Elementen zusammengesetzte Reihe, wie z. B. eine sinnesphysiologische Versuchsfolge vor uns haben, so kommt die Bestimmung der gleichen Größe in dieser Folge auch einer topologischen Messung gleich. Hierbei führt ja die Versuchsperson, indem sie gleich große Inhalte *unmittelbar* feststellt und Abstraktionsklassen bildet, in der Tat die topologische Bestimmung eines Inhaltskreises aus. In gleicher Weise mißt der Versuchsleiter, wenn er den „entsprechenden" Reizabstraktionskreis bestimmt, den Inhaltskreis gleichsam von neuem, „mittelbar" topologisch. Wir könnten die erstere, unmittelbare Bestimmung des in Frage stehenden Inhaltskreises als *Eigentopologie* und die letztere, mit Hilfe von Reizen erfolgende Bestimmung als *Fremdtopologie* bezeichnen.

Die *metrische* Bestimmung eines Gebietes vervollständigt die Messung, und sie ist in der Tat das „eigentliche" Messen. Wenn wir auf irgendeinem Gebiet Schritt für Schritt transitiv vorrücken, bestimmen wir, indem wir übereinkommen, welche Schritte, Verschiebungen wir als untereinander gleich groß betrachten, dies Gebiet metrisch. Wie die topologische Bestimmung die Größengleichheit, so gibt die metrische Bestimmung also die *Differenz*größengleichheit oder Differenzgleichheit innerhalb des Gebietes an. Wir betrachten als Beispiel wieder eine geometrische Linie. Wir können dieselbe metrisch dadurch bestimmen, daß wir unseren festen Stab um seine eigene Länge längs der Linie verschieben, wobei sämtliche Teile der Linie, die auf diese Weise der Reihe nach von dem Stab bedeckt werden, gleich groß sind. Selbstverständlich flicht erst die metrische Bestimmung gleichsam ein fortlaufendes Maßnetz, eine Skala über das ganze Gebiet. In den Kreis des Abstrahierungsbegriffes fällt jedoch auch die metrische Messung, weil auch sie eine Bestimmung der Größengleichheit, wenn auch nur der Größengleichheit von Differenzen ist.

Der Unterschied zwischen der topologischen und der metrischen Messung geht klar aus folgendem Beispiel hervor. Die Temperatur einer Flüssigkeit können wir, wie es in der Physik geschieht, dadurch topologisch bestimmen, daß wir Temperaturen, bei denen die Quecksilbersäule eines in die Flüssigkeit eingetauchten Thermometerrohres gleich hoch steht, als gleich groß bezeichnen. Eine eigentliche Messung der Flüssigkeitstemperatur enthält diese Bestimmung indessen nicht, denn wir haben dabei nur bestimmt, ob die Temperaturen zweier Flüssigkeitsmengen gleich oder verschieden sind; dagegen können wir nicht angeben, um wieviel sich die Temperatur der einen Flüssigkeit von derjenigen der anderen unterscheidet, wir haben mit anderen Worten keine Skala für Temperaturen. Erst wenn wir uns darüber geeinigt haben, welche Temperaturunterschiede oder -differenzen wir als untereinander gleich groß betrachten wollen, erhalten wir eine Temperaturskala, und damit ist bestimmt, was man auf dem betreffenden Gebiet unter Addition versteht; der Begriff der *Additivität* ist darin eingeführt. In der Physik bewerkstelligen wir diese metrische Bestimmung dadurch, daß wir von den bei Temperaturveränderungen der Flüssigkeit stattfindenden Verschiebungen der Quecksilbersäule des Thermometers annehmen, daß sie gleich großen Temperaturveränderungen entsprechen, wenn sie beim Messen mit einem festen Maß gleich groß sind. Alsdann können wir angeben, wieviel Grad die Flüssigkeitstemperatur beträgt, d. h. wie vielen Quecksilberlängeneinheiten sie „entspricht".

Unsere Beispiele bezüglich der Messung der geometrischen Linie und anderseits der Flüssigkeitstemperatur unterscheiden sich in der Beziehung voneinander, daß die Messung im ersteren Falle als durch eine dem eigenen Kreis des Gebietes angehörige Größe, eine Längengröße, definiert wurde, wogegen im letzteren Falle der Gebrauch eines Quecksilberthermometers die Temperatur mittels einer Größe von ganz fremder Herkunft definiert. Wir könnten im ersteren Fall von einer Eigen-, im letzteren von einer Fremdmessung sprechen und gleichzeitig darauf hinweisen, daß diese der Physik entnommenen Beispiele für Fremd- und Eigenmessung oder Fremd- und Eigenabstrahierung mit den früher erwähnten bei dem sinnesphysiologischen Versuch von der Versuchsperson und dem Versuchsleiter ausgeführten Abstraktionen, nämlich der Eigen- oder Inhaltsabstraktion der ersteren und der Fremd- oder Reizabstraktion des letzteren, in Zusammenhang stehen dürften. Wir kommen später auf diese Frage zurück.

Die Eigenmessung und die Fremdmessung in der Sinnesphysiologie.

Topologie.

Da das Messen in das Abstrahieren eingeht, ist es verständlich, daß die Abstrahierung in der Sinnesphysiologie mit ihren Inhalts- und Reizgleichheitskreisen sowohl topologischer wie metrischer Art ist. Bei der topologischen Messung in der Sinnesphysiologie bestimmen wir gleich große oder besser gleiche Empfindungsinhalte und bei der metrischen Messung gleich große Empfindungsinhaltsdifferenzen. Auf Grund der vorausgehenden Darlegung über das Abstrahieren verstehen wir, daß das Messen im sinnesphysiologischen Versuch vom Standpunkt der *Versuchsperson* aus eine *unmittelbare Eigenmessung* ist, wobei in der Topologie die gleichen Größen und in der Metrik die gleichen Größendifferenzen *als solche* evident sind, vom Standpunkt des *Versuchsleiters* dagegen eine *Fremdmessung* darstellt, bei welcher die Topologie und die Metrik des Gebietes mittels einer Größe fremden Ursprungs, mittels des *Reizes*, dem Inhalt „entsprechend" erneut bestimmt wird.

Im Kreise der topologischen Messung ergibt sich beim sinnesphysiologischen Versuch die besondere Eigentümlichkeit, daß die Versuchsperson einen kleinsten absoluten Inhalt besitzt. Diesen kleinsten möglichen Inhalt nennt man den *absoluten Schwelleninhalt* (abs. Schwellenempfindung, *Minimum perceptibile*) (s. z. B. v. KRIES). Auch als der untere Grenzwert der Inhalte wird derselbe bezeichnet. Die absoluten Schwelleninhalte sind, wenn sie im Verlauf einer Versuchsfolge vorkommen, da sie sämtlich möglichst klein sind, wie man erkennen kann, ohne weiteres untereinander gleich. Ihre Feststellung in einer sinnesphysiologischen Versuchsfolge „eigen"bestimmt also die Topologie des Kreises. Mittels der „entsprechenden" Reizgrößen, der *Schwellenreize*, führen wir wiederum eine Fremdbestimmung der Topologie aus. In die topologische Definierung eines bestimmten Inhaltskreises ist auch die Bestimmung von untereinander gleich großen Inhalten einbegriffen, die größer als die absoluten Schwelleninhalte sind. Diese Inhalte können wir als *Überschwelleninhalte* bezeichnen. Je mehr derartigen Überschwelleninhaltsabstraktionsklassen „entsprechende" Reizklassen wir gebildet haben, um so vollständiger ist die Topologie innerhalb dieses Gebietes „fremd"bestimmt. Durch eine Formel können wir die Topologie entweder in der Form $R =$ konst. oder $R =_{Df} E$ wiedergeben, von denen die erstere besagt, daß die Reizgröße (R) konstant ist, wenn die „entsprechenden" Inhalte gleich groß sind, obwohl der letztere Umstand nicht aus der Formel erhellt. In der zweiten Formel hingegen wird dieser Umstand durch die rechte Seite der Gleichung ausgedrückt, wobei das Zeichen Df anzeigt, daß die Reizgröße so gewählt ist, daß auch in ihrem Kreis die Bildung einer Abstraktionsklasse erfolgen kann. Im folgenden werden einige Beispiele sowohl für die Schwellen- als die Überschwelleninhaltstopologie in den verschiedenen Sinnesmodalkreisen angeführt.

Wenn der Versuchsleiter die Versuchsperson einen Lichtfleck auf einem Schirm erblicken läßt, so konstatiert er, daß die dem eben wahrnehmbaren Inhalt der Versuchsperson, ihrem absoluten *Seh*schwelleninhalt „entsprechenden" Lichtreizverhältnisse verschieden sein können. Er bemerkt, daß er durch Verstärken der physikalischen Intensität des Lichtes (i) seine Dauer (t) verkürzen kann, und umgekehrt, sowie daß das Produkt aus der physikalischen Intensität und der Dauer des Lichtes, innerhalb bestimmter Grenzen, von bestimmter Größe, konstant, dem Schwelleninhalt der Versuchsperson „entsprechend" sein wird. Der Versuch zeigt also, daß man entsprechend der Schwelleninhaltsabstraktionsklasse eine Reizabstraktionsklasse bilden kann, und daß dies eine physikalische Größe ist, im Versuch die in das Auge gelangte Lichtenergie. Es ist jedoch zu beachten, daß die obige Feststellung nur gilt, sofern die Lichtdauer 2—125 σ beträgt (BLOCH, CHARPENTIER, nach v. KRIES, s. auch PIERON und BORSARELLI sowie GRANIT). Der topologische Ausdruck lautet hier also: $i \cdot t =$ konst. Wenn die Lichtdauer erheblich größer ist, ist die Bestimmung der Schwellentopologie unabhängig von der Lichtdauer, und der topologische Ausdruck erhält die Form $i =$ konst. Ähnliche Regeln gelten auch, wenn man in dem Versuch statt der Lichtdauer die Beleuchtungsfläche variiert (f). In diesem Falle bildet das Produkt aus Lichtintensität und Beleuchtungsfläche, sofern die Fläche unter 2′ beträgt, das „Korrelat“ des Schwelleninhaltes ($i \cdot f = \text{konst.}$) (ASHER). Falls die Fläche bedeutend größer ist als die obenerwähnte (2′), verliert die Regel wieder ihre Gültigkeit, und die Topologie ist, von der Fläche unabhängig, nur mittels der Lichtintensität bestimmbar ($i = \text{konst.}$). Wir können die Inhaltstopologie also auch hier durch eine Reizgröße wiedergeben, die energetischer Natur ist.

Ein zweites Beispiel einer topologischen Bestimmung entnehmen wir dem Gebiet des *Geschmackssinnes*. Die mikroskopische Kleinheit der Geschmacksknospen und zumal die Kapillarität ihrer Öffnungen weisen darauf hin, daß die schmeckenden Substanzen nur durch Diffusion mit den in den Knospen befindlichen Endorganen in Verbindung kommen können. Die relativ große Oberfläche der Endorgane wiederum ist darnach angetan, den Gedanken aufkommen zu lassen, daß hierbei Oberflächenprozesse eine Rolle spielen. Demgemäß hat man die Hypothese abgeleitet, daß den absoluten Schwellen des Geschmacksinhaltes gleich große, in der Zeiteinheit im Geschmackssystem adsorbierte Geschmackssubstanzmengen „entsprächen“ [RENQVIST (*1, 2*)]. Die experimentelle Kontrolle der Hypothese erfolgt am bequemsten, wenn man als schmeckende Substanzen Glieder homologer Reihen verwendet, weil sich die Diffusions- und Adsorptionsverhältnisse derselben in bekannter und regelmäßiger Weise von einem Glied zum anderen verändern. Tabelle 1 gibt eine mit homologen Alkoholen ausgeführte Versuchsfolge wieder. Aus Kolumne c_m der Tabelle 1 ersehen wir, wie die Schwellenkonzen-

Tabelle 1.

Nr.	Chemische Struktur des Alkohols	m	M	D_m	c_m	$D_m\,(K^{m-1} \cdot c_m)^{\frac{1}{n}}$	$D_m\,(K^{m-1})^{\frac{1}{n}}$
1	$CH_3 \cdot OH$	1	32,04	1,22	1,3	1,4	1,2
2	$C_2H_5 \cdot OH$	2	46,06	1,02	0,70	1,5	1,8
3	$C_3H_7 \cdot OH$ n.	3	60,08	0,89	0,25	1,3	2,7
4	$C_3H_7 \cdot OH$ iso.	3	60,08	0,89	0,30	1,5	2,7
5	$C_4H_9 \cdot OH$ n.	4	74,10	0,80	0,10	1,3	4,2
6	$C_4H_9 \cdot OH$ iso.	4	74,10	0,80	0,12	1,4	4,2
7	$C_5H_{11} \cdot OH$ n.	5	88,12	0,74	0,05	1,5	6,7
8	$C_5H_{11} \cdot OH$ iso.	5	88,12	0,74	0,05	1,5	6,7
9	$C_6H_{13} \cdot OH$	6	102,14	0,68	0,017	1,4	10,5
10	$C_7H_{15} \cdot OH$	7	116,16	0,64	0,005	1,2	17,5
11	$C_8H_{17} \cdot OH$ n.	8	130,18	0,60	0,002	1,3	28,2
12	$C_8H_{17} \cdot OH$ iso.	8	130,18	0,60	0,002	1,3	28,2

In der Tabelle bedeutet: m = Ordnungsziffer des Gliedes in der Reihenfolge der homologen Serie; D_m = Diffusionskoeffizient; c_m = Schwellenwert-Konzentration; $D_m \cdot (K^{m-1} \cdot c_m)^{\frac{1}{n}}$ = die in der Zeiteinheit adsorbierte Substanzmenge.

tration beim Übergang zu den höheren Gliedern der Reihe rasch sinkt; bei dem Oktylalkohol ist sie demnach 650 mal so niedrig wie beim Methylalkohol. Daß dieser Umstand tatsächlich mit der beim Vorrücken in der Reihe rasch steigenden Adsorptivität sowie der sinkenden Diffusionsgeschwindigkeit zusammenhängt, geht aus der Kolumne $D_m\,(K^{m-1}\,.\,c_m)^{\frac{1}{n}}$ der Tabelle hervor, einem Ausdruck, der die in der Zeiteinheit adsorbierte Substanzmenge bei den verschiedenen Gliedern der Reihe darstellt; der Wert dieser Größe ist bei allen Gliedern beinahe gleich groß. Weil die in der Zeiteinheit adsorbierte Substanzmenge der durch die gelöste Substanz im System erzeugte Oberflächenspannungsveränderung proportional ist, können wir sagen, daß die Reizgröße, welche die Schwellentopologie bestimmt, auch in diesem Fall Energiecharakter hat.

Unser drittes Beispiel wählen wir aus dem Gebiet des *Tastsinnes der Haut*. Die Klarlegung der physikalischen Größen, die auf diesem Gebiet absoluten Schwelleninhalten oder überhaupt gleich großen Überschwellenempfindungen „entsprechen“, hat sich als schwierig erwiesen. Die neuen Untersuchungen v. BAGHs zeigen, daß die Deformationstiefe des Reizes hier bedeutungsvoll ist. Es hat sich herausgestellt, daß, wenn man mit kleinen Pelotten von verschieden großer Oberfläche an irgendeiner bestimmten Hautstelle Schwelleninhalte erzeugt, das belastende Gewicht um so größer sein muß, je größer die Reizungsfläche ist. Indessen ist es mit Hilfe der Oberflächengröße und des Gewichtes nicht gelungen, eine konstante Größe zur Wiedergabe der in Frage stehenden Topologie zu bilden. Mißt man dagegen beim Experimentieren die Tiefe, bis zu welcher die mit verschiedenen Gewichten belasteten Pelotten von verschieden großer Oberfläche in die Haut eindringen, so zeigt es sich, daß diese Deformationstiefen (*Et*) bei den Schwelleninhalten gleich groß sind ($Et =$ $=$ konst.) (v. BAGH). Also unabhängig von dem belastenden Gewicht und der Reizungsoberfläche gibt diese Deformationstiefe sowohl die Schwellen- wie die Überschwellentopologie des Tastsinnes der Haut wieder. Doch auch diese Regel hat ihre Grenze: wenn die Reizungsfläche 25 qmm überschreitet, gilt die Regel nicht mehr, sondern die Deformationstiefe nimmt mit der Vergrößerung der Reizungsoberfläche ab. Auf Grund dieses Resultates könnten wir von der Tastfunktion der Haut folgendes Modellbild bilden: in der Haut befinden sich ca. 25 qmm große „Tastkreise“, deren In-Funktion-Treten und deren Funktionsstärke von der Drucktiefe in dem Kreis abhängig ist, unbekümmert darum, ob das belastende Gewicht den Tastkreis teilweise oder vollständig trifft. Erst bei der Ausdehnung des Druckbezirkes auf die Nachbarkreise bricht die Regel unter dem Einfluß der Zusammenwirkung der verschiedenen Tastkreise, z. B. einer Art „Summation“ zusammen.

Als letztes Beispiel einer topologischen Bestimmung führen wir Resultate aus dem *propriozeptiven* Gebiet vor. Es ist a priori wahrscheinlich, daß die „Entsprechung“ der in diesem Bereich vorkommenden Spannungsinhalte die während der Bewegung in den Muskeln und Sehnen auftretenden und die Bewegung bedingenden physikalischen Spannungen oder Kräfte sind. Wenn wir unseren Arm im waagerechten Niveau beugen, ist die Größe der auf den Unterarm einwirkenden Drehungs-

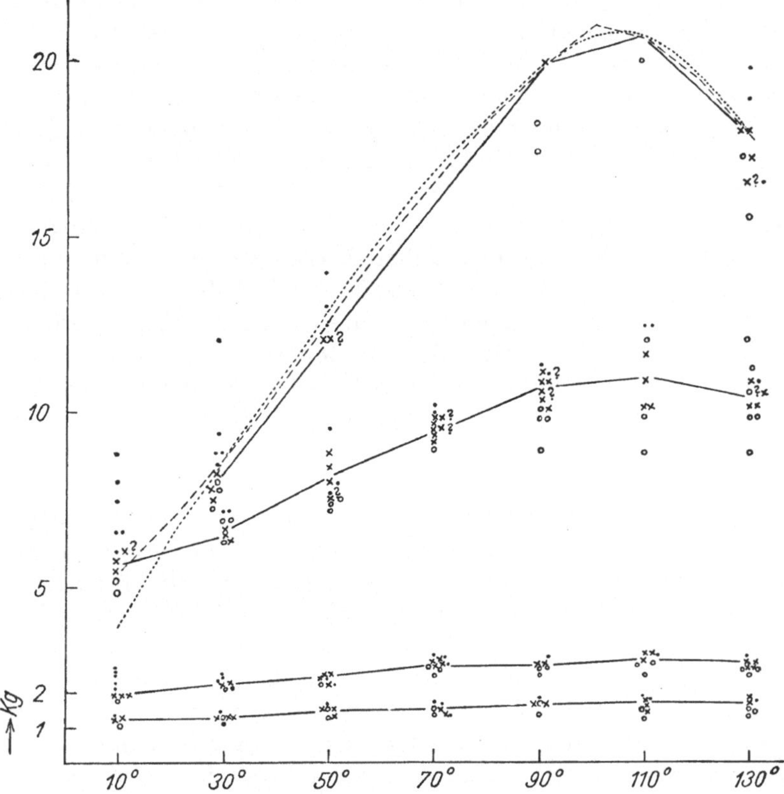

Abb. 1. Die Abhängigkeit der auf den Unterarm einwirkenden spannungsinhaltsäquivalenten Kräfte von dem Beugungswinkel des Unterarmes.

momente der Beugemuskeln M. biceps brachii und M. brachialis von dem Beugungswinkel abhängig. In der nebenstehenden Abb. 1 (WANGEL und andere) sehen wir dies Abhängigkeitsverhältnis durch eine gestrichelte Linie dargestellt. Wenn die Versuchsperson in den verschiedenen Stellungen kurze Beugungen ausführt, deren Spannungsinhalte untereinander gleich groß sind, so müssen die auf den Unterarm einwirkenden, ihn in Bewegung setzenden Kräfte der Beugemuskeln, falls unsere Annahme von der Bedeutung der physikalischen Spannung hier Gültigkeit besitzt, den Drehungsmomenten der Muskeln in den verschiedenen Armstellungen proportional sein. Die Bewegungskräfte sind in unserer graphischen Darstellung durch die ausgezogene Linie wiedergegeben, und deren Zusammenfallen mit der gestrichelten Linie, welche die Drehungsmomente der Muskeln darstellt, zeigt, daß sich die Sache, sofern es sich um mit größeren Kräften ausgeführte Armbeugungen handelt, tatsächlich so verhält. Bei den schwereren Armbeugungen entspricht also der Spannungsinhaltsabstraktionsklasse die aus den physikalischen Spannungen (K) gebildete Reizabstraktionsklasse (K = konst.). Wenn wir den Versuch aus der Propriozeptik mit den vorigen Versuchen vergleichen, können wir nicht umhin, zu bemerken, daß die beiden Abstraktionsklassen, die innere und die äußere Spannungsklasse, in diesem Spannungsinhaltskreis einander gleichsam näherstehen als die entsprechenden Klassen z. B. im Geschmackskreis. Man kann sich des Gedankens nicht erwehren, daß die physikalische Spannungsklasse gewissermaßen auf der entsprechenden Inhaltsklasse „beruht". Wir haben die Inhaltsabstrahierung als Eigenabstrahierung und die Reizabstrahierung als eine Abstrahierung fremden Ursprungs bezeichnet. Im Propriozeptikversuch ist die „Fremdheit" der Fremdabstraktion nicht so durchgreifend und vollständig wie im Geschmacks-, Hautempfindungs- und Gesichtsversuch. Auf diese Frage kommen wir später nochmals zurück.

Metrik.

Erst wenn wir die metrische Messung auf das sinnesphysiologische Experiment zur Anwendung bringen, betreiben wir eigentlich *quantitative* Sinnesphysiologie. Weil die Metrik genau wie die Topologie eine Abstrahierung darstellt, müssen natürlich auch in die Metrik der Sinnesphysiologie eine Inhalts- oder Eigenmetrik und eine Reiz- oder Fremdmetrik eingehen. Wenn wir die Eigenmetrik betrachten, bemerken wir, daß auch auf diesem Gebiete eine *unmittelbar* kleinste mögliche Inhalts*änderung* oder -differenz, eine Verstärkung oder Abschwächung des eben wahrnehmbaren Inhaltes vorkommt, die als relativer Schwelleninhalt oder *Unterschiedsschwelleninhalt* (*Minimum distinguibile*) bezeichnet wird. Die Inhaltsunterschiedsschwelle bedeutet also die kleinstmögliche wahrnehmbare Inhaltsänderung in einer Inhaltsfolge. Sie hat in der Topologie ihr Korrelat in dem absoluten Minimum perceptibile. Wenn man schrittweise in irgendeinem Inhaltskreis vorrückt, kann man als „Schritt" den möglichst kleinen Inhalt, die sog. Inhaltsunterschiedsschwelle annehmen. Die einzelnen Unterschiedsschwellen sind, da sie alle eben wahrnehmbar sind, in diesem Sinne, wie man erkennen kann, gleich, so daß man also eine Inhaltsabstraktionsklasse daraus bilden kann.

Die „entsprechende" Bestimmung der Reizabstraktionsklassen oder der Abstraktionsklassen fremden Ursprungs findet in der Metrik der Sinnesphysiologie auf dieselbe Art wie in der Topologie statt. Hierbei braucht natürlich die Metrik nicht ausschließlich durch Unterschiedsschwellen bestimmt zu werden, sondern diese Bestimmung kann auch durch Unterschieds*über*schwellen erfolgen, also durch untereinander gleiche Inhalte, die größer sind als die kleinste Inhaltsdifferenz. Wir führen hier einige Beispiele für die Metrik in der Sinnesphysiologie an.

Im *Propriozeptivmodalkreis* können wir die Reizmetrik von Spannungsinhalten untersuchen, indem wir Armbeugungen ausführen lassen, während der Arm in das waagerechte Niveau erhoben und im rechten Winkel flektiert ist. Die bei kurzen Beugungen des Unterarmes auftretenden, Spannungsinhalten entsprechenden Muskelkräfte sind dann auf Grund der Versuchsanordnung ausschließlich von der Kraft abhängig, gegen welche die Flexion stattfindet. Das Experiment ergibt, daß die den Spannungsinhaltsunterschiedsschwellen entsprechenden Zunahmen des Gewichtes, also auch der Muskelkraft, wenn die auf den Unterarm einwirkende Kraft 100 g bis 5 kg beträgt, immer gleich groß und somit von der Grundkraft des Muskels unabhängig sind [Renqvist u. a. (*15*)]. Wenn man die Drehungsmomente der Beugemuskeln des Unterarmes kennt, kann man berechnen, daß sich die konstante, von der Grundspannung des Muskels unabhängige, der Spannungsinhaltsunterschiedsschwelle entsprechende Zunahme der physikalischen Spannung oder Kraft auf etwa 20 bis 30 g pro Muskel beläuft (die in Frage stehenden Muskeln sind M. biceps brachii und M. brachialis). Wir konstatieren demnach, daß wir die einer Inhaltsabstraktionsklasse entsprechende Reizabstraktionsklasse mit Hilfe einer Kraftgröße (K) der Physik haben bilden können. Wir haben auf diese Weise die Metrik der Spannungsinhalte reizmäßig wiedergegeben. Wenn wir dies Resultat durch eine Formel wiedergeben wollen, können wir hierzu die Form $\Delta K =$ konst. oder $\Delta K =_{Df} \Delta E$ wählen. Der erstere Ausdruck besagt, daß die Reizgröße, die Zunahme der physikalischen Spannung, konstant ist, wenn die „entsprechenden" Inhalte untereinander gleiche, eben wahrnehmbare Unterschiedsschwellen sind, obgleich diese „inhaltliche" Seite nicht in dem Ausdruck enthalten ist. In der letzteren Formel wird dieser Umstand durch die rechte Seite der Gleichung ausgedrückt, wobei das Zeichen Df anzeigt, daß die Reizgröße so *gewählt* ist, daß auch in ihrem Kreis die Bildung einer Abstraktionsklasse hat stattfinden können. Wir kommen auf die logisch genauere Definierung der Metrik zurück, nachdem wir die Frage der „Entsprechung" von Inhalten und Reizen behandelt haben.

Das oben angeführte Resultat steht möglicherweise mit der Struktur und der motorischen Funktionsweise des Muskels in Zusammenhang. Sherrington und seine Schüler haben nachgewiesen, daß sich beim motorischen Nerven der Katze jede Fibrille teilt und die so gebildeten Zweige mit den einzelnen Muskelfasern in Verbindung treten; eine motorische Nervenfibrille oder ein motorisches Nervenelement nebst den damit verbundenen Muskelfasern bezeichnet SHERRINGTON als motorische Einheit (motor unit). Er hat gezeigt, daß die von einer solchen motorischen Einheit entwickelte Spannung etwa 10 bis 30 g ausmacht; nach dem Alles-oder-nichts-Gesetz kann die motorische Einheit überdies nur diese Spannung, aber weder größere noch kleinere Spannungen hervorbringen. Da der der Inhaltsunterschiedsschwelle entsprechende Zuwachs der Muskelspannung von einer konstanten Größenordnung ist, wie es auch die Kraft der motorischen Einheit des Muskels ist, können wir unser Resultat auch folgendermaßen ausdrücken: Den Unterschiedsschwellen des im Oberarm lokalisierten Spannungsinhaltes „entspricht" eine konstante Anzahl motorischer Spannungsschwellen der Muskeln.

Wenn die bei der Unterarmbeugung auftretende Kraft größer als 5 kg ist, gilt das von uns angeführte Gesetz nicht. In diesem Falle funktionieren jedoch bei Ausführung der Bewegung nicht nur die Muskeln des Oberarms, sondern infolge der Schwere des Gewichtes auch diejenigen Muskeln, die den Schultergürtel stützen, und wenn die Bewegung sehr schwer wird, spannen sich allmählich auch die Rumpfmuskeln. Die Spannung der Oberarmmuskeln, die in dem Versuch gemessen wird, zeigt also dann durchaus nicht mehr die im ganzen Körper auftretende Muskelspannung an, und es ist natürlich, daß letztere in ihrer Gesamtheit mit der „entsprechenden" inhaltlichen Spannung in Zusammenhang steht. Demnach ist die Ungültigkeit der Regel, wenn die Armbeugung sehr schwer wird, wohl zu verstehen.

Als zweites Beispiel der Inhaltsmetrik erwähnen wir HAHNS Versuche im *Temperaturmodalkreis*. HAHN stellte seine Versuche in der Weise an, daß er die Versuchsperson beide Hände und Unterarme gleichzeitig in zwei Becken mit Wasser von verschiedener Temperatur eintauchen und die eventuelle Unterschiedsschwelle im ersten Augenblick des Experimentes konstatieren ließ. Hierbei stellte es sich heraus, daß die Temperaturdifferenz in den Wasserbecken entsprechend der Inhaltsunterschiedsschwelle immer gleich groß war, unabhängig davon, welche Temperatur das Wasser ursprünglich aufgewiesen hatte. So wird also auch dieser Inhaltskreis durch eine physikalische Reizgröße, die Temperatur (T), metrisch wiedergegeben ($T =$ konst.). Es ist zu beachten, daß dies Resultat nur zu erzielen ist, wenn man nach HAHNS Methode experimentiert; wenn wir dagegen die Temperatur des Wassers, in welches die Hand eingetaucht ist, allmählich steigern, ist die der dabei auftretenden Unterschiedsschwelle, die man in diesem Falle als „Veränderungsschwelle" bezeichnen könnte, entsprechende Temperaturdifferenz vollkommen von der Geschwindigkeit abhängig, mit welcher die Temperatursteigerung erfolgt. Und selbst wenn die Geschwindigkeit des Temperaturwechsels konstant ist, werden die den Veränderungsschwellen entsprechenden Temperaturdifferenzen bei verschiedenen Anfangstemperaturen verschieden groß ausfallen. Also *nur unter ganz bestimmten Versuchsbedingungen,* d. h. wenn man den Inhalt in ganz bestimmter Weise monoton gestaltet, also die Klasse *auf Grund einer ganz bestimmten Gleichheitsrelation abstrahiert,* die hier in der eben merkbaren Abweichung der Temperaturinhalte des ersten Augenblicks und der beiden Hände voneinander besteht, können wir die Reizmetrik mittels einer bestimmten physikalischen Größe, der Temperaturdifferenz „entsprechend", wiedergeben. Aber sobald sich die Inhaltsabstraktion auch nur ein bißchen verändert, wenn man z. B. die erwähnten Veränderungsschwellen bestimmt, ist die Reizabstrahierung, die soeben „entsprechend" war, schon gleich nicht mehr entsprechend, so daß man offenbar eine anderweitige physikalische Größe zum Zweck der Reizabstrahierung suchen müßte. Wir erkennen hieraus, wie beschränkt die Anwendbarkeit oder die „Entsprechung" einer Fremd-Reizdefinition ist, und verstehen auf Grund hiervon, wie vorsichtig man sein muß, wenn man ein Ursache-Folge-Verhältnis zwischen Reizen und Empfindungen konstruieren will.

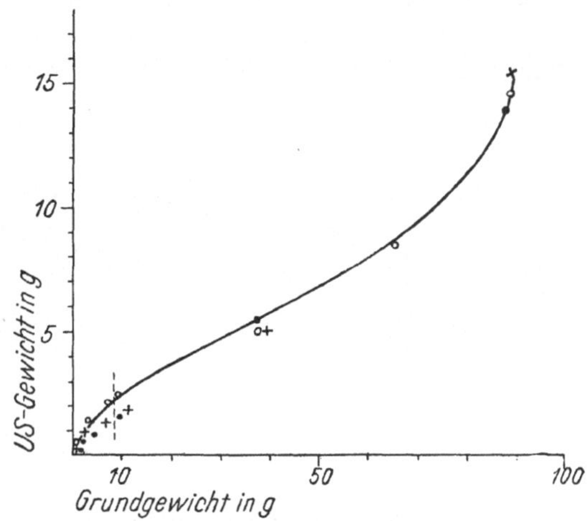

Abb. 2. Das Unterschiedsschwellengewicht (US-Gewicht) als Funktion des Grundgewichtes. Fingerspitzenversuche (nach v. BAGH). Größe der Druckfläche 1 qmm.

● US-Gewicht mit der Pelottenfläche von 1 qmm,
+ US-Gewicht mit der Pelottenfläche von 5 qmm,
o US-Gewicht mit der Pelottenfläche von 25 qmm.

Im *Hautempfindungsmodalkreis* steht uns ein gutes Beispiel für eine metrische Bestimmung zur Verfügung. Indem er mittels einer Pelotte einen Druck auf die Haut ausübte und die den Unterschiedsschwellen des Hautberührungs- oder Hautdruckinhaltes entsprechenden Reizgrößen untersuchte, hat VON BAGH festgestellt, daß das auf die Pelotte einwirkende Gewicht sich mit der Vergrößerung des Grundgewichtes in komplizierter Weise ändert. Die nebenstehende Abb. 2 zeigt, daß das Zusatzgewicht, das der Inhaltsunterschiedsschwelle entspricht, wenn man das Grundgewicht von Bruchteilen eines Gramms bis auf 100 g steigert, unabhängig von der Größe der reizenden Pelottenoberfläche (1 bis 25 qmm), kontinuierlich, aber gemäß einer zweifach gekrümmten, S-förmigen Kurve wächst. Mittels des auf die Haut einwirkenden Gewichtes können wir also kaum eine Reizabstraktionsklasse bilden, den Kreis metrisch wiedergeben. Wenn wir dagegen, wie bei der Topologie des Hautkreises, die Deformationstiefen messen, bis zu denen die Reizpelotte entsprechend den aufeinanderfolgenden Inhaltsunterschiedsschwellen Schritt für Schritt immer mehr eindringt, so können wir konstatieren, daß die Zunahme der Deformationstiefe (ΔEt), sofern es sich um etwas größere, auf die Haut einwirkende Gewichte und Grunddeformationstiefen handelt, immer gleich groß ist (ΔEt = konst.). Die in Abb. 3 rechts von der senkrechten gestrichelten Linie befindlichen Werte erweisen, daß bei verschieden großen Oberflächen die Zunahme der Deformationstiefe konstant und von der Grunddeformation unabhängig ist. Untersucht man hingegen ganz kleine Deformationen, so verhält sich die Sache nicht so, sondern

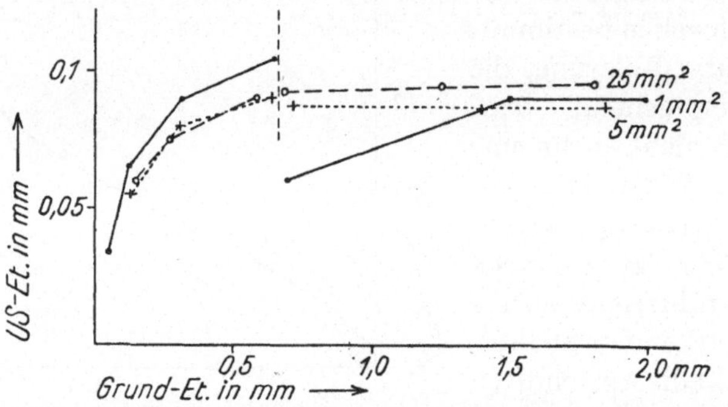

Abb. 3. Die Unterschiedsschwellen-Deformation (US-*Et*) als Funktion der Grunddeformation (Grund-*Et*). Fingerspitzenversuche (nach v. BAGH).

die der Inhaltsunterschiedsschwelle entsprechende Deformationstiefe ist bei kleineren Grunddeformationen kleiner und wächst mit der Grunddeformation in der durch die in der graphischen Darstellung links von der senkrechten gestrichelten Linie befindlichen Kurve angegebenen Weise. Wir können also feststellen, daß eine metrische Wiedergabe auf diesem Gebiete mittels der Deformationstiefengröße (ΔEt) möglich ist, sofern es sich um stärkere Hautdrucke handelt; hier gibt also dieselbe Größe sowohl die Metrik wie die Topologie wieder. Die Metrik eines ganz leichten Berührungsinhaltes dagegen wird durch die Deformationstiefengröße nicht wiedergegeben. Dies ist einer der Umstände, auf Grund welcher wir die Empfindungsfunktion der Haut als *dualistisch* ansprechen; die Hautberührungsinhalte, die sich auch als *Inhalte* ihrem Wesen nach von den eigentlichen Hautdruckinhalten unterscheiden, besitzen eine andere Reizmetrik als die letzteren. Das erstere System wird als das *epikritische*, das letztere als das *protopathische* bezeichnet (HEAD und v. STRÜMPELL).

Als letztes Beispiel einer Reizbestimmung von Inhalten führen wir die Intensitätsunterschiedsschwellen des *Sehkreises* an. Wenn wir die den Unterschiedsschwellen des Gesichts entsprechenden Zunahmen der physikalischen Lichtintensität als Funktion der Grundintensität des Lichtes graphisch darstellen, ergibt sich eine zweifach gekrümmte, S-förmige Kurve. Wenn wir versuchen, die Inhaltsmetrik durch eine physikalische, nämlich die Lichtintensitätsgröße wiederzugeben, erhalten wir hier also ein ähnliches Resultat wie im Bereich der Hautempfindungsinhalte, wenn wir dieselben mittels eines auf die Haut einwirkenden Gewichtes wiedergeben. Die beiden erwähnten S-Kurven nähern sich in ihrem mittleren Teil, in der Umgebung des Wendepunktes, einer Geraden, so daß das Verhältnis zwischen der Zunahme der Reizgröße und dem Grundreiz innerhalb dieses begrenzten mittleren Gebietes ein fast lineares ist. Aber zu beiden Seiten dieses Gebietes erfährt das Verhältnis eine starke Veränderung, und wir können deshalb auch im Sehkreis die Metrik des Kreises nicht in einfacher Weise mittels der physikalischen Intensität des Lichtes darstellen. HECHT hat gezeigt, daß man an Hand einer bestimmten Hypothese in bezug auf den photochemischen Prozeß, der unter der Einwirkung des Lichtes in der Netzhaut stattfinden soll, ein Resultat erreichen kann, wonach den Sehinhalts-Unterschiedsschwellen immer konstante Mengen zerfallender lichtempfindlicher Substanz entsprechen würden. Wenn wir HECHTs hypothetische Substanz als Reiz (S), als „inneren" Reiz betrachten, können wir dann also mittels dieser Größe die Metrik des Inhaltskreises durch einen einfachen Ausdruck wiedergeben ($\Delta S =_{Df} \Delta E$).

Die Metrik mehrerer Inhaltskreise läßt sich demnach auf die verlangte einfache Weise darstellen. Die die Metrik bestimmende Reizgröße ist in manchen Fällen eine direkt meßbare Größe gewesen; im Sehbereich dagegen basiert diese Größe auf einer Hypothese. Wir bemerken außerdem, wie in jedem Fall geradezu ein Bestreben zutage tritt, die Metrik in der erwähnten „einfachsten" Weise wiederzugeben. Ferner ist es evident, daß die Form des die Metrik darstellenden Ausdrucks davon abhängig ist, welche Größen in dem Ausdruck vorkommen.

Die Form des metrischen Reizausdruckes. Das Webersche Gesetz (vorbereitend).

Wir schreiten jetzt zur Behandlung der Frage nach der *Form* der Inhalte wiedergebenden Reizmetrik, obwohl eine vollständigere Erörterung dieser Frage eine genauere Analyse der Inhalt-Reiz-Entsprechungs- oder Ursache-Folge-Beziehung voraussetzen würde. Wir gehen jedoch schon jetzt auf die Frage der Metrikform ein, weil die vorausgehende Darlegung über die Reizmetrik ohne diese Besprechung sehr unvollkommen bliebe.

Die Reiz*topologie* konnte durch die Ausdrücke $R =$ konst. sowie

$R =_{Df} E$ dargestellt werden. In der Topologie kommt ein Problem der Form des darstellenden Ausdruckes nur in dem Sinne vor, als die mit R bezeichnete Reizgröße, da sie verschiedene physikalische Größen wiedergibt, in ihrer Form wechselt. Man könnte sich vorstellen, daß sich die Sache bei der von uns angeführten „einfachen" *metrischen* Form des Reizes $\Delta R =$ konst. oder $\Delta R =_{Df} \Delta E$, die der topologischen Form ganz analog ist, genau so verhielte, die Formfrage sich also nur auf verschiedenartige Reizgrößen beschränkte. So verhält es sich indessen nicht, sondern die Formfrage tritt hier auch in einer anderen, wesentlicheren Weise auf. Es ist nämlich zu beachten, daß wir bei der metrischen Reizbestimmung Inhaltsdifferenzen an *verschiedenen* Stellen des Inhaltskreises wiedergeben, und demgemäß ist es möglich, daß in dem metrischen Reizausdruck nicht nur die den Inhaltsdifferenzen entsprechenden Reizdifferenzen, sondern vielleicht auch die verschiedenen Anfangs- oder Grundinhalte, auf welche sich diese Differenzen beziehen, zum Ausdruck kämen. Kurz gesagt, besteht also die Möglichkeit, daß in dem Reizausdruck nicht nur die Größe ΔR, sondern auch die Größe R figuriert. Die meisten in der Literatur vorkommenden Ausdrücke für Unterschiedsschwellen enthalten auch eine derartige Größe, so daß es natürlich erscheint, die Behandlung der Formfrage der Metrik mit einem Überblick über die früheren Phasen der Wiedergabe von Unterschiedsschwellen einzuleiten.

Wir erinnern uns, daß wir bei der Wiedergabe der Metrik der Hautempfindung durch auf die Haut einwirkende Gewichte sowie der Sehinhaltsintensität mittels physikalischer Lichtintensitäten, graphische Darstellungen erhielten (S. 23), bei denen die Reizzunahmen (ΔR) doppelt gekrümmte S-förmige Funktionen des Grundreizes (R) bildeten. Innerhalb des mittleren Gebietes des Grundreizes war demgemäß das Verhältnis zwischen der Reizzunahme und dem Grundreiz konstant $\left(\frac{\Delta R}{R} = \text{konst.}\right)$, nämlich in dem Fall, daß die Fortsetzung des sich einer Geraden nähernden Kurvenabschnittes durch den Origo verlief, oder, falls dies nicht zutraf, die Reizzunahme und der Grundreiz innerhalb dieses Gebietes in einem linearen Verhältnis zueinander standen $\left(\frac{\Delta R - a}{R} = \text{konst.}\right)$. Die Proportionalität zwischen Reizzunahme und Grundreiz, wobei die Reizzunahme der Inhaltsunterschiedsschwelle entspricht, wird in der Sinnesphysiologie als WEBERsche Regel oder WEBERsches Gesetz bezeichnet, und wenn Reizzunahme und Grundreiz hierbei in einem linearen Verhältnis stehen, spricht man in der Literatur oft von einer WEBERschen Regel in weiterem Sinne (SCHRIEVER).

Beim Experimentieren mit verschieden großen Gewichten konstatierte WEBER i. J. 1834, daß beim Erheben dieser in ein Tüchlein gelegten Gewichte der Gewichtszuwachs immer in einem bestimmten Verhältnis zu dem Grundgewicht stehen mußte, damit die Hebung, unabhängig von der Größe des in dem Tüchlein befindlichen Grundgewichtes, als eben merkbar schwerer empfunden würde. WEBER stellte seine Versuche nur mit zwei ganz kleinen Grundgewichten, nämlich 113 und 907 g an, und die der Unterschiedsschwelle entsprechenden Zusatzgewichte mußten in beiden Fällen etwa 5 bis 20% (bei den verschiedenen Versuchspersonen verschiedene Werte) davon betragen. Von späteren Forschern sind an Hand größerer Versuchsserien und unter Befolgung exakterer Methoden JAKOBIJ (s. WUNDT) sowie FECHNER, der dieser Proportionalitätsregel den Namen des WEBERschen Gesetzes gab, zu einem analogen Resultat gekommen. MERKEL (s. WUNDT) und HERING dagegen sind bei ihren Gewichtssinnuntersuchungen zu einem Ergebnis gelangt, das mit dem früher von uns angeführten, die Metrik dieses Gebietes wiedergebenden Ausdruck in der Form übereinstimmen, nämlich zu dem Ergebnis, daß die der Inhaltsunterschiedsschwelle entsprechende Reizzunahme von dem Anfangs- oder Grundreiz unabhängig und immer gleich groß ist. Bei den früher mitgeteilten Versuchen von RENQVIST, JALAVISTO u. a. war diese Reizgröße die in dem Muskel (oder an der Haut) auftretende physikalische Spannung oder *Kraft*, die dem zu bewegenden Gewicht bei geeigneter Versuchsanordnung proportional sein kann. Bei den zum WEBERschen Gesetz führenden Versuchen JAKOBIJS und FECHNERS, aber auch bei den Versuchen MERKELS und HERINGS, die zu einem anderen Resultat führten, diente das Gewicht, das gehoben wurde, als Reiz. Offenbar kann der Widerspruch in den Resultaten insofern mit der Versuchsanordnung zusammenhängen, als das zu hebende Gewicht und die Muskelspannung bei verschiedenen Versuchsanordnungen in verschiedener Weise voneinander abhängig sind; möglicherweise kann der Widerspruch auch darauf beruhen, daß die bei den Experimenten benutzten Gewichte und auftretenden Muskelspannungen sehr verschieden groß sein können.

Das bei den Versuchen von RENQVIST, JALAVISTO u. a. in Bewegung gesetzte Gewicht war der in den zu beugenden Muskeln auftretenden Kraft proportional, so daß in entsprechenden Versuchen die Regel von der Konstanz der Reizunterschiedsschwelle eine Konstanz des Muskelspannungsunterschiedes bedeutet. Daß es sich in diesen Versuchen bei der Reizgröße tatsächlich um die Spannung der funktionierenden Muskeln handelt, geht auch daraus hervor, daß die Regel zusammenbricht, wenn das zu bewegende Gewicht 5 kg übersteigt, wobei auch anderswo als in den Flexoren des Unterarmes Muskelspannungen aufzutreten beginnen, das Gewicht der Spannung der Flexoren also nicht mehr proportional ist. Bei Versuchsanordnungen nach Art der ursprünglichen WEBERschen, wo in unzähligen Muskeln Spannungen auftraten, steht das zu hebende Gewicht natürlich in keinem einfachen Verhältnis zur Spannung der Muskeln. Es ist also evident, daß wir in einem solchen Fall, wo wir die Metrik mit Hilfe eines gehobenen Gewichtes ausdrücken, gar keine ähnliche metrische Regel erwarten können wie da, wo die Metrik mittels der tatsächlichen, in den Muskeln auftretenden Spannung wiedergegeben wird. Die Sache scheint sich hier so zu verhalten, daß wir, wenn die Muskelspannung als Reizgröße dient, die verlangte einfache Unterschiedsschwellenbestimmung, wenn aber ein unbestimmtes „Gewicht" als Reizgröße fungiert, eine Darstellung der Unterschiedsschwelle nach Art der WEBERschen Regel erhalten. Dies Beispiel zeigt deutlich, wie die Form des metrischen Ausdrucks von der darin vorkommenden Größe abhängt.

Unser früheres Beispiel aus der Metrik der Sehinhalte erweist ganz dasselbe. Wenn man die den Sehunterschiedsschwellen entsprechenden physikalischen Intensitätsdifferenzen des Lichtes als Funktion der Grundintensitäten des Lichtes einsetzt, bilden dieselben eine zweifach gekrümmte S-förmige Kurve, die in ihrem mittleren Teil verhältnismäßig geradlinig ist. Innerhalb dieses mittleren Gebietes wird also die Metrik durch einen Ausdruck wiedergegeben, der mit der WEBERschen Regel oder deren erweiterten Form übereinstimmt. Wenn wir als Reiz, als „inneren" Reiz HECHTS hypothetische Zerfallsmenge der lichtempfindlichen Substanz annehmen, bietet der die Unterschiedsschwellen wiedergebende Ausdruck wiederum die von uns geforderte einfachste Gestalt ($\Delta R =$ konst.) dar.

Sowohl die WEBERsche Regel $\frac{\Delta R}{R} =$ konst. oder $\frac{\Delta R - a}{R} =$ konst. als auch die einfache Form $\Delta R =$ konst. sind einfache Ausdrücke, und man könnte es deshalb als Geschmackssache ansprechen, durch welchen metrischen Ausdruck irgendein Inhaltskreis besser wiedergegeben wird. Wir werden später eingehender auseinandersetzen, weshalb dem letzteren Ausdruck unbedingt der Vorrang eingeräumt werden muß. Auch ohne genauere Erläuterung ist es indessen evident, daß der Darstellungsweise der Metrik, die man die WEBERsche Regel nennt, mancherlei Schwächen anhaften. Erstens stellt dieser Ausdruck, wie unsere Beispiele zeigten, die Metrik nur innerhalb eines begrenzten Gebietes dar. Zu beiden Seiten dieses mittleren Grundreizgebietes treten dann die sog. *unteren und oberen Abweichungen* der Regel auf, wobei sich die der Inhaltsunterschiedsschwelle entsprechende Reizdifferenz beim Vorrücken von dem mittleren Gebiet her relativ immer mehr vergrößert. Diese Abweichungen werden jedoch durch die Regel überhaupt nicht wiedergegeben, so daß ihr Wert als Regel zweifelhaft ist; sind doch die obere und die untere Abweichung ebenso wesentlich wie die Regel des mittleren Gebietes.

Zweifach gekrümmten Kurven begegnen wir oft bei der Darstellung von Messungsresultaten auch auf dem Gebiete der eigentlichen *Biologie*. Wir wählen als Beispiel das Abhängigkeitsverhältnis der in einem Muskel auftretenden Spannung von der Spannung des elektrischen Stromes, der den Muskel künstlich in einen Erregungszustand versetzt hat. Wenn wir bei der graphischen Darstellung die Spannung des elektrischen Stromes auf die Abszisse und die Muskelspannung auf die Ordinate setzen, so werden die Versuchsergebnisse durch die von der nebenstehenden Abb. 4 wiedergegebene S-Kurve dargestellt (HIRVONEN). Bei gleichmäßiger Steigerung der elektrischen Spannung nimmt demnach die Muskelspannung anfangs nur langsam zu, bei mittelstarken Strömen wächst die Muskelspannung rascher und beinahe linear mit der Stromspannung, um schließlich, wenn die Intensität der elektrischen Spannung sehr groß

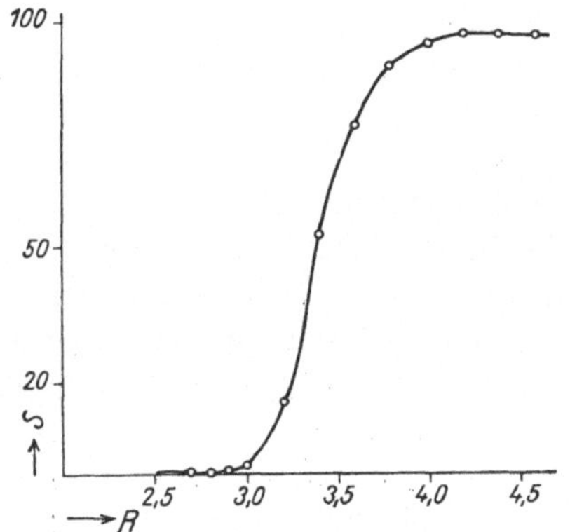

Abb. 4. Die Abhängigkeit der Muskelspannung (S) beim Frosch von der Spannung des reizenden elektrischen Stromes (R) (nach HIRVONEN).

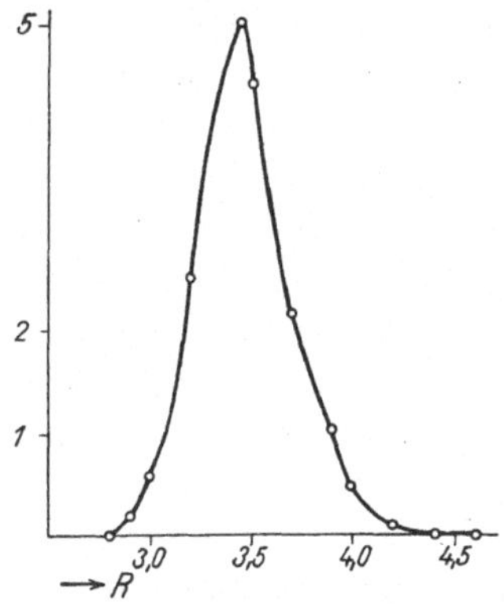

Abb. 5. Differentialkurve der S-Kurve der Abb. 4 (nach HIRVONEN).

wird, wieder langsamer zuzunehmen. Die Erklärung hierfür ist folgende: die bei den Muskelversuchen gemessene Spannung ist die Spannungssumme aus den Einzelspannungen, die sich in den einzelnen Muskelfasern des Muskels entwickeln. Die von jeder einzelnen Muskelfaser entwickelte Spannung ist nach dem Alles-oder-Nichts-Gesetz immer die gleiche, und wir können diese Einzelspannungen als untereinander gleich betrachten. Die elektrische Spannung, die erforderlich ist, um die verschiedenen Muskelfasern oder -elemente in Tätigkeit zu versetzen, ist dagegen natürlich bei den verschiedenen Elementen verschieden groß. Bei der größten Anzahl von Muskelelementen ist sie von mittlerer Größe, und die Anzahl von Muskelelementen, deren elektrische Spannungs-„Schwelle" kleiner oder größer ist als dieser Mittelwert, ist um so geringer, je weiter man von dem mittelgroßen Wert in jeder der beiden Richtungen vorrückt. Die Verteilung der elektrischen Spannungsschwellen auf die verschiedenen Muskelfasern oder -elemente erhellt dann aus der nebenstehenden Abb. 5, die aus der vorigen S-Kurve (Abb. 4) durch Einsetzen der Tangenten dieser Kurve als Funktion der elektrischen Spannung erhalten wurde. Die S-Kurve stellt also die Integralkurve der letzteren Kurve dar, und wir haben sie auf diese Weise mittels ihrer Differentialkurve erläutert. Diese letztere Kurve ist eine typische Verteilungskurve der Wahrscheinlichkeitsrechnung, die anzeigt, wie sich eine bestimmte Eigenschaft, in diesem Falle die elektrische Spannungsschwelle auf eine Reihe von Elementen, in diesem Falle Muskelelemente verteilt. Eine analoge Verteilung wie die obenerwähnte tritt immer auf, wenn man die Verteilung einer beliebigen Eigenschaft auf die Elemente oder Individuen einer Gruppe oder einer Population untersucht, wenn man beispielsweise nachprüft, wie sich die Körperlänge auf die verschiedenen Individuen irgendeiner Menschengruppe verteilt usw.

Wir kommen hierdurch auf den Gedanken, ob nicht möglicherweise auch die S-Kurven der Metrik in der Sinnesphysiologie Wahrscheinlichkeitsverteilungskurven sein möchten. Wenn es sich so verhielte, könnten wir den von ihnen dargestellten Sachverhalt kaum als eine Regel ansprechen, weil es zum Wesen einer Wahrscheinlichkeitskurve gehört, daß sie die Verteilung einer ganz zufälligen Eigenschaft in irgendeinem Kreis von Elementen wiedergibt. Wenn die Metrik durch eine derartige Kurve ausgedrückt wird, so würde dies bedeuten, daß die darin vorkommende Reizgröße eine zufällige, *arbiträre* Größe innerhalb dieses Gebietes darstellt. Ebenso wie sich die elektrischen Spannungsschwellen nach der Wahrscheinlichkeit auf die verschiedenen Muskelelemente verteilen und demgemäß als ganz zufällige Größen zur Wiedergabe der Muskelspannung gelten müssen, was man sehr wohl auch ohne weiteres versteht, würden somit diejenigen Reizgrößen, welche einen metrisch zu bestimmenden Inhaltskreis mittels einer ähnlichen S-Kurve (des WEBERschen Gesetzes mit seiner oberen und unteren Abweichung) wiedergeben, diesem Kreis völlig willkürlich angeschlossene Größen sein. Wir können sie im quantitativen Sinne als nichts anderes denn als arbiträre Reize betrachten. Die mit ihrer Hilfe ausgedrückte Form der Metrik wäre demnach eine nur zufällige.

Um nun entscheiden zu können, welche Form der Unterschiedsschwellenmetrik gegeben werden muß, müssen wir auf die Frage zurückgreifen, die im Laufe der Darstellung mehrmals berührt worden ist, ohne jedoch bisher genauer analysiert zu werden, auf die Frage nach dem Charakter der „Entsprechung“ zwischen den Empfindungs- und den Reizabstraktionsklassen. Wir behandeln diese Frage rein formal an Hand der Hilfsmittel, die uns die Logik darbietet, um sie zunächst begrifflich klarzulegen, und versuchen erst später nachzuprüfen, welches die psychologische und physiologische Bedeutung unseres Resultates ist.

Die „Entsprechung“ der Empfindungen und der Reize. Die Implikation in der Sinnesphysiologie. Die Bedeutung des Weberschen Gesetzes.

Die Form der zwischen Reiz- und Inhaltsabstraktionsklasse herrschenden Beziehung, der „Entsprechung“, lautet: Wenn die Inhaltselemente zu einer Abstraktionsklasse vereinigt werden können, so können auch bestimmte Reizelemente zu einer Abstraktionsklasse vereinigt oder nicht vereinigt werden. Um uns genauer klar zu machen, um was für eine Beziehung es sich hier handelt, führen wir im folgenden die in der Logik vorkommende entsprechende Beziehung, die *Implikation* (Bedingungsverhältnis) ein. Die allgemeine Form der Implikation lautet: Wenn p ist, so ist auch q, in Zeichen $p \supset q$, oder: wenn p ist, so ist q nicht, in Zeichen $p \supset \bar{q}$. Hier haben wir die beiden Implikationsformen der klassischen Logik vor uns, die erstere ist die Ja- und die letztere die Nein-Implikation.

In diesen Ausdrücken können p und q beliebige Vorgänge, Gegenstände, Verhältnisse darstellen. Wenn sie Vorgänge darstellen, können wir die Ja-Implikation als den formalen Ausdruck einer Kausalitätsbeziehung oder einer Ursache-Folge-Beziehung ansprechen, wogegen die Nein-Implikation ausdrückt, daß zwischen den betreffenden Fällen keine Ursache-Folge-Beziehung besteht.

Falls die zu implizierenden p und q keine einmaligen Erscheinungen sind, welch letztere wir als nur ein einziges Mal und nur unteilbar auftretende Elemente bezeichnen könnten, sondern Elemente in einer *Folge* darstellen, reicht die klassische Ja-Nein-Form der Implikation nicht aus, um diese Beziehung zu charakterisieren, sondern wir können uns die Sache so vorstellen: Wenn p ist, d. h. wenn uns einige Elemente von p vorliegen, so ist q, d. h. es treten Elemente von q auf, aber nicht in sämtlichen ersteren Fällen, sondern nur bei einer bestimmten Anzahl (w) derselben. Eine derartige Implikation wird *Wahrscheinlichkeitsimplikation* genannt [s. REICHENBACH, besonders (*10*)] und mit ihrer Hilfe wird ausgedrückt, in einem wie großen Teil (w) aller möglichen Fälle Elemente von q auftreten. Es ist, wie schon erwähnt, evident, daß die Wahrscheinlichkeitsimplikation nur in dem Falle Sinn hat, daß p und q mehrere Elemente umfassen. Die exakte Bedeutung hiervon wiederum ist, daß in der betreffenden Folge aus einer bestimmten Anzahl der darin enthaltenen Elemente eine Abstraktionsklasse gebildet werden kann. Demgemäß hat die Wahrscheinlichkeitsimplikation, exakt ausgedrückt, folgende Form: Wenn wir in einer Folge aus den darin enthaltenen Elementen eine Abstraktionsklasse bilden können, so sagen wir, daß zwischen dieser Klasse und einer zweiten Klasse die Wahrscheinlichkeitsimplikation herrscht, falls eine Wahrscheinlichkeit von bestimmter Größe besteht, daß man auch in der anderen Folge aus den darin enthaltenen Elementen eine Abstraktionsklasse bilden kann; der Wert der Wahrscheinlichkeit kann hierbei von 0 bis 100% variieren. Bezeichnen wir die Elemente der ersteren Folge mit x_i, worin i den laufenden Index des Elementes bedeutet, und die Elemente der letzteren Folge mit y_i, sowie die in der ersteren Folge zu bildende Abstraktionsklasse mit O und die Abstraktionsklasse der letzteren Folge mit P, und schließlich die Zugehörigkeit der Elemente zu den entsprechenden Abstraktionsklassen mit ε, so können wir das Wahrscheinlichkeitsimplikationsverhältnis nach REICHENBACH folgendermaßen wiedergeben:

$$(i)\,(x_i\,\varepsilon\,O \underset{w}{\ni\!-} y_i\,\varepsilon\,P),$$

worin das vor dem Ausdruck befindliche „Alles“-Zeichen (i) anzeigt, daß es sich um die Implizierung von Klassen und nicht von Einzelfällen handelt.

Wenn wir aus unserer Bezeichnung die ε-Relation fortlassen, also die Zugehörigkeit eines Elementes zu seiner Klasse nicht mehr jedesmal andeuten, können wir statt des vorigen Ausdruckes die Bezeichnung

$$(i)\,(O \underset{w}{\ni\!-} P)$$

benutzen, die oft abgekürzt ausgesprochen wird: die Wahrscheinlichkeit von O zu P ist w.

Denselben Umstand können wir auch, wie folgt, bezeichnen:

$$W\,(O,\,P) = w,$$

was symbolisch anzeigt, daß der obige Ausdruck in bezug auf w aufgelöst ist.

Wir erwähnten oben, daß der Wahrscheinlichkeitswert der betreffenden Implikation von 0 bis 100% variieren kann. Zwischen diesen Grenzen bewegt sich also der Wert von w. Gemeinhin meint man aber mit w die *relative Häufigkeit*, mit welcher gleichzeitig sowohl die Elemente x_i der ersteren Folge zu der Klasse O, als auch die Elemente y_i zu der Klasse P gehören, wenn die Elemente x_i zu der Klasse O gehören, oder in Zeichen:

$$\underset{n=\infty}{W\,(O,\,P)} = w = \frac{\overset{n}{\underset{1}{N}}\,(x_i\,\varepsilon\,O)\cdot(y_i\,\varepsilon\,P)}{\overset{n}{\underset{1}{N}}\,(x_i\,\varepsilon\,P)},$$

worin das Zeichen $\overset{n}{\underset{1}{N}}$ die Anzahl Fälle (die Elemente von 1 bis n) anzeigt, in welchen die Elemente zu ihrer Klasse gehören. Die Wahrscheinlichkeit von O zu P (w) ist also ebenso groß wie dieser Ausdruck, wenn $n = \infty$. Aus dem obigen Ausdruck ersehen wir, daß, wenn wir eine bestimmte Anzahl Fälle haben, in denen die Elemente x_i zu der O-Klasse gehören, und die Elemente y_i hierbei auch in *allen* Fällen zu der P-Klasse gehören, der Wahrscheinlichkeitswert der Wahrscheinlichkeitsimplikation $w = 1$ ist. Ebenso bemerken wir, daß, wenn x_i zu O gehört und y_i in keinem einzigen Falle zu P, der Wahrscheinlichkeitswert $w = 0$ wird. Diese Fälle stellen extreme Fälle dar. Der erstere Fall, wo der Wahrscheinlichkeitswert der Wahrscheinlichkeitsimplikation gleich 1 ist, entspricht dem Ja-Fall der klassischen Implikation und der letztere, wo der Wahrscheinlichkeitswert gleich 0 ist, entspricht dem Nein-Fall der klassischen Implikation. Bei der Wahrscheinlichkeitsimplikation kann nun, wie wir aus dem Ausdruck entnehmen, die Wahrscheinlichkeit außerdem alle möglichen Werte zwischen 0 und 1 darbieten.

Es ist offenbar, daß die erstere Darstellung der Wahrscheinlichkeitsimplikation formal genau das wiedergibt, was in der Sinnesphysiologie beim Experimentieren ausgeführt wird. Beim sinnesphysiologischen Experiment abstrahiert die Versuchsperson in einer Folge von Einzelerlebnissen auf Grund der Gleichheitsrelation eine Inhaltsabstraktionsklasse, die wir laut Vereinbarung als Empfindung bezeichnen, und der Versuchsleiter abstrahiert aus der Folge physikalisch-chemischer Reizgrößen eine Reizabstraktionsklasse, wobei alles genau in der Weise vor sich geht, die wir in der Logik Implizierung nennen. Wenn eine Inhaltsabstraktionsklasse gebildet ist (wenn *O ist*), so muß man versuchen, eine solche Reizabstraktionsklasse zu bilden, daß sie zu der vorigen Klasse in einem Ja-Implikationsverhältnis steht (daß *P ist*). Weil es sich beim sinnesphysiologischen Versuch (wie im allgemeinen auch bei irgendeinem anderen empirischen Versuch) offenbar um Geschehnis*folgen* und nicht um einzelne, einmalige, elementartige Erscheinungen handelt, so ist es evident, daß hier gerade eine Wahrscheinlichkeitsimplikation und nicht die klassische Ja-Nein-Implikation in Frage kommt. Wenn man von der Inhaltsabstraktionsklasse nach der Reizabstraktionsklasse impliziert, ist es also evident, daß der Wahrscheinlichkeitswert der Implikation zwischen 0 und 1 liegen kann.

Wenn wir uns der früher behandelten logistischen Zeichen für die Inhalts- und Reizabstraktionsklassen bedienen, wird somit die logistische Bezeichnung des sinnesphysiologischen Versuches folgendermaßen aussehen [s. RENQVIST (*17*)]:

$$(i)\ (e_i\ \varepsilon\ \mathrm{Aeq}`E \underset{w}{\ni\!\!-} r_i\ \varepsilon\ \mathrm{Aeq}`R).$$

Sehr wesentlich ist hierbei, welchen Wert w annimmt. Wenn w in irgendeiner Versuchsserie den Wert 1 erhielte, so würde dies bedeuten, daß in jedem Fall, wo die Inhalte der Versuchsperson gleich sind, auch bestimmte Reizgrößen untereinander gleich wären. Einen solchen Fall, wo der ersteren Gleichheit immer die letztere Gleichheit entspräche, kann man als Kausalverhältnis zwischen Empfindung und Reiz bezeichnen. Wenn dagegen für w in irgendeiner Versuchsserie der Wert 0 vorkäme, wobei also gleichen Erlebnissen in keinem einzigen Fall die Größengleichheit der durch eine bestimmte physikalische Größe dargestellten Reize entspräche, sondern diese Reizgrößen untereinander immer verschieden groß wären, so könnte man diesen Fall als einen Fall bezeichnen, wo zwischen den Empfindungen und den in der angegebenen Weise bestimmten physikalischen Größen überhaupt kein kausaler Zusammenhang besteht. In dem Fall wiederum, wo der Wert von w zwischen

0 und 1 liegt, können wir die Ursache-Folge-Beziehung zwischen Empfindung und Reiz als um so fester betrachten, je näher der Wert von w dem Wert 1 kommt. Wir sehen, daß das Kausalverhältnis in der quantitativen Sinnesphysiologie einigermaßen unbestimmt ist, und verstehen, daß die Größe des Wahrscheinlichkeitswertes der diese Beziehung wiedergebenden Implikation natürlich davon abhängt, wie die Reizgröße bestimmt ist, welche physikalisch-chemische Größe wir dazu *gewählt* haben. Weil es natürlich ist, daß wir beim sinnesphysiologischen Versuch einen möglichst hohen Wahrscheinlichkeitswert der Empfindungs-Reiz-Implikation anzustreben versuchen, so bildet gerade die Auffindung einer Reizgröße, bei welcher dieser Wert erreicht würde, die wichtigste Aufgabe beim Experimentieren. Die empirische Erfahrung lehrt nun, daß wir den Wahrscheinlichkeitswert 1 niemals erreichen, sondern uns ihm höchstens nähern können; anderseits wissen wir aber auch nicht, wie nahe wir dem Wert 1 kommen können, so daß die Reizwahl beim sinnesphysiologischen Versuch immer etwas unbestimmt bleibt.

Auf Grund des oben Gesagten ist es verständlich, daß die Frage, welche physikalisch-chemischen Größen als die zweckmäßigsten Entsprechungen von Inhalten, als Reize, zu gelten haben, nicht exakt entschieden werden kann. Weil sich jedoch gewöhnlich in jedem sinnesphysiologischen Versuch Größen finden, deren implikatives Verhältnis zu den Inhalten ein sehr hochwertiges ist, begnügen wir uns damit, diese Größen als Reize anzusprechen und können sie mit einem schon seit alters, wenn auch in unbestimmtem Sinne in der Sinnesphysiologie gebrauchten Namen als *adäquate* Reize bezeichnen. Solche physikalisch-chemischen Größen, deren implikative Beziehung zu den Empfindungen kleiner ist als der Implikationswert der adäquaten Reize, können wir nur als *arbiträre* Reize betrachten, deren Verhältnis zu den Inhalten nur durch eine Wahrscheinlichkeit niedrigeren Wertes bestimmt ist.

Wenn wir die *topologische* Bestimmung von Inhaltskreisen im Lichte der obigen Erkenntnis betrachten, können wir versuchen, die verschieden großen Werte der Wahrscheinlichkeit einer Inhalts-Reiz-Implikation graphisch darzustellen. Wenn wir die bei einem Versuch gewonnene Reizgröße als Abszisse und die Anzahl der Versuche, bei denen eine Inhaltsgleichheit erreicht wird, wenn eine bestimmte Reizgröße als entsprechende Abszisse verwendet wird, als Ordinate setzen, so wird das Resultat einer Versuchsserie, worin die Wahrscheinlichkeitsimplikation irgendeine mittlere Größe hat, durch eine Kurve nach Art der Kurve B in Abb. 6 dargestellt [Renqvist (*17*)]. Wenn der Reiz die mittlere Größe R' hat, sind also die Inhalte in den allermeisten Fällen gleich (höchste Stelle der Kurve), aber bisweilen wird dies auch bei sowohl kleineren als größeren Werten von R erreicht, jedoch in um so selteneren

Fällen, je weiter man sich von dem Wert R' entfernt. Der Fall der Ja-Implikation würde durch eine an der Stelle R' befindliche Senkrechte dargestellt, deren Höhe die gleiche wäre wie die Anzahl sämtlicher Versuche. Die Kurve A der graphischen Darstellung gibt einen Fall wieder, wo in einer Versuchsserie ein möglichst hoher Wahrscheinlichkeitswert in dem eben von uns dargelegten Sinne erreicht wurde; die Reizgröße, welche dieser A-Kurve entspricht, würden wir als adäquat bezeichnen, einen der typischen Wahrscheinlichkeitskurve B entsprechenden Reiz dagegen als arbiträr.

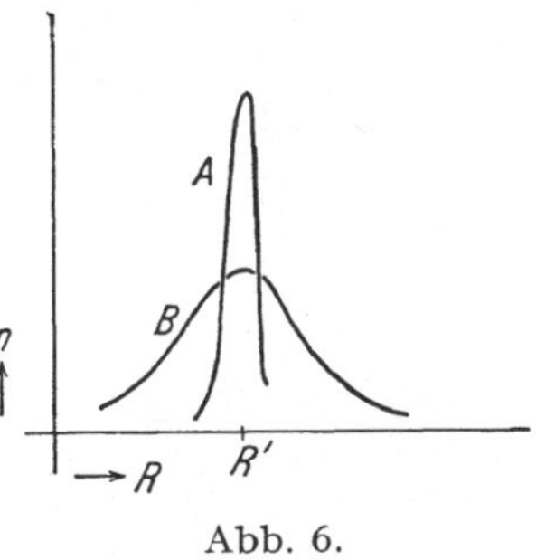

Abb. 6.

Die sinnesphysiologischen Versuchsreihen werden gewöhnlich nicht in der Weise ausgeführt, daß man den Wahrscheinlichkeitswert der Inhalts-Reiz-Implikation daraus berechnen könnte. Man kann jedoch sagen, daß in den Folgen, wo man einen annehmbaren topologischen Reiz hat bestimmen können, dieser Reiz zu den Inhalten in einem implikativen Verhältnis steht, dessen Wahrscheinlichkeit erheblich größer ist als 0,5. Bisweilen ist es geradezu üblich, zu verlangen, daß diese Wahrscheinlichkeit den Wert 0,67 oder 0,75 erreichen muß. Wohlverstanden kann man den Wahrscheinlichkeitswert nur in großen Versuchsserien berechnen, aber die Schwäche großer Versuchsserien liegt wiederum darin, daß die unmittelbare Gleichheitsrelation der Versuchsperson, auf welcher ja die Inhaltsabstrahierung basiert, hier keine Gleichheit darstellt, weil sie durch die „Ermüdung" und andere Umstände verändert wird, und weil die erhaltene Klasse somit in Wirklichkeit gar keine Inhalts*gleichheit* repräsentiert. In kurzen Versuchsfolgen existiert dieser Übelstand nicht, und die auf Grund derselben ermittelten adäquaten Reizgrößen sind gerade deswegen oft besser definiert, obgleich man über den Wahrscheinlichkeitswert ihrer Implikation nichts Sicheres weiß. Derartige, auf kürzeren Folgen basierende topologische Reizgrößen sind z. B. die vorher erwähnten Reizgrößen der Deformationstiefe auf dem Gebiete der Hautempfindung und der in der Zeiteinheit adsorbierten Substanzmenge im Bereich des Geschmackssinnes. Aus größeren Versuchsfolgen ermittelt wurden dagegen die topologischen adäquaten Reize der physikalischen Spannung in Muskeln und Sehnen auf dem propriozeptiven Gebiet und der Lichtenergiegröße im Sehbereich. Von der Bedeutung der Länge der Versuchsfolgen ist in der Arbeit von JALAVISTO des näheren die Rede.

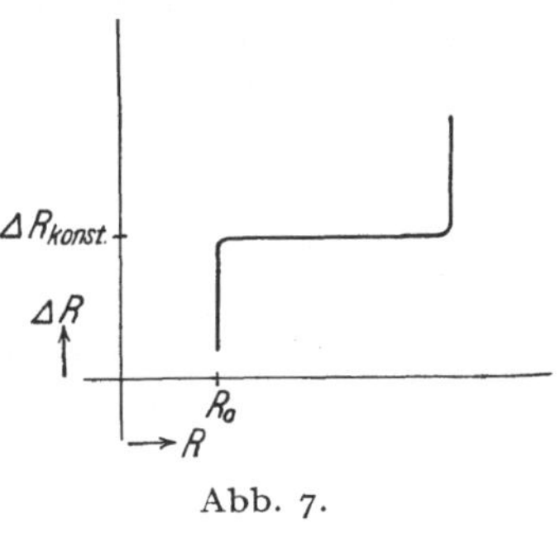

Abb. 7.

Wenn wir die *Metrik* der Sinnesphysiologie im Lichte der Implikationslogistik betrachten, nehmen wir wieder die graphische Darstellung zu Hilfe. Falls die Metrik in der einfachen Form $R =$ konst. hat dargestellt werden können, welcher die vorangehende Abb. 7 entspricht, so können wir zur Wiedergabe dieses Falles eine analoge graphische Darstellung wie in der Topologie gebrauchen. In dieser Darstellung haben wir als Abszisse die Werte der Reizzunahme (ΔR) und als Ordinate die Anzahl (n) der Fälle, in denen entsprechend Inhaltsgleichheit herrscht (Abb. 8). Je absoluter die Implikation ist, um so schmaler, steiler und höher wird die Kurve (A) ausfallen. Wenn die Implikation absolut ist, wird dies, wie früher erläutert, durch den Ausdruck (i) $(e_i \, \varepsilon \, \mathrm{Aeq}'\Delta E \ni_{\overline{1}} r_i \, \varepsilon \, \mathrm{Aeq}'\Delta R)$ wiedergegeben, worin mit e_i bzw. r_i die Inhalts- bzw. Reizelemente bezeichnet sind. Die durch diesen Ausdruck ebenso wie durch den vorigen einfacheren Ausdruck und durch die graphische Darstellung der beiden Ausdrücke wiedergegebene Implikationsbeziehung drückt also aus, daß zwischen den Inhalts- und den Reizabstraktionsklassen ein Kausalverhältnis besteht.

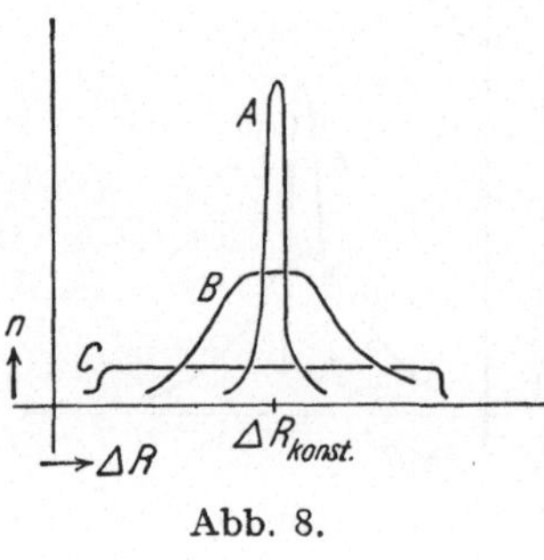

Abb. 8.

Hat man dagegen die Metrik auf irgendeinem Empfindungsgebiet mittels der Reizdifferenz ΔR und des Grundreizes R in der Weise dargestellt, daß die erstere eine durch eine S-förmige Kurve wiedergegebene Funktion der letzteren ist (Abb. 9), wie dies auf mehreren Sinnesgebieten der Fall ist, wo also auch innerhalb eines bestimmten mittleren Grundreizgebietes das Webersche Gesetz wenigstens in seiner erweiterten Form herrscht, so können wir nachweisen, daß diesem Fall ein implikatives Verhältnis zwischen den Inhaltsabstraktionsklassen und den bei einer derartigen metrischen Darstellung benutzten Reizgrößen entspricht, dessen Wahrscheinlichkeitswert kleiner als 1 ist. Diesen Nachweis können wir folgendermaßen führen. Wir nehmen einen mittelgroßen Wert von ΔR und prüfen nach, wie oft beim Experimentieren mit diesem Wert und verschiedenen R-Werten eine Unterschiedsschwelle, d. h. eine Inhaltsabstraktion erreicht wird. Wenn wir so vorgehen (das Experiment wird so ausgeführt, daß man den ΔR-Wert konstant hält und den R-Wert variiert; natürlich wird mit mehreren ΔR-Werten experimentiert und werden die R-Werte in bezug auf jeden dieser ΔR-Werte variiert), werden wir außer durch den von der graphi-

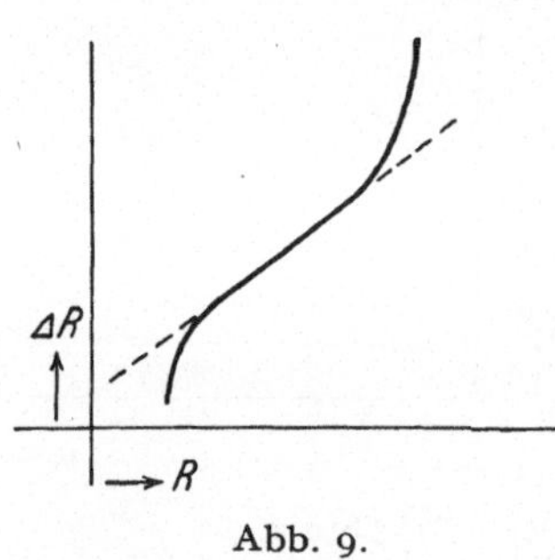

Abb. 9.

schen Darstellung dargebotenen, dem Werte $\varDelta R$ entsprechenden R-Wert, eine Unterschiedsschwelle bisweilen auch durch andere, diesem R-Wert nahe kommende R-Werte erzielen. (Der in der graphischen Darstellung wiedergegebene, dem Werte $\varDelta R$ entsprechende R-Wert wurde dadurch erhalten, daß man von all den R-Werten, mit denen man bei einem bestimmten Wert von $\varDelta R$ die Unterschiedsschwelle erreicht hatte, den Mittelwert nahm.) Wir bezeichnen die Anzahl der Fälle, in denen es uns gelingt, für jeden $\varDelta R$-Wert die Unterschiedsschwelle zu erreichen (jeder derartigen bei einem $\varDelta R$-Wert erreichten Unterschiedsschwelle entsprechen also mehrere R-Werte), mit n und setzen graphisch diese Anzahl als Funktion von $\varDelta R$ ein, wie es in Abb. 8 (Kurve B) geschehen ist. Wenn wir mit sämtlichen $\varDelta R$-Werten experimentieren, die auf dem sich der Geraden nähernden Teil der Abb. 9 liegen, so wird die jeweilige Anzahl (n) der gelungenen Versuchsfälle immer die gleiche sein, weil die R-Werte, die zur Erreichung der Unterschiedsschwelle bei jedem einzelnen $\varDelta R$-Wert in Frage kommen können, sich beim Experimentieren in gleicher Weise um den R-Wert verteilen, der dem $\varDelta R$-Wert „entspricht“, darauf beruhend, daß die Kurve der graphischen Darstellung (9) in diesem ihrem mittleren Teil geradlinig ist. In der graphischen Darstellung Abb. 8 wird dies durch den relativ waagrechten Verlauf des mittleren Abschnittes der Kurve B und besonders der Kurve C angezeigt. Betrachten wir hingegen die Anzahl der gelungenen Versuchsfälle, d. h. der Fälle, bei denen die Unterschiedsschwelle erreicht wurde, wenn mit $\varDelta R$-Werten experimentiert wird, die erheblich kleiner oder größer als der mittelgroße $\varDelta R$-Wert sind, so können wir aus der Steilheit der S-Kurve an diesen Stellen schließen, daß die Anzahl der gelungenen Fälle hier kontinuierlich abnehmen muß; auf der Steilheit der Kurve beruht es ja, daß die Anzahl der R-Werte, mit denen die Unterschiedsschwelle beim Experimentieren mit einem bestimmten $\varDelta R$-Wert erreicht werden kann, gering ist. In der graphischen Darstellung kommt dies in dem steilen Abfall der Kurve bei den kleineren und größeren $\varDelta R$-Werten zum Ausdruck. — Genauer verhält sich die Sache folgendermaßen: Wenn man die Werte für n, die den $\varDelta R$-Werten entsprechen, im mittleren geradlinigen Teil der Kurve von Abb. 9 nachprüft, so müssen dieselben gleich groß sein. Wenn wir mit einem bestimmten $\varDelta R$-Wert, z. B. dem Wert $\varDelta R_1$ (s. Abb. 10) experimentieren, der auf dem geradlinigen Teil der Kurve liegt, gelingt es uns, die Unterschiedsschwelle *nicht nur* in den Fällen zu erreichen, wo R den Wert R_1 hatte, sondern bisweilen auch bei anderen R-Werten in der Umgebung von R (in dieser graphischen

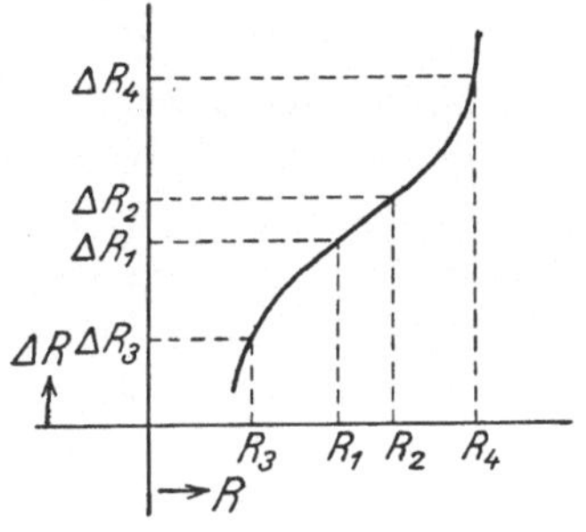

Abb. 10.

Darstellung ist ja der dem jeweiligen ΔR-Wert entsprechende R-Wert der Mittelwert aus allen gelungenen Versuchen). Umgekehrt erhält man die Unterschiedsschwelle manchmal auch mit solchen R-Werten, die kleiner sind als R_1; in der Regel ergeben jedoch die mit solchen kleineren R-Werten angestellten Versuche Empfindungen, die größer als die Unterschiedsschwelleninhalte sind, weil die Unterschiedsschwelle selbst gewöhnlich mit jenen kleineren R-Werten schon dann erreicht wird, wenn der entsprechende R-Wert kleiner ist als der jetzt gebrauchte. Ebenso verhält es sich, wenn man R-Werte verwendet, die größer als R_1 sind. Gelegentlich bringt man die Unterschiedsschwelle auch mit diesen heraus, aber oft rufen sie keinen Empfindungszuwachs hervor, weil zur Erreichung der Unterschiedsschwelle mit diesen größeren R-Werten der ΔR-Wert im allgemeinen größer sein müßte als der jetzt benutzte. Und wenn wir dann Versuche mit einem anderen, auch innerhalb des geradlinigen Abschnittes der Kurve gelegenen ΔR-Wert, z. B. Versuche mit dem Werte ΔR_2, betrachten, so bemerken wir, daß das oben Gesagte auch hier Gültigkeit besitzt. Weil nun die Kurve in der Umgebung dieser beiden Stellen ΔR_1 und ΔR_2 *geradlinig* ist, und beide Stellen *dieselbe Neigung* oder denselben Winkelkoeffizienten haben, bedeutet dies, daß die Anzahl der Fälle (n), in denen die Unterschiedsschwelle eben erreicht wurde, beim Experimentieren sowohl mit ΔR_1 wie ΔR_2 gleich groß sein muß. Wenn wir dagegen einen ΔR-Wert ins Auge fassen, der auf einem der steilen Abschnitte der Kurve liegt, z. B. den Wert ΔR_3 oder ΔR_4, so muß die Anzahl der Fälle (n), bei denen man die Unterschiedsschwelle erhält, wenn man R variiert, um so kleiner sein, je steiler die Kurve in der Umgebung der Stelle ΔR_3 oder ΔR_4 ist. Denn wenn wir ΔR_3 als Reizzunahme annehmen und beispielsweise mit einem solchen R-Wert experimentieren, der dem Mittelwert R_3 der gelungenen Versuche nicht entspricht, sondern z. B. etwas kleiner als dieser ist, so darf der betreffende R-Wert nur sehr wenig von dem Mittelwert R_3 abweichen, viel weniger als entsprechenderweise bei den Stellen ΔR_1 und ΔR_2; andernfalls bekommen wir eine Empfindung, die bedeutend größer als die Unterschiedsschwelle ist, weil ein kleinerer Wert als R_3 auf Grund der starken Neigung der Kurve einem ΔR-Wert entspricht (d. h. im allgemeinen die Unterschiedsschwelle liefert), der bedeutend kleiner ist als R_3. Wenn wir also einerseits mit ΔR_1 und ΔR_2 und anderseits mit ΔR_3 und ΔR_4 experimentieren und die R-Werte (bei Verwendung jedes einzelnen dieser ΔR-Werte) *gleichmäßig* über die *ganze Reihe* der R-Werte variieren, was natürlich getan werden muß, so erhalten wir bei ΔR_3 und ΔR_4 seltener Werte, die Unterschiedsschwellen entsprechen (n), als bei den Werten ΔR_1 und ΔR_2. Und dies führt zu einer n als Funktion von ΔR wiedergebenden Kurve, welche die Form einer statistischen Kurve aufweist. — Kurve B in Abb. 8 ist eine typische Wahrscheinlichkeitskurve. Sie besagt, daß, wenn man als Reiz eine Größe benutzt, mittels welcher die Metrik in Form einer S-Kurve ausgedrückt werden kann, das Implikationsverhältnis zwischen Reizklasse und Inhaltsabstraktionsklasse *nur* eine Wahrscheinlichkeitsimplikation ist, die wir also folgendermaßen bezeichnen können:

$$(i)\ (e_i\ \varepsilon\ \mathrm{Aeq}`\Delta E \underset{1>w>0}{\ni\!\!-} r_i\ \varepsilon\ \mathrm{Aeq}`\Delta R).$$

Wir haben demnach festgestellt, daß aus der S-Regel der Metrik (des Weberschen Gesetzes mit seiner unteren und oberen Abweichung) das erwähnte wahrscheinlichkeitsimplikative Verhältnis zwischen Empfindungen und Reizen folgt. Und umgekehrt können wir also die Webersche Regel mit ihren Abweichungen als eine Folge dieser Wahrscheinlichkeitsbeziehung ansprechen. Weil der Wahrscheinlichkeitswert einer wahrscheinlichkeitsimplikativen Beziehung davon abhängig ist, welche Größen zur Reizbestimmung benutzt wurden, können wir Regeln nach Art des Weberschen Gesetzes mit *mehreren* verschiedenen Reizgrößen erreichen. Hierin liegt auch die Erklärung dafür, daß man bei sinnesphysiologischen Versuchen, wo die Reizgrößen zur Wiedergabe der Metrik in der Regel ad hoc, willkürlich, gewählt sind, so oft die Webersche Regel auftreten sieht. Die Unwesentlichkeit dieser Regel rührt daher, daß sie *nur* ein wahrscheinlichkeitsimplikatives Empfindungs-Reiz-Verhältnis ausdrückt.

Als Grenzfall der Weberschen Regel oder richtiger der S-Regel der Metrik hat also die Form der Metrik zu gelten, welche durch die waagrechte Linie in Abb. 7 und den entsprechenden Ausdruck $\Delta R =$ $=$ konst. dargestellt wird, worin nur die Reizdifferenz ΔR, nicht aber der Grundreiz R vorkommt. Eine physikalisch-chemische Größe, mit deren Hilfe die Metrik in dieser Weise ausgedrückt werden kann, können wir genau wie in der Topologie als adäquaten Reiz bezeichnen, während die anderen Größen, vermittels welcher die Darstellung der Metrik nur in Form einer S-Kurve erfolgen kann, in diesem Sinne *arbiträre* Reizgrößen sind. Damit haben wir die im Anfang dieses Kapitels vorgebrachte Frage nach der Form des metrischen Reizausdrucks gelöst und nachgewiesen, daß die Form, in welcher nur die Reizdifferenz, nicht aber der Grundreiz vorkommt, eine Ausnahmestellung einnimmt.

Die folgenden Beispiele erläutern das Gesagte. Wenn man die Metrik des *Hautempfindungskreises* mit Hilfe eines Gewichtes *Gw* darstellt, das auf eine in die Haut eindringende Pelotte einwirkt, so erhält man als Resultat eine S-Kurve (Abb. 2, S. 23). Wir können also sagen, daß die Gewichtsgröße in diesem Kreise nur eine arbiträre Reizgröße ist. Mißt man dagegen die Deformationstiefen *Et*, bis zu welchen die Pelotte in die Haut eindringt, so kann man die Metrik durch eine waagrechte Linie (Abb. 3, S. 24) und den einfachen Ausdruck $\Delta Et =$ konst. wiedergeben. Hierbei läge also der Wert der Inhalts-Reiz-Implikation nahe bei 1, und wir könnten den Reiz als adäquat bezeichnen. v. BAGH hat die Abhängigkeit der Deformationstiefe (*Et*) von dem auf die Pelotte einwirkenden Gewicht (*Gw*) bestimmt. Diese Beziehung wird durch die Kurven der untenstehenden Abb. 11 veranschaulicht. Wenn man aus diesen Kurven die Gleichung zwischen der Deformationstiefe *Et*

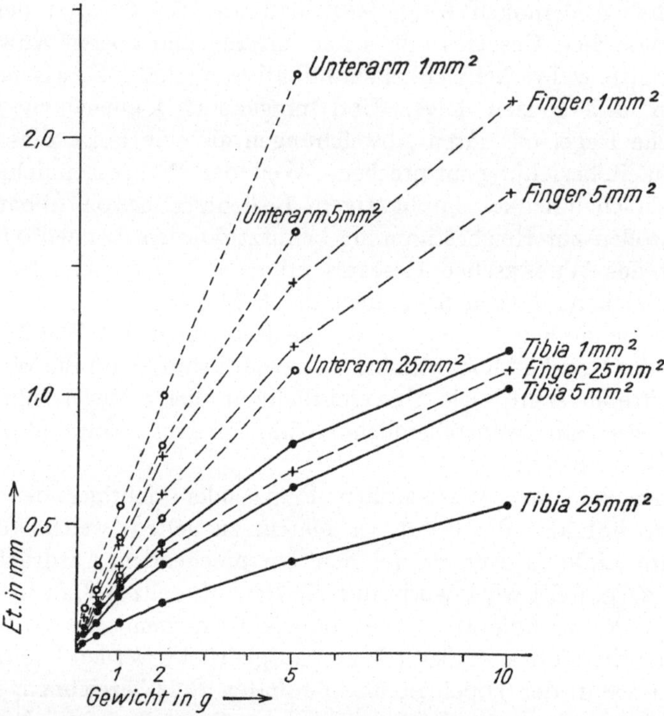

Abb. 11. Die Abhängigkeit der Hauteindringungstiefe (*Et*) von dem auf die Haut einwirkenden Gewicht. Versuche am Unterarm, Finger und Unterschenkel. Wirkungsflächen verschieden — 1, 5 und 25 qmm — groß (nach v. BAGH).

und dem Gewicht *Gw* [$Et = f(Gw)$] bestimmen könnte, könnten wir durch Einsetzen des Wertes von *Et* in den metrischen Ausdruck, $\Delta Et =$ = konst., die Metrik mit Hilfe des Gewichtes ausdrücken. Hier könnte man vielleicht einwenden, daß dann ja die Metrik durch die arbiträre Gewichtsreizgröße in absolut-implikativer Form wiedergegeben ist, daß also kein wesentlicher Unterschied besteht, ob man als Reiz die als adäquat erwähnte Deformationsgröße oder diese Gewichtsgröße einsetzt. Eine derartige Auffassung beruht jedoch auf einem Mißverständnis. Denn sonst könnten wir jede physikalisch-chemische Größe, also z. B. im Bereich der Hautempfindung die Deformationsgröße *Et* sowie auch die dieser entsprechende Funktion des Gewichtes $f(Gw)$, die den Ausdruck der Metrik, $\Delta R = \text{konst.}$, wenn man sie in denselben einsetzt, erfüllt, als adäquaten Reiz bezeichnen. Aber natürlich befindet sich eine Größe, wie in unserem Beispiel die Deformationstiefe (ΔEt), die diesen Ausdruck an und für sich (ΔR) und nicht als Funktion [aber z. B. in der Form $f(Gw)$] erfüllt, in einer Ausnahmestellung, und deshalb beschränken wir den Namen „adäquater Reiz“ auf diese Größe.

Im Bereich der topologischen Inhaltswiedergabe ist der Sachverhalt vollständig analog. Innerhalb eines begrenzten Gebietes der Hautempfindung konnte man die Topologie mit Hilfe der Deformationstiefe (Et) darstellen; dies (eine Strecken- oder Längengröße) ist eine Grundgröße der Physik. Im Bereich des Geschmackssinnes wurde die Topologie durch die in der Zeiteinheit adsorbierte Substanzmenge ausgedrückt; diese Größe tritt nicht als eine Grundgröße in der Physik auf, sondern ist eine Funktion der Konzentration, des Diffusionskoeffizienten u. a. Wir können die Größe, welche die Geschmackstopologie wiedergibt, natürlich mit einem Buchstaben bezeichnen und auf diese Weise die in der Zeiteinheit adsorbierte Substanzmenge zur sinnesphysiologischen Grundgröße erheben. Die Ausdrücke, welche die Topologie und Metrik der Sinnesphysiologie darstellen, sind also bisweilen komplizierte Funktionen von in der Physik und Chemie vorkommenden Grundgrößen, bisweilen wiederum treten in diesen Ausdrücken nur die Grundgrößen dieser Disziplinen als solche auf. Vom Standpunkt der Sinnesphysiologie sind die Größen, durch welche ihre Metrik oder Topologie dargestellt wird, „Grundgrößen“ des betreffenden Empfindungskreises. Wenn diese Größen gleichzeitig Grundgrößen der Physik und der Chemie sind, wie dies hinsichtlich der Deformationstiefe im haptischen Modalkreis und der physikalischen Kraft (K) im Propriozeptivkreis der Fall ist, dann können wir die Metrik und Topologie der Sinnesphysiologie durch ein einziges Zeichen, d. h. durch diese Größe selbst wiedergeben ($\Delta Et = \text{konst.}$ und $\Delta K = \text{konst.}$); sind diese Größen aber keine physikalischen Grundgrößen, so müssen die Metrik und die Topologie der Sinnesphysiologie mit Hilfe einer Größenfunktion ausgedrückt werden (wie z. B. im Bereich des Geschmackssinnes). Es ist ein interessantes erkenntnistheoretisches Problem, in welchen Inhaltskreisen die Grundgrößen der Physik und Chemie gleichzeitig im obigen Sinne „Grundgrößen“ des Inhaltskreises sind; es steht ja zu vermuten, daß die Bildung der physikalischen Begriffe mit der Abstraktion in diesen Inhaltskreisen zusammenhängt. Auf diese Frage kommen wir zurück, wenn wir versuchen, die Frage nach dem gegenseitigen Verhältnis des sinnesphysiologischen und des physikalischen Versuches zu behandeln.

Im *Propriozeptivkreis* konnte die Metrik in der adäquaten Form $\Delta K = \text{konst.}$ dargestellt werden, worin K die Spannung der funktionierenden Muskeln bedeutet. Wenn man die Metrik dieses Kreises hingegen mittels eines Gewichtes ausdrückt, das, z. B. auf die Hand aufgelegt, bei dem Versuch gehoben werden muß, so kann man eine Darstellung nach Art der WEBERschen Regel bekommen. Die erstere Darstellungsweise der Metrik ist also die adäquate, und zwar sowohl in dem Sinne, daß keine Grundgröße (R) darin vorkommt, als auch in dem Sinne, daß der Ausdruck eine Grundgröße der Physik, die Kraft K, und nicht irgendeine Funktion von Grundgrößen enthält. Im Kreise der Propriozeptik steht uns sogar eine Modellvorstellung zur Verfügung darüber, wie der „Mechanismus", dessen Ausdruck diese Metrik ist, abläuft. Wie bereits früher angeführt wurde, beläuft sich die „Alles"-Kraft der einzelnen motorischen Einheiten des Muskels auf etwa 10 bis 30 g. Anderseits stellt die der Unterschiedsschwelle entsprechende Spannungsdifferenz des Muskels ebenfalls einen konstanten Wert dar. Es dürften also die Inhaltsunterschiedsschwellen darauf basieren, daß immer eine konstante Anzahl motorischer Muskeleinheiten auf einmal in Funktion treten.

Wenn wir Physiker wären, könnten wir uns mit dieser Erklärung der Unterschiedsschwellen begnügen, und dann könnte uns die ganze Auseinandersetzung über die implikative Beziehung der Inhalte und ihrer äußeren Entsprechungen sehr überflüssig vorkommen. Denn auch in den Fällen, wo man für die in dieser Weise erfaßte „Entstehung" der Inhalte noch keine morphologisch-mechanische „Erklärung" hat geben können, wie z. B. im Bereich der Hauttätigkeit, könnte man doch vermuten, daß eine solche früher oder später noch entdeckt wird. Weil wir aber keine Physiker, sondern Sinnesphysiologen sind, können wir uns mit einer „Erklärung", bei der gewisse sog. äußere Prozesse als primäre „Ursachen" eingesetzt werden, nicht zufrieden geben, sondern müssen uns daran erinnern, daß auch diese äußeren Prozesse aus Inhaltsfolgen abstrahiert sind, also den Charakter von Inhalten haben, die in den sinnesphysiologischen Versuchen ohne weiteres als solche anerkannt werden. Vom Standpunkt des Sinnesphysiologen und -psychologen stammen also auch die äußeren Prozesse, die Reize, von Inhalten her, und deshalb sind die auf „äußeren" Prozessen basierenden „Erklärungen" von Inhalten von diesem Standpunkt aus bedeutungslos. Demgemäß muß seine Untersuchung darin bestehen, die verschiedenen Inhalte miteinander in Verbindung zu setzen, und gerade das nennen wir in der Logik „implizieren". Hierdurch ist die Berechtigung unseres prinzipiellen Standpunktes erwiesen.

Die Erklärungs*modelle* von physikalischem Charakter für die Ergebnisse der sinnesphysiologischen Versuche [s. CARNAP (*3*), REICHENBACH (*4*)] haben jedoch ihre Bedeutung, wie überhaupt die Modelle auf den verschiedenen Gebieten der Wissenschaft. Auf dem propriozeptiven Gebiet liegt uns eine solche Erklärung vor, auf dem Hautempfindungsgebiet bisher noch nicht. Im Sehbereich erinnern wir uns der von HECHT aufgestellten Hypothese über die Netzhauttätigkeit, die gerade ein derartiges Modell darstellt. Auf dem propriozeptiven Gebiet steht uns also ein auf Tatsachen basierendes Modell zur Verfügung, im Sehbereich ein hypothetisches Modell und im Empfindungsgebiet der Haut überhaupt kein Modell. Wir werden später noch auf die Frage nach der Bedeutung der *Modelle* zurückkommen.

Die Summationsphänomene.

Nachdem wir sowohl die topologische wie die metrische sinnesphysiologische Messung behandelt haben, müssen wir noch die Frage erwägen, ob in diese Behandlung alle die quantitativen Verfahren eingehen, die in der Sinnesphysiologie vorgekommen sind oder noch darin auftauchen können. Prinzipiell können wir hierauf bejahend antworten. Die Bildung von Abstraktionsklassen in der Sinnesphysiologie ist nämlich stets eine Eigen- oder Fremdtopologie bzw. -metrik dieses Gebietes. Wenn man auf einer Fremdmessung, also einer Implikation in der Weise, von der später noch die Rede sein wird, eine *Theoriebildung* „aufbaut", dann kann man allerdings die so erhaltenen quantitativen Verfahren nicht mehr zu den topologischen oder metrischen Abstraktionen rechnen; aber in der eigentlichen Sinnesphysiologie kommt diese Theoriebildung überhaupt nicht vor. Im Kreise der Sinnesphysiologie gibt es jedoch seit alters quantitative Methoden, deren Zusammenhang mit dem oben Vorgeführten vielleicht nicht ganz offenkundig ist. Wir versuchen deshalb diesen Zusammenhang nachzuweisen.

Eine gewisse Phänomengruppe wird in der Sinnesphysiologie *Summation* genannt. Als Beispiel nehmen wir die Summation auf dem Gebiet des Gesichtssinnes. BLOCH und CHARPENTIER (s. auch PIERON und BORSARELLI sowie GRANIT) wiesen nach, daß das Produkt aus der physikalischen Intensität des Lichtes (i) und seiner Dauer (t) bei den Gesichtsschwellen konstant ist, sofern die Dauer zwischen 2 und 125 σ liegt; $i \cdot t =$ konst. Diesen eine Schwellentopologie wiedergebenden Ausdruck können wir nun so verstehen, daß die in der Zeiteinheit auf die Netzhaut auftreffende Lichtmenge (welche durch die Lichtintensität i ausgedrückt wird) sich in der Zeit summiert. Je länger die Dauer der Reizung ist, um so kleiner braucht demnach die in der Zeiteinheit auf die Netzhaut gelangende Lichtmenge zu sein. Eine derartige Summation wird als *temporale* Summation bezeichnet. Als *spatiale* Summation wiederum bezeichnet man im Kreise des Gesichtes die Feststellung ASHERS, daß das Produkt aus Lichtintensität und der beleuchteten Fläche (f) bei den Sehschwellen konstant ist; $i \cdot f =$ konst. Hier können wir uns also vorstellen, daß die Intensitätssummation von den benachbarten Teilen der Fläche aus erfolgt. Es ist evident, daß die als temporale und spatiale Summation bezeichneten Erscheinungen vollständig in die topologische Definition des betreffenden Inhaltskreises eingehen; diese Benennungen wollen nur hervorheben, daß man das Auftreten einer Zeit- und einer Flächengröße in dem topologischen Ausdruck in bestimmter Weise erfassen kann. Weil offenbar auch in allen Modalkreisen bei bestimmten sinnesphysiologischen Versuchen in den Ausdrücken der Topologie und vielleicht auch der Metrik Zeit- und Raumgrößen (oder Oberflächen- und Längengrößen) vorkommen können, so ist es evident, daß wir, wenn wir so wollen, in allen Empfindungskreisen von einer Summation sprechen können. Dies erweist die besondere „intermodale" Stellung der Zeit- und Raumgrößen und der ihnen entsprechenden Inhalte, auf die wir später erneut zurückkommen. In der Psychologie werden Inhalte, in deren topologischem Ausdruck keine Zeitgrößen vorkommen, *Querschnittempfindungen* oder *-inhalte* genannt, solche Inhalte wiederum, deren topologischer Ausdruck eine Zeitgröße enthält, *Längsschnittempfindungen* oder *-inhalte* (s. WERNER). Für Längsschnittempfindungen hatten wir ein Beispiel in den eben erwähnten Gesichtsversuchen von BLOCH-CHARPENTIER, und für Querschnittempfindungen bildet ein entsprechendes Beispiel der lang dauernde Überschwelleninhalt des Gesichtes, dessen topologischer Ausdruck $i = \text{konst.}$ lautet, worin ja der Inhalt von der Dauer unabhängig ist.

Ein instruktives Beispiel einer Summation bieten die im Bereich der Hautempfindung ausgeführten Versuche. Beim Experimentieren mit Flächen von 20, 28 und 177 qmm Größe konstatierte HANSEN, daß, wenn die Fläche „entsprechend" der Inhaltsgleichheit vergrößert wird, das zu ihrer Belastung erforderliche, auf die Flächeneinheit einwirkende Gewicht verkleinert werden muß. Wenn wir dies Flächeneinheitsgewicht als Reiz ansprechen, was natürlich nicht unbedingt nötig ist, können wir HANSENS Resultat als Beweis einer Summation zwischen den auf die verschiedenen Hautflächeneinheiten einwirkenden Gewichtsreize betrachten; oder besser, es handelt sich hier um eine Art Übersummation oder „Verstärkung", weil die auf die Flächeneinheiten einwirkenden Reize beim Größerwerden der Fläche in größerem Maße kleiner werden, als die Fläche sich vergrößert. v. FREY und KIESOW haben beim Experimentieren mit sehr kleinen Reizflächen — 0,48 bis 1,77 qmm — wiederum festgestellt, daß das bei der Inhaltsäquivalenz auf die Oberflächeneinheit einwirkende Gewicht größer werden muß, wenn die Oberfläche sich vergrößert. Wenn wir dies Resultat analog wie das HANSENsche erklären wollen, müssen wir hier annehmen, daß die auf die verschiedenen Oberflächeneinheiten einwirkenden Gewichtsreize einander „hemmen". Weil es nun offenbar ist, daß die Wiedergabe der Resultate einer bestimmten sinnesphysiologischen Versuchsfolge entweder als exakte Summation oder als „Hemmung“ oder „Verstärkung“ vollständig davon abhängig ist, welche Größen in der Versuchsfolge als Reize auftreten, also die Summation usw. darbieten, muß die Summationsfrage stets im Zusammenhang mit der Frage untersucht werden, welche Größen wir überhaupt am zweckmäßigsten bei der Bestimmung der Reize benutzen. Und diese Frage ist, wie schon auseinandergesetzt wurde, die Frage nach dem Wahrscheinlichkeitswert der Inhalts-Reiz-Implikation.

Zur Befestigung der Begriffe ist es offenbar vorteilhaft, zu vereinbaren, was mit Summation usw. gemeint wird. v. BAGH bezeichnet demgemäß als *exakte Summation* den Fall, wo, bei Verwendung einer *bestimmten* Reizgröße, die Summe mehrerer Reize ebenso groß ist wie ein Einzelreiz. Wenn die Summe mehrerer Reize größer ist als ein Einzelreiz (aber nicht um so vielmal größer wie die Anzahl dieser Reize größer als eins ist), wird der Fall *unvollständige Summation* genannt. Von einer *Verstärkung* zu sprechen, ist nur dann motiviert, wenn die Summe mehrerer Reize kleiner ist als die Größe des Einzelreizes, multipliziert mit der Anzahl dieser Reize, und schließlich von einer *Hemmung* dann, wenn die Summe mehrerer Reize größer ist als der Einzelreiz, multipliziert mit der Anzahl jener Reize. Es ist evident, daß man beim Operieren mit so definierten Begriffen in einer bestimmten Versuchsfolge, wenn man ihre Resultate durch irgendeine bestimmte Reizgröße wiedergibt, als Ergebnis z. B. das Auftreten einer Summation erhalten kann, während das Ergebnis derselben Versuchsfolge bei Benutzung einer andern Reizgröße vielleicht eine Verstärkung darbieten könnte.

Tabelle 2. Reizungsversuche am Unterarm (v. BAGH).

Reizfläche	Abs. Schwellen-*Gw*	Schwellen-*Gw* pro 1 qmm	Schwellen-*Et*
0,2 qmm	30 mg	150	0,06 mm
1 „	40—50 „	40—50	0,06 „
5 „	90 „	18	0,075 „
25 „	160 „	6,4	0,05 „

Dieser Umstand ging schön aus den Hautempfindungsversuchen v. BAGHS hervor. Wenn wir seine absoluten Schwellenversuche betrachten, bei denen die Reizungsfläche variiert und das auf die Oberfläche einwirkende Gewicht sowie außerdem die Deformationstiefe bestimmt wurde, so ersehen wir aus der Tabelle 2, wie sich das auf die Oberfläche einwirkende Gewicht mit der Oberfläche vergrößert, wie aber anderseits das auf die Flächeneinheit einwirkende Gewicht mit der Vergrößerung der Oberfläche kleiner wird. Wenn wir das Gewicht pro Flächeneinheit als Reiz annehmen, wie es v. FREY, KIESOW sowie HANSEN bei ihren Summationsversuchen getan haben, müssen somit die Resultate der v. BAGHschen Versuche als Verstärkung angesehen werden. Messen wir den Reiz dagegen als Deformationstiefe, so ersehen wir aus der letzten senkrechten Reihe der Tabelle, daß diese Größe von der Ausdehnung der Fläche unabhängig ist, wie auch schon bei Behandlung der Topologie der Hautempfindung erwähnt wurde, so daß also hier von einer Summation nicht die Rede sein kann.

v. Bagh hat auch experimentiert, indem er zwei getrennte Reize von 1 qmm Fläche mit einem 1-qmm-Reiz verglich. Hierbei stellte es sich heraus, daß man, falls der Reiz mittels der Deformationstiefe definiert wird, die absolute Inhaltsschwelle beim Reizen mit zwei Pelotten dann erzielt, wenn die eine Pelotte die Tiefe erreicht hat, die sie auch dann erreichen muß, wenn sie diese (empfindlichere) Stelle allein reizt. In diesem Fall kann man also nicht von einer Summation sprechen. Bisweilen kommen auch solche Fälle vor, daß die Summe der Deformationstiefen beim Reizen mit zwei Pelotten ebenso groß ist wie die Deformationstiefe beim Reizen mit einer Pelotte. In diesem Fall können wir von einer exakten Summation sprechen. Bei Benutzung der Deformationstiefe als Reiz ist niemals ein Fall vorgekommen, den man als Verstärkung hätte bezeichnen können. Wenn man die Reize dagegen mittels der auf die Pelotten einwirkenden *Gewichte* mißt, ergibt sich folgendes Resultat: 1. Die Unterschiedsschwelle wird erreicht, wenn man beim Experimentieren mit zwei Pelotten die empfindlichere Stelle mit einem Gewicht belastet, das ebenso groß ist wie das Gewicht, das bei einem Einzelreiz einen Schwelleninhalt hervorruft (in diesem Falle besteht also keine Wechselwirkung zwischen den Reizen, weder eine Summation noch eine Verstärkung). 2. Die Summe der Gewichte von zwei Pelotten ist ebenso groß wie das Gewicht einer einzelnen Pelotte (hier liegt eine exakte Summation vor). 3. In manchen Fällen ist die Summe der auf zwei Pelotten einwirkenden Gewichte kleiner als das Gewicht auf einer einzelnen Pelotte (hier handelt es sich um eine Verstärkung).

Der Hauptunterschied in den Resultaten beim Messen des Reizes als Deformationsgröße bzw. als Gewicht liegt also darin, daß nur bei Verwendung der letzteren Reizgröße Verstärkungen vorkommen. Nun bedeuten die exakte Summation oder die vollständige Summationsfreiheit, daß man den betreffenden Inhaltskreis mittels einer bestimmten Reizgröße wiedergeben kann, die nur *eine Variable* oder ein Argument enthält. In dem von uns behandelten Fall ist diese Größe die Deformationstiefe Et und der entsprechende topologische Ausdruck lautet: $Et = \text{konst.}$ Die Verstärkung hingegen bedeutet, daß man den betreffenden Inhaltskreis topologisch nicht nur durch diejenige Reizgröße wiedergeben kann, bei deren Verwendung der Verstärkungsbegriff in Erscheinung tritt. So lassen sich in unserem Fall die Hautempfindungsinhalte in den „Verstärkungsfällen“ topologisch nicht durch Gewichtsgrößen wiedergeben.

Weil man in der Inhaltstopologie dahin streben muß, daß die Reizabstraktionsklassen mit einer großen Wahrscheinlichkeit auf die Inhaltsklassen implizierbar sind (d. h. die Topologie durch eine Gleichung ausgedrückt werden kann), so ist es klar, daß eine Reizgröße, bei deren Verwendung eine „Verstärkung" auftritt, unzweckmäßiger ist als eine solche, bei deren Gebrauch dieser Begriff nicht erforderlich ist. So ist im Kreise der Hautempfindung die Deformationstiefe auch in diesem Sinne ein mehr adäquater Reiz als das auf die Haut einwirkende Gewicht. Wir müssen jedoch darauf aufmerksam machen, daß das, was wir jetzt über die Zweckmäßigkeit der Reize im Zusammenhang mit den Summationserscheinungen vorgebracht haben, tatsächlich schon in die frühere Darstellung über den Zusammenhang zwischen der Definition der Reizgröße und dem Wahrscheinlichkeitswert der Inhalts-Reizklassen-Implikation eingeht.

v. Bagh hat die Abhängigkeit der Summationsphänomene auch von der gegenseitigen Entfernung der Reizpelotten untersucht. Die Resultate lassen sich in folgenden Momenten zusammenfassen: 1. Wenn die Reizpelotten weiter als 6 mm voneinander entfernt waren, kam „entsprechend" den absoluten Schwelleninhalten niemals eine Summation vor, ob nun die Reize als Gewichte oder als Deformationstiefen gemessen wurden. Der Schwelleninhalt einer Doppelreizung wurde hierbei erst dann erreicht, wenn eine der beiden Reizungspelotten mit einem Gewicht belastet wurde oder eine Tiefe erreichte, das oder die ebenso groß war wie im Fall der Erzielung eines Schwelleninhaltes beim Einwirken eines Einzelreizes. Eine Wechselwirkung liegt also nicht vor. 2. War die Entfernung der gereizten Hautstellen kleiner als 6 mm, so wurde ein Schwelleninhalt erreicht, wenn die beiden gereizten Stellen mit einem um die Hälfte kleineren Gewicht belastet wurden oder die Pelotte zu einer halb so großen Tiefe darin einsank, als wenn sie einzeln gereizt wurden. In diesem Fall handelt es sich also um eine exakte Summation. 3. Wenn die Entfernung der beiden gleichzeitigen Reize sehr gering war, etwa 2 mm, trat wiederum keine Summation auf, sondern jede der beiden Pelotten des Doppelreizes mußte, um einen Schwelleninhalt zu erzeugen, in dieselbe Tiefe wie bei der Einzelreizung eindringen. Wir können nun feststellen, daß der Fall Mom. 3 dem Resultat entspricht, das beim Experimentieren mit verschieden großen Flächen erzielt wurde. Wenn die Reizungsfläche kleiner als zirka 10 qmm war, wurde die Schwelle, unabhängig von der Größe der Fläche, ausschließlich durch die Deformationstiefe bestimmt. Bei den Summationsversuchen (Mom. 3) konstatieren wir also, daß sich die Sache auch dann so verhält, wenn die Fläche nicht einheitlich ist, sondern von zwei getrennten Flächen gebildet wird, vorausgesetzt, daß dieselben nebeneinander und innerhalb eines Bezirkes von 10 qmm liegen. In Mom. 2 konstatieren wir, um nicht die Sprache der Summationslehre zu gebrauchen, daß die Topologie außerhalb des eben erwähnten Bezirkes nicht mehr durch die erreichte Deformationstiefe wiedergegeben wird, sondern durch die Summe der an den verschiedenen Stellen erreichten Deformationstiefen, wir könnten vielleicht sagen das Deformationsvolumen. v. BAGH hat zur Erläuterung des Summationsfalles ein Modell konstruiert; danach können wir uns vorstellen, daß in der Haut oder in irgendeinem Teil des perzipierenden Systems „Sinnesbezirke" (Empfindungskreise) vorhanden sind, deren „Größe" etwa 10 qmm ausmacht, und innerhalb welcher keine Summation stattfindet, die also als funktionelle Einheiten fungieren. Wenn dagegen benachbarte Empfindungskreise gleichzeitig in Tätigkeit geraten, entsteht eine Summation. Treffen aber die Reize genügend weit auseinanderliegende Hautstellen, Empfindungskreise (wie in Mom. 1), so tritt keine Zusammenwirkung, keine Summation mehr auf.

Beim Ausführen entsprechender Versuche mit größeren Gewichten, wobei auch die Deformationstiefen größer werden, hat v. BAGH analoge Verhältnisse festgestellt. Aber hierbei erwiesen sich die „Empfindungskreise", welche das Summationsphänomen in fast entsprechender Weise wie eben erläutern, als größer; die vollständigste Summation wird nämlich hierbei erreicht, wenn der Abstand zwischen den beiden Komponenten des Doppelreizes 12 bis 14 mm beträgt. Bei stärkeren Hautreizungen würde demnach die Funktion zwischen „Sinnesbezirken" oder „Einheiten" anderer Art stattfinden. Die Grenze in der Größe der Reize, bei welcher die erstere Funktionsweise sich von der letzteren scheidet, ist ungefähr dieselbe wie die Grenze, zu deren beiden Seiten auch die Metrik abweichend ist, so daß die Möglichkeit vorliegt, daß die kleineren Sinnesbezirke zu der sogenannten epikritischen Hautempfindung und die größeren Bezirke zum protopathischen System gehören. Es ist jedoch zu beachten, daß die beschriebenen „Sinnesbezirke" nicht etwa als in der Haut befindliche Bezirke aufzufassen sind, die gleichsam ein für allemal feststehende anatomische Gebilde darstellen. Wenn nämlich die Versuchsanordnung dahin abgeändert wird, daß als Hautreize nicht unter der Einwirkung des Gewichtes in die Haut einsinkende Pelotten (Waageverfahren) verwendet werden, sondern ein Apparat, bei dem die Druckfläche plötzlich unter dem Fingerdruck des Versuchsleiters bis zu einer von vornherein bestimmten Tiefe in die Haut eindringt, so tritt im Bereich der Hautempfindung keine Summation auf. Wenn man bei diesem Verfahren eine, zwei oder mehrere Druckflächen verwendet, sowie mit kleineren oder größeren Druckflächenabständen experimentiert, erhält man eine Inhaltsgleichheit, unabhängig von der Anzahl der Pelotten, immer, wenn die Deformationstiefe eine und dieselbe, konstant, ist. Eine gering anmutende Verschiedenheit im Reiz bewirkt also, daß überhaupt keine „Sinnesbezirke" in Erscheinung treten. Hieraus muß man die Schlußfolgerung ziehen, daß die Inhaltsentsprechung, die Reiz-Abstraktionsklasse, auf welche die Inhalte impliziert werden, hochgradig von den Versuchsverhältnissen abhängig ist; dies kann man auch so ausdrücken, daß die „Zuordnung“ der Inhalte in verschiedenen Fällen eine verschiedene ist. Die „Empfindungskreise“ sind demgemäß auch nur als Modelle zur Wiedergabe der Topologie und nicht als morphologische Gebilde zu betrachten.

Als drittes Beispiel für ein Summationsphänomen sollen Versuche aus dem *propriozeptiven* Kreis angeführt werden. Die Topologie der propriozeptiven Spannungsinhalte bei der Abduktion des Zeigefingers sind einfach mittels der Spannung (K) der Abduktionsmuskeln darstellbar; $K =$ konst. Bei diesen Versuchen waren sämtliche Gewebe des Fingers und der Fingerwurzel durch Novokain-Injektionen völlig anästhetisiert, so daß es sich mit Bestimmtheit um propriozeptive Inhalte handelt. JALAVISTO hat nachgewiesen, daß, wenn wir gleichzeitig den Zeigefinger der rechten und der linken Hand abduzieren und den entsprechenden Inhalt mit dem Inhalt der ausschließlichen Abduktion des einen Fingers vergleichen, keinerlei Reizsummation auftritt, falls die entstehenden Muskelspannungen als Reiz benutzt werden; tritt also beispielsweise bei der Abduktion des rechten Zeigefingers eine Spannung von 100 g auf, so muß bei der inhaltsäquivalenten gleichzeitigen Abduktion sowohl des rechten wie des linken Zeigefingers *in beiden* eine Spannung von 100 g auftreten. Wenn der Versuch dagegen als Abduktion des Zeige- und des Mittelfingers *derselben* Hand ausgeführt wird, so erscheint eine wenn auch unvollständige Summation. So ist z. B. der Inhalt einer Spannung von 100 g im Zeigefinger inhaltsäquivalent mit dem Inhalt der gleichzeitigen Spannung des Zeige- und des Mittelfingers, der hervorgebracht wird, wenn die Spannung beider Finger zirka 60 g beträgt. Wenn man als Reizgröße die in den Muskeln und ihren Sehnen auftretende Spannung benutzt, eine Größe, mittels welcher sowohl die Topologie wie die Metrik des Propriozeptivkreises am zweckmäßigsten wiedergegeben wurde, so konstatiert man, daß die entsprechenden Funktionen der rechten und der linken Hand in demselben Sinne voneinander unabhängig sind wie die Funktionen der weit voneinander entfernten Hautbezirke beim Reizen der Haut mittels des Waageverfahrens. Die Funktionen benachbarter Finger derselben Hand bieten dagegen eine „Zusammengehörigkeit“ dar, die als Reizsummation zum Ausdruck kommt, in gleicher Weise, wie es auch die benachbarten „Empfindungskreise“ im Hautkreis zeigen. Die Versuche von JALAVISTO haben außerdem erwiesen, daß die propriozeptive Summation bei den meisten Versuchspersonen *anfangs*, besonders beim Experimentieren mit den Fingern derselben Hand, aber auch, wenngleich schwächer, beim Experimentieren mit Fingern verschiedener Hände stärker ist, um dann im Verlauf des Experimentes schwächer zu werden und schließlich beim Experimentieren mit beiden Händen vollständig auszubleiben. Wenn wir auch hier die Bezeichnung „Empfindungskreis" gebrauchen, so würde dies bedeuten, daß diese „Kreise" bei den Versuchspersonen im Beginn zusammenwirken, „benachbart" in dem Sinne, den wir in dies Wort hineinlegen, wenn wir vom Hautkreis sprechen, daß sie sich aber bei Fortsetzung der Versuchsfolge und bei der endgültigen „Einstellung" der Versuchsperson voneinander „entfernen" oder ihre Bedeutung verlieren. In dem propriozeptiven Kreis findet also im Verlauf der Versuchsfolge eine analoge „Zuordnungs"-Änderung statt, wie sie im Hautkreis beim Wechsel der Reizsituation eintrat. Wenn wir für dies Phänomen die in der Psychologie übliche Ausdrucksweise anwenden, können wir es so ausdrücken, daß die Versuchsperson dann, wenn keine Summation auf dem propriozeptiven Gebiet stattfindet, ihre Inhalte zu gehobenen Gewichten „objektiviert", es sich also um eine „Gegenstandsobjektivation" handelt, wogegen in dem Fall, wo eine Summation eintritt, Spannungen, Kräfte die Objektivation der Inhalte bilden. Bei Gebrauch des gleichen Terminus im Hautkreis gilt die Ausdrucksweise, daß die Objektivierung bei dem Gewichts-Waageverfahren, wo also eine Summation entstehen kann, gemäß dieser geläufigeren Reizungsweise mehr „gewichts-gegenständlich" ist, wogegen wir es bei dem rohen, rechtwinklig in die Haut einsinkenden Druckverfahren mit einer Eindringungs- oder Deformationstiefenobjektivierung zu tun haben.

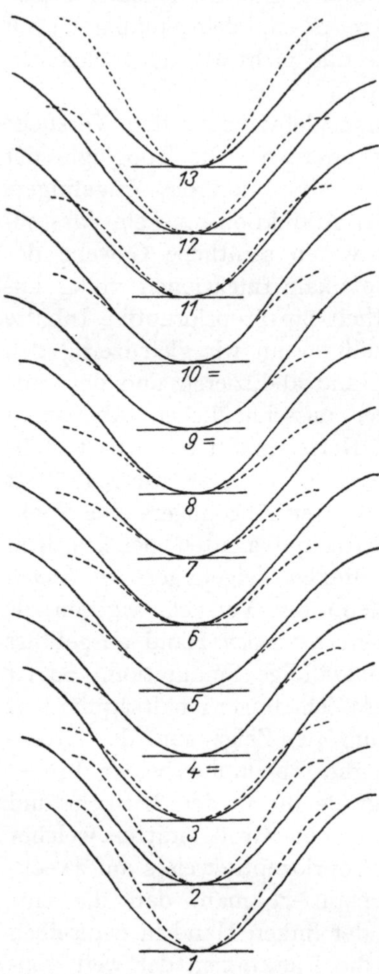

Abb. 12. Kurven nichtäquivalenter und äquivalenter Bewegungen. Die Kurvenkrümmung gleichgroß bei den letzteren (=4, 9 u. 10). [RENQVIST (*3*)].

Das angeführte Beispiel einer im Propriozeptivkreis vorkommenden *spatialen* Summation wird durch die in diesem gleichen Kreise auftretenden *temporalen* Summationserscheinungen ergänzt. Wenn mit Bewegungen experimentiert wird, wobei die Versuchsperson unter

Beugung des Armes ein HILLsches Ergometer in Bewegung setzt und die Topologie der Propriozeptivinhalte bei der Armbeugung bestimmt wird, ergibt sich, falls man die träge Masse des Radergometers konstant hält, aber die Amplitude der Bewegung variiert, als Resultat, daß der Inhaltsgleichheit die Gleichheit der Kraft der sich kontrahierenden Muskeln entspricht; $K = \text{konst.}$ Weil bei diesen Bewegungen die Kraft gleich Masse mal Beschleunigung der Bewegung ist, sind die Beschleunigungen der inhaltsäquivalenten Bewegungen also in diesem Falle gleich groß; dies ersehen wir aus der vorstehenden Abb. 12, worin die Krümmungen der registrierten Bewegungskurven, die der Beschleunigung proportional sind, in den inhaltsäquivalenten Fällen gleich groß ausfallen. Variiert man bei dem Versuch dagegen die in Bewegung zu setzende träge Masse, so kann man die Inhaltstopologie nicht in obiger Weise darstellen, vielmehr spielt hierbei auch die Dauer der Bewegung eine Rolle. Es zeigt sich, daß das Produkt aus der zu der Bewegung gebrauchten Kraft (K) und der Bewegungsdauer (t) bei Inhaltsäquivalenz konstant ist, so daß der Ausdruck der Topologie $K \cdot t = \text{konst.}$ wird. Dies ersehen wir aus den zwei letzten Kolonnen der Tabelle 3. Die Größe $K \cdot t$ ist der sog. Kraftimpuls, der also bei einer derartigen Versuchsanordnung die Topologie wiedergibt. Das Vorkommen der Zeitgröße in der Gleichung würde uns auch dazu berechtigen, von einer temporalen Summation zu sprechen. In diesem Fall ist die Bezeichnung jedoch weniger geläufig [RENQVIST (*3, 4*)]. Auch beim Experimentieren mit Reibungsbewegungen kann eine entsprechende temporale Summation in Erscheinung treten. Bei der Reibungsbewegung ist die Reibungskraft gleich Reibungskoeffizient (R) mal Bewegungsgeschwindigkeit $\left(\frac{ds}{dt}\right)$; $K = R\,\frac{ds}{dt}$. Wenn wir bei einem derartigen Experiment den Reibungskoeffizienten oder die Bewegungsamplitude variieren, läßt sich die Topologie in beiden Fällen durch die Reizgröße der Reibungskraft wiedergeben. Werden die Versuchsbedingungen in dem Sinne erschwert, daß das Bilden der Inhaltsgleichheit für die Versuchsperson ungeläufig wird, was eintritt, wenn man den Reibungskoeffizienten und die Amplitude gleichzeitig variiert, so kommt der Zeitgröße offenbar eine Bedeutung in dem topologischen Ausdruck zu, obgleich es nicht gelungen ist, die Form des Ausdruckes zu bestimmen. Man hat überhaupt den Eindruck, als ob das Auftreten der Zeitgröße in einem topologischen Ausdruck, also die temporale Summation, mit Versuchs- und Reizverhältnissen zusammenhinge, die der Versuchsperson irgendwie ungewohnter sind, und bei denen die auf Grund der Inhaltsgleichheit erfolgende Abstrahierung demgemäß weniger geläufig ist. Hierbei erinnern wir uns daran, daß die bei der ungewöhnlicheren Dunkeladaptation erfolgende Darstellung der Sehschwellentopologie in ihrem Reiz eine Zeitgröße birgt, während der „gewöhnliche“ Sehinhaltsvergleich bei der Helladaptation keine solche Größe enthält. Ebensowenig kommt in dem topologischen Ausdruck eines unter „gewöhnlichen“ Verhältnissen stattfindenden propriozeptiven Versuches, wie der Bewegung von Massen gegen die Gravitationskraft (Gewichtsvergleich), was ja die Propriozeptivversuche meistens sind, keine Zeitgröße vor, wogegen sie in den eben erwähnten ungewohnteren Vergleichssituationen in Erscheinung tritt. Die Querschnittinhalte scheinen dem „gewöhnlichen“ Vergleich, die Längsschnittinhalte dem ungewöhnlicheren Vergleich gemäß zu sein.

Tabelle 3. Spannungsinhaltsvergleich bei Verwendung zweier verschieden großer Massen (die Massen 7,40 und 9,59 kg).

S = Bewegungsstrecke, relat., K = die zu der Bewegung gebrauchte Kraft, T = die Dauer derselben, H = Grundversuch, V = Vergleichsversuch.

	(S_H)	(S_V)	S_H	$\frac{S_H}{S_V}$	$\frac{K_H \cdot T_H}{K_V \cdot T_V}$	
I. H-Versuch	4	4	4,03	1,03	0,79	V-Versuch bedeutend schwerer
II. V-Versuch	4	3,5	4,13	1,15	0,89	„ deutlich „
	4	3,25	4,17	1,25	0,96	„ etwas „
	4	3	4,12	1,26	0,97	Versuche ziemlich gleichschwer
	4	2,75	4,08	1,37	1,05	„ „ „
	4	2,50	4,13	1,51	1,16	„ „ „
	4	2,25	4,22	1,74	1,34	H-Versuch schwerer
	4	2	4,12	1,90	1,46	„ deutlich schwerer
I. V-Versuch	4	4	4,05	0,97	0,75	H-Versuch deutlich schwerer
II. H-Versuch	3	4	4,03	1,32	1,02	Versuche ziemlich gleichschwer
	2,75	4	3,97	1,37	1,05	„ „ „
	2,50	4	4,05	1,55	1,19	„ „ „

Wahrscheinlich können in den topologischen und metrischen Gleichungen sämtlicher Modalkreise, wenn die Versuche in bestimmter Weise angeordnet werden, Zeit- und Raumgrößen vorkommen. Die Zeit- und Raumbegriffe der Physik nehmen somit eine Sonderstellung bei der Wiedergabe von Inhaltskreisen ein; sie sind „intermodale“ Reizgrößen. Wenn wir das Verhältnis physikalischer Begriffe und Reize zu den Inhalten zu klären versuchen, ist dieser Umstand zu berücksichtigen. Auf der inhaltlichen Seite „entspricht“ dieser Sonderstellung von Zeit und Ort im Reizkreise, daß den Inhalten sämtlicher Modalkreise eine mehr oder weniger deutlich hervortretende Zeitlichkeit und Örtlichkeit anhaftet.

Das Abstrahieren in verschiedenen Kreisen. Die Empfindungen und die Reize.

Wir setzen nun die Behandlung der Grundfrage der Sinnesphysiologie fort, der Frage nach der Beziehung zwischen den Empfindungen oder

Inhalten und den Reizen. Diese Frage hat sich bei unserer formalen Behandlung zu einer Frage nach dem Charakter der implikativen Beziehung der Inhalts- und der Reizabstraktionsklassen entwickelt. Wir wiesen nach, daß man bei der Reizdefinition für dies implikative Verhältnis die Erreichung eines möglichst großen Wahrscheinlichkeitswertes anzustreben versucht, in welchem Falle man annehmen kann, daß die Reizabstraktionsklasse sich in einem Kausalverhältnis zu der Inhaltsabstraktionsklasse befindet. Wenn wir uns auf den Standpunkt des Physikers stellten, könnten wir uns damit begnügen und die so definierten Reize als „Erzeuger" von Inhalten auffassen. Die äußeren, „objektiven" physikalisch-chemischen Prozesse würden auf diese Weise innere, „psychologische" Empfindungen oder Erlebnisse verursachen. Eine derartige Behandlung des psychophysischen Problems der Sinnesphysiologie ist jedoch vom Standpunkt des Sinnesphysiologen, Psychologen und Erkenntnistheoretikers nur eine Scheinlösung, die ein Lösungsschema von den Naturwissenschaften entlehnt, in denen das ganze psychophysische Problem überhaupt nicht vorkommt. Um uns von der Denkgewohnheit dieser Scheinlösung freizumachen, müssen wir nachzuprüfen versuchen, was für einen Charakter die physikalisch-chemischen Größen haben, die in den sinnesphysiologischen Versuchen als Reize auftreten.

Die Inhaltsabstraktionsklassen sind als solche gegeben. Es sind ja auf Grund der Feststellung der Gleichheit einzelner unmittelbaren Erlebnisse gebildete Klassen. Dasselbe kann man von den auf sie implizierten Reizabstraktionsklassen nicht sagen. Ihre Elemente sind „äußere" Größen, deren Zusammenhang mit unmittelbaren Erlebnissen einem oft schwer wahrnehmbar oder fern vorkommt.

Mittels eines konkreten Beispieles wollen wir die Aufklärung dessen, welcher Art dieser Zusammenhang ist, einzuleiten versuchen. Eingehender können wir diese Frage jedoch erst in einem späteren Kapitel behandeln. Wir unterziehen der Prüfung den im Geschmackskreis ausgeführten Versuch (s. S. 17), in dem die den absoluten Schwellenwerten entsprechenden Reizgrößen bestimmt wurden, wenn man als schmeckende Substanzen Glieder einer homologen Reihe, z. B. der homologen Alkoholreihe, gebraucht. Wenn wir das einzelne Geschmacksschwellenerlebnis mit e_i^M bezeichnen, worin der Index M die Zugehörigkeit des Erlebnisses zu dem Geschmackskreis bedeutet, und wenn wir die Gleichheitsrelation in diesem selben Kreise durch E^M wiedergeben, so können wir die Geschmacksinhaltsabstraktionsklasse mit $e_i^M \varepsilon \, \mathrm{Aeq}`E^M$ bezeichnen. Wir erinnern uns, daß die Reizgröße, welche der Inhaltsabstraktionsklasse „entsprach", d. h. mit einem hohen Wahrscheinlichkeitswert auf dieselbe impliziert werden konnte, im Geschmackssystem die in der Zeiteinheit adsorbierte Menge der schmeckenden Substanz war, deren Bezeichnung

$D_m \cdot (K^{m-1} \cdot c_m)^{\frac{1}{n}}$ ist. In diesem Ausdruck bedeutet c_m die Konzentration der Substanz bei der Geschmacksschwelle, D_m ihren Diffusionskoeffizienten, K^{m-1} und $\frac{1}{n}$ den Adsorptionskoeffizienten und -exponenten und m die Nummer des Gliedes der homologen Reihe [RENQVIST (*1, 2*), s. S. 17]. Um die Sache zu vereinfachen (prinzipiell hat diese Vereinfachung keinen Einfluß), nehmen wir an, daß die adsorbierte Substanzmenge an und für sich (also nicht die in der Zeiteinheit adsorbierte Menge) den topologischen Reiz bildet; die Form der Reizabstraktionsklasse ist dann also $r_i \varepsilon \operatorname{Aeq}' (K^{m-1} \cdot c_m)^{\frac{1}{n}}$ und die Bezeichnung des geschmacks-topologischen Versuches:

$$(i)\ (e_i^M \varepsilon \operatorname{Aeq}' E^M \ni\!- r_i \varepsilon \operatorname{Aeq}' (K^{m-1} \cdot c_m)^{\frac{1}{n}}.$$

Auf der rechten Seite der Gleichung findet sich die physikalische Größe Konzentration. Wir wollen untersuchen, wie diese Größe in der Physik bestimmt wird. Es gibt mehrere Bestimmungsmethoden dafür. Wir wählen zu unserer Untersuchung die Bestimmung der Konzentration, die auf der Gefrierpunktserniedrigung einer Flüssigkeitslösung basiert. Es ist aus der Physik bekannt, daß gleich große molare Konzentrationen verschiedener Substanzen, wenn man sie in Wasser löst, eine gleich große Erniedrigung des Gefrierpunktes verursachen. Mittels der Gefrierpunktsbestimmung kann man also die Konzentration bestimmen. Um die logistische Ausdrucksweise zu gebrauchen, ist der Verlauf eines derartigen physikalischen Versuches folgender: Der Experimentator löst verschiedene Substanzen in einer Flüssigkeit; die Mengen verschiedener Substanzen, die veranlassen, daß eine in die Flüssigkeit eingetauchte Quecksilbersäule eine gleich große, optisch abgelesene Gefrierpunktserniedrigung anzeigt, sind gleich konzentriert oder werden, falls man dem Versuch Definitionscharakter beilegt, d. h. ihn als den grundlegendsten aller verschiedenen Konzentrationsbestimmungsversuche anspricht, als gleich groß definiert. Hier handelt es sich also um eine Bestimmung vom Charakter eines sinnesphysiologischen Versuches, worin man eine physikalische Größe, die Konzentration, auf Grund einer optischen Inhaltsgleichheit (der Ablesungsgleichheit) definiert. Die Bezeichnung dieses Umstandes ist demgemäß $c_m =_{Df} \operatorname{Aeq}' E^O$, worin der Index o von E ausdrückt, daß es sich um eine optische Gleichheitsrelation handelt. Wenn wir in dem Ausdruck, der den Geschmacksversuch wiedergibt, an Stelle der Konzentration c_m, die sie definierende optische Abstraktionsklasse $\operatorname{Aeq}' E^O$ einführen, nimmt unsere Implikation, unter Weglassung der ε-Relation, folgende Form an:

$$\operatorname{Aeq}' E^M \ni\!- \operatorname{Aeq}' (K^{m-1} \cdot \operatorname{Aeq}' E^O)^{\frac{1}{n}}.$$

Auf der rechten Seite dieses Ausdruckes treten ferner die Größen

K, m und $\frac{1}{n}$ in bestimmten Beziehungen zu der optischen Abstraktionsklasse Aeq'E^O auf. Die Größen K, m und $\frac{1}{n}$ sind ebenfalls Abstraktionen, deren Abstrahierung auf einem prinzipiell analogen Verfahren wie die Abstrahierung der Größe c_m, d. h. auf Inhaltsgleichheit fußt. Z. B. die Größe K, die gleich der Zahl 3 ist, ist die Abstraktionsklasse sämtlicher inhaltlichen Gleichheiten, bei denen irgendeine Inhaltlichkeit eine gleiche Menge Male (3) vorkommt; diese Gleichheit nennen wir die Klasse 3. Auf der rechten Seite des Ausdruckes haben wir also eine Beziehung zwischen Klassen. Klassen, die aus Elementen gebildet werden, nennt man Klassen erster Stufe. Und die zwischen ihnen bestehende Beziehung wird eine *Relation* genannt. Wenn man diese Relation mit $f(c_m) = f(\text{Aeq}'E^O)$ bezeichnet, so lautet unsere Implikation:

$$\text{Aeq}'E^M \ni\!- \text{Aeq}' f(\text{Aeq}'E^O).$$

Die rechte Seite unseres Implikationsausdruckes stellt also eine Abstraktionsklasse dar, deren Elemente Relationen sind; eine derartige Abstraktionsklasse nennt man eine Abstraktionsklasse höherer Stufe. (Wir werden später genauer auf die hier behandelten Umstände eingehen.) Bei diesem sinnesphysiologischen Versuch impliziert also eine Abstraktionsklasse erster Stufe, die auf einer inhaltlichen Gleichheit basiert, eine Abstraktionsklasse höherer Stufe, deren Relationsglieder Abstraktionsklassen erster Stufe sind (so nehmen wir vorläufig an, später folgt eine genauere Erläuterung), also auch auf einer inhaltlichen Gleichheit basieren. Wir ersehen hieraus, daß die Implikation dieses sinnesphysiologischen Versuches nicht zwei gleichsam zu verschiedenen Welten, einer psychischen und einer physischen, gehörige Klassen miteinander verbindet, sondern zwei Klassen, die *beide* auf inhaltlichen Gleichheiten basieren. Wie auch aus der Bezeichnung des Ausdruckes hervorgeht, sind die ersteren inhaltlichen Gleichheiten die, welche wir bei den Versuchen als eigentliche Inhaltlichkeiten oder Empfindungsinhaltlichkeiten bezeichnen, solche, die im Geschmackskreis vorkommen, wogegen die letzteren, die wir als Reizgleichheiten bezeichnet haben, die aber tatsächlich ebenfalls inhaltliche Gleichheiten sind, in anderen Kreisen, z. B. im optischen Kreis, vorkommen. Der eigentliche Unterschied zwischen den Abstraktionsklassen ist also der, daß sie in verschiedenen Kreisen abstrahiert werden, und daß sie Klassen verschiedener Stufen sind. Wenn wir die Benennung Empfindungs- und Reizabstraktionsklassen beibehalten wollen, könnten wir den Unterschied dieser Klassen in dem Umstand erblicken, daß wir in gewissen Modalkreisen ausgeführte Inhaltsabstraktionen gleichsam als mehr äußerlich, mehr objektiv betrachteten als in anderen Kreisen erfolgende Abstraktionen, und würden die ersteren demgemäß als Reizklassen bezeichnen; in dem vorigen Beispiel würden wir somit die optische Abstraktion als die mehr objektive ansehen, oder wir würden die Abstraktionsklasse höherer Stufe als die Reizabstraktionsklasse ansetzen. Diese beiden Unterscheidungsdefinitionen der Reizabstraktionsklassen von den übrigen Klassen sind jedoch sehr relativ; es zeigt sich nämlich, daß es auch solche sinnesphysiologischen Versuche gibt, bei denen sowohl als Vorder- wie als Hinterglied der Implikation, als ihr Implikans und ihr Implikat eine Abstraktionsklasse der gleichen Stufe erscheint, wobei einem also die Stufendifferenz bei der Reizunterscheidung nichts hilft.

Die folgende Untersuchung wird vielleicht die Frage noch erläutern und zeigen können, daß es auch relativ ist, welchen Modalkreis wir als objektiven, d. h. als denjenigen ansprechen, innerhalb dessen die Reizklassen gebildet werden.

Angenommen, eine Person führt eine Bestimmung der Gefrierpunktserniedrigung einer Flüssigkeit als *sinnesphysiologischen* Versuch aus. Sie bildet hierbei eine *inhaltliche* Abstraktionsklasse, die auf einer *optischen* Gleichheit (Ablesungsgleichheit) basiert; die Bezeichnung dieser inhaltlichen Klasse ist also: $e_i^O \varepsilon \operatorname{Aeq} ‘E^O$. Als „*physikalischer*“ Versuch der Bestimmung von Substanzmengen erscheint dieser Person wiederum der geschmackstopologische Versuch. Sie definiert also als gleich groß die Mengen von z. B. Gliedern einer homologen Reihe, die einen Geschmacksschwelleninhalt ergeben. Wenn wir diese Mengen mit M bezeichnen, *definiert* die Person also die Substanzmengen in der durch den Ausdruck $M =_{Df.} \operatorname{Aeq} ‘E^M$ angegebenen Weise, worin der Index M anzeigt, daß es sich um eine Gleichheit im Geschmackskreis handelt. Bei dem „sinnesphysiologischen“ Versuch der Gefrierpunktsbestimmung versucht nun diese Person ihre optische Inhaltsklasse auf die zu ihrem „physikalischen“ Wissensschatz gehörenden, die Größe M enthaltenden Ausdrücke zu implizieren. Die Implikation auf einen solchen Ausdruck, wir wollen ihn als $f(M)$ bezeichnen, gelingt auch, und die Bezeichnung ihres „sinnesphysiologischen“ Versuches wird alsdann folgende sein:

$$(i)\ [e_i^O \varepsilon \operatorname{Aeq} ‘E^O \ni\!- r_i \varepsilon \operatorname{Aeq} ‘f(M)], \text{ oder } \operatorname{Aeq} ‘E^O \ni\!- \operatorname{Aeq} ‘f(\operatorname{Aeq} ‘E^M).$$

Diese *inverse Person*, die einen sinnesphysiologischen Versuch ausführt, wo für uns eine physikalische Bestimmung vorliegt, und als deren physikalische Bestimmung unser sinnesphysiologischer Versuch dient, impliziert also bei ihrem Versuch eine auf der optischen Gleichheit basierende Klasse erster Stufe auf eine auf der Geschmacksgleichheit basierende Klasse höherer Stufe, wogegen eine normale Person umgekehrt eine Geschmacksklasse erster Stufe auf eine „optische“ Klasse höherer Stufe impliziert. Wenn wir die Einstellungen der beiden Personen als gleichwertig ansehen, können wir demgemäß die Gleichheitsabstraktion des optischen Kreises nicht als objektiver ansprechen denn die im Geschmackskreis erfolgende Abstraktion, und der sinnesphysiologische Versuch ist somit nur eine Implikation zwischen zwei verschiedenen Inhaltskreisen. Der *Reiz* wäre also nur die in einem, dem in dem Experiment untersuchten Kreise *fremden* Kreise vorgenommene Inhaltsabstraktion, die sich auf die Inhaltsabstraktion des eigentlichen Experimentierkreises implizieren läßt.

Im vorigen Beispiel erfolgte die Implikation zwischen einer Abstraktionsklasse erster Stufe und einer Klasse höherer Stufe. Es gibt aber auch solche sinnesphysiologischen Versuche, in welchen die Implikation, so scheint es wenigstens auf den ersten Blick, zwischen zwei Klassen erster Stufe vollzogen wird. In Wirklichkeit sind die Klassen höherer, aber jedenfalls gleicher Stufe.

Beim Bestimmen der Spannungsinhaltstopologie im *propriozeptiven* Kreis konstatierten wir, daß man dieselbe in gewissen Fällen mittels der in den Muskeln und Sehnen auftretenden Kraft darstellen konnte (siehe S. 19). Die propriozeptive Inhaltsgleichheitsklasse bezeichnen wir hierbei mit $e_i^P \varepsilon \, \mathrm{Aeq}' E^P$, worin P anzeigt, daß die Erlebnisse e_i^P und die Gleichheitsrelation E^P zu dem propriozeptiven Kreise gehören. Die Abstraktionsklasse, auf welche diese propriozeptiven Inhalte impliziert werden, ist also die Kraft der *Physik*. Die Bildung dieser Abstraktionsklasse oder, wie man es gewöhnlich nennt, dieses Begriffes findet bei einem Versuch statt, der den Charakter eines sinnesphysiologischen Versuches hat. Eine Methode zur Bildung des Kraftbegriffes wäre ein Verfahren, das wir als Waageverfahren bezeichnen könnten. Wir definieren die Kräfte als gleich groß, welche gleich große Ausschläge des Zeigers der Waage verursachen (topologische Bestimmung der Waagekraft), oder wir definieren die Kräfte als gleich groß, die bei der Atwoodschen Fallmaschine dieselbe optisch ablesbare Beschleunigung ergeben. (Wir wollen darauf hinweisen, daß die Darstellung hier logisch nicht ganz einwandfrei ist; diese Frage wird später mit größerer logischer Strenge behandelt.) Wenn wir die auf einer derartigen optischen Ablesungsgleichheit basierende Kraftdefinierung oder Abstraktionsklasse mit K^O bezeichnen, worin o anzeigt, daß der zu definierende Versuch im optischen Kreis stattgefunden hat, so lautet die Kraftdefinition: $K^O =_{Df} \mathrm{Aeq}' E^O$. Es ist zu bemerken, daß die Kraftdefinierung oder die Kraftabstraktion, z. B. mittels des Waageverfahrens, von der Kraftdefinierung, z. B. mittels der Atwoodschen Fallmaschine oder irgendeines anderen auch auf einer „optischen" Ablesung basierenden Verfahrens, völlig verschieden ist. Durch jeden derartigen Versuch wird ein Kraftbegriff *definiert*, der im Inhaltskreis des Versuches einen *Eigenbegriff* darstellt; der Begriff ist eine Inhaltsabstraktionsklasse. Es ist vielleicht angezeigt, darauf hinzuweisen, daß die Bezeichnung „Kraft" für die bei einem derartigen Versuch gebildete Abstraktionsklasse eigentümlich ist; erst die Implizierung auf den Propriozeptivkreis läßt die Bezeichnung dieser Klasse als Kraft geläufig erscheinen. Der Umstand, daß die bei verschiedenen derartigen Versuchen abstrahierten Klassen oder Kraftbegriffe sich in der Physik als äquivalent erweisen, bedeutet, daß ihre Implikation aufeinander im physikalischen Versuch einen sehr hohen Wahrscheinlichkeitswert erreicht. (Auf die Erklärung dieses Umstandes kommen wir noch zurück.) Die Bezeichnung des propriozeptiven sinnesphysiologischen Versuches ist also:

$$e_i^P \varepsilon \, \mathrm{Aeq}`E^P \ni\!\!- e_i^O \varepsilon \, \mathrm{Aeq}`E^O \, (= K^O).$$

Wenn wir auch in diesem Fall, wie bei unseren Geschmacksversuchen, annehmen, daß eine „inverse Person" Kraftexperimente ausführt, so wird das Experimentieren folgendermaßen verwandelt. Der „sinnesphysiologische Versuch" der inversen Person, ihre Inhaltsabstraktion sei z. B. die auf Grund der Gleichheit der optischen Waageablesungen erfolgende Klassenbildung; die Bezeichnung hierfür ist $e_i^O \varepsilon \, \mathrm{Aeq}`E^O$, worin o anzeigt, daß diese Inhaltsabstraktionsklasse im optischen Kreise gebildet ist. Zum „physikalischen" Versuch der inversen Person, in dem der Kraftbegriff definiert wird, nehmen wir wiederum denjenigen, im Propriozeptivkreis vorgenommenen, in welchem die auf einer Inhaltsgleichheit (Spannungsempfindungsgleichheit) basierende Klasse gebildet wurde. Die Bezeichnung dieser im Propriozeptivkreis definierten Kraft ist demgemäß: $K^P =_{Df} \mathrm{Aeq}`E^P$. Wenn nun die „inverse Person" ihren „sinnesphysiologischen" Versuch ausführt, impliziert sie ihre optischen „Inhalte" auf diesen ihren propriozeptiven Kraft„begriff". Die Bezeichnung ihres Experimentes ist also:

$$e_i^O \varepsilon \, \mathrm{Aeq}`E^O \ni\!\!- e_i^P \varepsilon \, \mathrm{Aeq}`E^P \, (= K^P).$$

Der Vergleich zwischen den sinnesphysiologischen Versuchsserien, die von der *normalen* und der *inversen Person* ausgeführt werden, zeigt, daß die Implikation in beiden Fällen zwischen Inhaltskreisabstraktionen stattfindet. Hinsichtlich ihres logischen Aufbaues sind die Versuche analog; im ersteren Fall ist das Implikans eine Propriozeptivklasse und das Implikat eine optische Klasse (ein Begriff der Physik), im letzteren Fall ist das Implikans eine optische Klasse und das Implikat eine propriozeptive Klasse („Begriff"). Wenn wir die Bezeichnungen Inhalts- und Reizklasse gebrauchen, ist also das, was bei der normalen Person eine Inhaltsklasse ist, bei der inversen Person eine Reizklasse und umgekehrt. In diesem Fall sind überdies die beiden bei dem Versuch implizierten Klassen Klassen erster Stufe, worauf es beruht, daß die Unterscheidung der Inhalts- und der Reizklassen voneinander oder die Entscheidung darüber, welche von den beiden Abstraktionsklassen wir als Reizklasse ansprechen sollen, logisch unmöglich ist.

Durch die oben angeführten Beispiele sind wir zu der Einsicht gekommen, daß der sinnesphysiologische Versuch seiner Form nach eine Implikation ist. Das Implikans darin ist eine inhaltliche Klasse erster Stufe und das Implikat entweder eine Klasse erster oder einer höheren Stufe, die ebenfalls auf einer Inhaltsabstraktion basiert. Im folgenden versuchen wir noch genauer nachzuweisen, daß die Entstehung bestimmter physikalischer Begriffe in gleicher Weise erfolgt wie die Bildung sinnesphysiologischer Abstraktionsklassen in verschiedenen Modalkreisen. Hierzu ist es angezeigt, daß wir den Charakter der sinnesphysiologischen und, soweit möglich, der elementarphysikalischen sowohl Definition wie des Experimentes (Implikation) systematisch zu erläutern versuchen.

Die aus dem sinnesphysiologischen Halbversuch erhaltenen Begriffe und die entsprechenden eigentlichen Begriffe. Die Eigenbegriffe (vorbereitend).

Wenn wir in einem bestimmten Inhaltskreis auf Grund der Gleichheit eine Klasse bilden, führen wir gewissermaßen einen halben sinnesphysiologischen Versuch aus; die andere Hälfte des Versuches führen wir aus, wenn wir diese Klasse auf Klassen implizieren, die in irgendwelchen andern Inhaltskreisen abstrahiert sind. Das Resultat der Ausführung der Hälfte eines sinnesphysiologischen Versuches ist also eine Klasse, die wir als „Empfindung" bezeichnet haben. Wir können nun feststellen, was wir oben zum Teil auch getan haben, daß die in einigen bestimmten derartigen Halbversuchen abstrahierten Klassen in den Rang eines Begriffes erhoben sind, die bei anderen Versuchen erhaltenen Klassen wiederum nicht. So kann man z. B. auf Grund der optisch konstatierten Längen-Inhaltsgleichheit den *Längenbegriff* abstrahieren (topologische und metrische Definierung), dessen Grundlagen wir später genauer darzulegen versuchen. Ebenso ist der *Zeitbegriff* aus bestimmten, in der Regel optisch oder akustisch wahrgenommenen, auf der Zeitkoinzidenz basierenden Gleichheiten (Pendel, Chronometer) abstrahiert. Der *Kraftbegriff* ist auf besondere Weise abstrahiert, die später genauer auseinandergesetzt wird. Er ist auch eine Klasse, eine Inhaltsabstraktionsklasse, die in den Begriffsrang erhoben ist.

Die bei anderen Halbversuchen gebildeten Klassen haben dagegen keinen Begriffsrang erlangt. Derartige Abstraktionsklassen sind z. B. die Geschmacksintensitätsklasse, die Farbqualitätsklasse sowie weitere zahlreiche Inhaltsklassen, die oft nicht einmal eine andere Bezeichnung haben als die, welche eine Eigenschaft angibt.

Die Ergebnisse der sinnesphysiologischen Halbversuche, mögen sie nun zu Begriffen erhoben sein oder nicht, sind jedoch hinsichtlich ihrer logischen Form alle gleichartig; es sind aus *Inhaltsgleichheiten* abstrahierte Klassen, aus denen noch keine Implikationen auf irgendwelche zu andern

Kreisen gehörende Klassen gemacht worden sind. Demgemäß können wir sie also als *Eigenabstraktionen* oder auch *Eigenbegriffe* bezeichnen. Weil die Eigenabstraktionen auf der Gleichheitsrelation basieren, die, wie wir gezeigt haben, eine sowohl topologische wie metrische Gleichheit darstellt, so ist die Eigenabstrahierung eine *Eigenmessung* in dem betreffenden Kreise. Auf diese Weise bestimmen wir, wenn z. B. optisch wahrgenommene Abstände auf Grund davon, daß sie optisch nachweisbar mit einem bestimmten Maßstab zusammenfallen, als gleich groß betrachtet werden, in Wirklichkeit die Inhaltsgleichheit (Streckentopologie) optisch wahrgenommener Strecken, oder wir führen, wenn wir die Streckendifferenz (Metrik) auf Grund aufeinanderfolgender Verschiebungen des Maßstabes bestimmen, eine Abstraktion aus, die eine Eigenmessung von Definitionscharakter darstellt.

Und genau auf dieselbe Weise können wir eine Eigenmessung auch in einem solchen Kreis ausführen, in dem das Resultat der Abstrahierung nicht ein Begriff, sondern nur eine Inhaltsklasse oder Empfindung genannt wird. Indem wir feststellen, daß, wenn wir Bewegungen ausführen, einige davon den gleichen Spannungsinhalt ergeben, bestimmen wir in der Tat einen Begriff, den wir als propriozeptive Kraft bezeichnen könnten, und führen gleichzeitig eine topologische Eigenmessung aus. Eine metrische Eigenmessung wiederum führen wir im propriozeptiven Kreis dann aus, wenn wir diejenigen Kräfte als gleich groß definieren, die bei den Inhaltsunterschiedsschwellen in diesem Kreise konstatiert werden. *Die Eigenmessung ist also dasselbe wie die Bestimmung der Gleichheit innerhalb eines Kreises.* Und weil man eine solche in jedem Kreis ausführen kann, ist eine Eigenmessung demnach auch in den sog. Empfindungskreisen möglich. *In diesem Sinne ist die Behauptung, daß die Empfindungen im Gegensatz zu den äußeren Größen, den Reizen, nicht meßbar wären, also unzutreffend.*

In einem späteren Kapitel werden wir die Frage, auf welcher Grundlage die Klassen der sinnesphysiologischen Halbversuche teilweise zu Begriffen erhoben sind und teilweise nicht, genauer behandeln. In diesem Zusammenhang wollen wir nur noch einige Beispiele für Halbversuche anführen, auf deren Grundlage Begriffe der *Elementarphysik* gewonnen worden sind.

Wir führen den Begriff der *Lichtintensität* vor. Man kann denselben als Abstraktionsklasse aus einem Versuch gewinnen, bei dem optische Inhaltsgleichheiten photometrisch konstatiert werden. Wenn wir die Lichtintensität mit I und die optische Gleichheitsrelation mit Aeq‘E^O bezeichnen, ist die mit Hilfe eines solchen photometrischen topologischen Versuches ausgeführte Definierung folgende: $I =_{Df}$ Aeq‘E^O. Es ist sogleich darauf aufmerksam zu machen, daß nicht jede Lichtintensitätsmessung eine derartige Eigenmessung darstellt, sondern daß bei Lichtintensitätsmessungen oft auch Experimente vorkommen, die *Implikationen* zwischen verschiedenen Inhalts- und Observationskreisen enthalten. So verhält es sich z. B., wenn man die Intensitätsmetrik definiert, sowie auch in anderen Fällen, von denen später noch die Rede sein wird.

Als zweites Beispiel für einen auf der Eigenmessung basierenden Begriff aus der Physik nehmen wir den *Kraftbegriff der Mechanik*. Die Versuche, mit deren Hilfe die Kraftgröße der Mechanik in der Regel gemessen wird, stellen zwar keine Eigenmessung dar, wie es die Messung der Lichtintensität der Physik sein kann, sondern basieren auf einer Implikation; aber prinzipiell *könnte* man den Kraftbegriff ebensogut wie den Lichtintensitätsbegriff (oder den Längen- und Zeitbegriff) aus einem einzigen Kreis, also als eine Eigenmessung aus einem Halbversuch herausbringen. Ein derartiger Versuch wäre ein propriozeptiver, mittels unserer Muskeln erfolgender Wägungsversuch, worin wir direkt Kraftgleichheiten (Topologie) oder gleich große Kraftdifferenzen (Metrik) konstatieren würden. Die Ursache dafür, weshalb der Kraftbegriff in der Mechanik nicht auf diese Weise, sondern nur durch Vermittlung seiner Implikationen erfaßt wird (auf eine Art, auf die wir später genauer eingehen werden), die Lichtintensität sowie auch Längen- und Zeitgrößen hingegen wohl mittels einer Eigenmessung erfaßt werden, die Ursache hierfür dürfte in unserer Konstitution zu suchen sein. Auf diese Frage kommen wir, wie erwähnt, in einem späteren Kapitel zurück.

Als drittes und viertes Beispiel für die auf einer Eigenmessung basierenden Begriffe der Physik erwähnten wir schon den Längen- und den Zeitbegriff.

An die von uns behandelte Frage schließt sich auch die Frage nach der *Exaktheit im Kreise der Eigenbegriffe* an. Die Eigenabstrahierung ist eine auf der Gleichheit basierende Klassenbildung. Eine vollständige Gleichheit kann nur zwischen solchen Erlebnissen vorkommen, die nach unserer früheren Ausdrucksweise nur eine Dimension haben. Aber solche Erlebnisse sind ja alle, die wir oben behandelt haben, z. B. die propriozeptiven Spannungserlebnisse, die Geschmacksintensitätserlebnisse, die optischen Ortkoinzidenzerlebnisse u. a. Offenbar gibt es jedoch auch zwischen ihnen Unterschiede in der „Einfachheit" des Erlebnisses und infolgedessen in der Vollständigkeit der Gleichheit in der zwischen ihnen zu bildenden Gleichheitsrelation. Wenn wir den Grad dieser Vollständigkeit als das Maß der Exaktheit ansprechen, können wir sagen, daß alle sinnesphysiologischen Halbversuche exakte Versuche sind, daß aber diejenigen, mit deren Hilfe Begriffe definiert werden, offenbar im äußersten Maße exakt sind. In die Kreise aller solchen Inhalte dagegen, die so beschaffen sind, daß sie die Bildung einer vollständigen Gleichheitsrelation untereinander nicht gestatten — und der überwiegend größte Teil aller unserer Inhalte ist so beschaffen —, in diese ausgedehnten Inhaltskreise, den größten Teil unseres Lebens, reicht die Gewalt des exakten Experimentes und der exakten Definierung nicht. Dies zeigt die Beschränktheit des exakten Experimentes auf einen nur kleinen Erscheinungskreis.

Der sinnesphysiologische Halbversuch, die Abstrahierung, im Lichte der Typenlehre. Der exakte und der nichtexakte Halbversuch. Die expliziten und die impliziten Abstraktionen.

Ehe wir an die Behandlung des vollständigen sinnesphysiologischen Versuches mit seinen Implikationen gehen, ist es motiviert, in Kürze die *Typentheorie* der Logistik darzulegen, weil dies die logische Stellung der von uns besprochenen Eigenbegriffe sowie auch den Inhalt der Exaktheit erläutert [s. CARNAP (*3*)]. Wenn wir eine Reihe von Elementen haben, von denen einige auf Grund der Gleichheitsrelation E eine Klasse bilden, so bezeichnen wir dies mit dem Ausdruck $e_i \varepsilon \text{Aeq}' E$. Bei diesen ε-Relationen stehen rechts und links von dem Zeichen „Gegenstände", die in bestimmter Beziehung prinzipiell voneinander verschieden sind. Wenn wir die Elementgegenstände auf der linken Seite als vom Typus $t0$ bezeichnen und die aus ihnen gebildete, auf der rechten Seite befindliche Klasse als vom Typus $t1$, so gilt in der Logistik, daß die Gegenstände vom Typus $t0$ und vom Typus $t1$ nicht beide als Elemente in einer gemeinsamen Klasse vorkommen können. Wenn wir irgendwelche beliebigen Gegenstände vom Typus $t0$ haben, so können wir uns eine daraus gebildete Klasse denken, die oft mit dem Typus $t(0)$ bezeichnet wird. Die Klassen vom Typus $t(0)$ können ihrerseits Elemente in einer anderen Klasse sein. Wenn man das Elementtum der vorigen Klasse $t(0)$ ins Auge faßt, werden sie mit $t1$ bezeichnet, so daß also $t(0) = t1$. Die Klassen $t1$ können wieder Elemente in einer eigenen, von ihnen gebildeten Klasse $t(1)$ sein, wobei sie unter Berücksichtigung ihres Elementtums mit $t2$ bezeichnet werden, also $t(1) = t2$ usw. Unter den „Elementen" herrscht demnach eine Art Rangordnung, die man die *Hierarchie* der Typen nennt. Wir erläutern die Sache, indem wir ein Beispiel aus dem Kreis der Sinnesphysiologie nehmen. Als Gegenstand vom Typus $t0$ nehmen wir ein Einzelerlebnis, z. B. das Blau-Erlebnis. Die aus Blau-Erlebnissen gebildete Klasse ist dann das, was wir Blau oder, wie wir früher vereinbart haben, die Blau-Empfindung nennen; letztere repräsentiert also den Typus $t(0)$. Nun können diese Gegenstände vom Typus $t0$, wie sie z. B. auch, in derselben Weise wie Blau gebildet, Rot und Gelb sind, Elemente in einer aus ihnen gebildeten Klasse darstellen; als Elemente bezeichnen wir sie mit dem Typus $t1$, und die Klasse, die sich aus ihnen bilden läßt, ist der Gegenstand, den wir mit dem Namen Farbe bezeichnen, und dem folglich der Typus $t(1)$ zukommt. Ob Farbgegenstände ihrerseits wieder Elemente, also vom Typus *t*2, in einer aus ihnen gebildeten Klasse sein können, ist nicht ganz evident. Wenn es sich so verhält, dann dürfte die so zu bildende Klasse *t*(2) eine solche sein, die wir als Total-Gesichtswahrnehmung oder dergleichen bezeichnen könnten.

Die „Gegenstände" in der Logistik sind gewissermaßen willkürliche Fiktionen, so daß nicht einmal die Wahl eines Gegenstandes vom niedrigsten Typus *t*o festgelegt ist. In der Sinnesphysiologie und Psychologie ist der Sachverhalt dagegen ein anderer. Wie das oben beschriebene Beispiel zeigt, können wir hier die Gegenstände vom Typus *t*o nicht willkürlich wählen, sondern der Inhalt der Materie führt uns zu einer ganz bestimmten Entscheidung. Das aus dem Bereich des Farbensehens gewählte Beispiel zeigt, daß die Gegenstände einer höheren Klasse gleichsam Eigenschaften der Gegenstände in den um eine Stufe tiefer stehenden Klassen darstellen; so ist z. B. die Farbe eine Eigenschaft des Blauen, Blau eine Eigenschaft des einzelnen Seherlebnisses. Wenn man die Sache von diesem Standpunkt aus betrachtet, sind sämtliche Gegenstände eines höheren Typus Eigenschaften, und nur die Gegenstände vom niedrigsten Typus *t*o sind es nicht. Dies entscheidet in der Sinnesphysiologie die Frage, welche Gegenstände vom Typus *t*o sind. Wie wir bei unserem Farbenbeispiel auseinandergesetzt haben, werden sie die *Inhalte* sein, die wir als „monotone" Einzelerlebnisse bezeichnet haben. (Wir werden später indessen bemerken, daß unsere *unanalysierbaren* Inhalte tatsächlich die wirklichen *t*o-Gegenstände sind.) Und alle von Stufe zu Stufe daraus zu bildenden Klassen und Relationen höherer Typen sind also gleichsam Eigenschaften dieser Erlebnisse in sich immer erweiterndem Sinne.

Speziell zu beachten ist, daß die Abstraktionsklassen, die wir Eigenbegriffe genannt haben, den Typus *t*(o) = *t*1 repräsentieren. *Die erste Aufgabe des sinnesphysiologischen Versuches ist also die Bildung eines t1-typischen Eigenbegriffes aus t0-typischen Erlebnissen; das haben wir einen sinnesphysiologischen Halbversuch genannt.* Zu dem eigentlichen sinnesphysiologischen Vollversuch kommen wir erst, wenn wir in dieser Weise gebildete Klassen aufeinander implizieren. Aber unsere Ausführung über die Typentheorie zeigt, daß wir, nachdem wir zur Bildung des *t*1-typischen Eigenbegriffes gelangt sind, den sinnesphysiologischen Halbversuch in dieser Richtung der Klassenbildung fortsetzen können, ohne zur Implikation, also zum Reiz überzugehen. Eine solche Art des Experimentierens, wobei wir also, nachdem wir z. B. den propriozeptiven Kraftbegriff oder den Begriff irgendeiner Farbe gebildet haben, nicht deren Reize aufsuchen, sondern nach Art des oben angeführten Farbenbeispiels immer allgemeinere Klassen zu bilden versuchen, wird jedoch nicht als sinnesphysiologischer Versuch bezeichnet, sondern als eine Art deskriptive *Psychologie* von uns angesprochen. Hierzu haben wir vollbegründete Ursachen, die mit dem Begriff der *Exaktheit* in Zusammenhang stehen (s. S. 10). Wir betrachten die *t*1-Klasse, also die Eigenbegriffsbildung aus *t*0-gegenständlichen Erlebnissen als einen sinnesphysiologischen (Halb-)Versuch; dieser Versuch muß exakt nach unserer obigen Definition ausgeführt werden, d. h. man kann darin eine möglichst vollständige *Gleichheitsrelation* befolgen, und die Klasse *t*1 ist somit ein exakter Begriff. Wenn man dagegen z. B. eine Klasse *t*2 aus *t*1-Gegenständen innerhalb eines bestimmten Modalkreises bildet, verhält sich die Sache nicht so. Unter den Gegenständen *t*1, die also getrennte Eigenbegriffe sind, die wir gewöhnlich als verschiedene Empfindungen bezeichnen, existiert somit keine *vollständige* Gleichheit, höchstens erinnern sie mehr oder weniger aneinander, sind vielleicht bestenfalls „ähnlich" oder dergleichen. Eine Abstraktion kann man hier also nicht ausführen, und die Klasse *t*2 innerhalb eines bestimmten Modalkreises sowie die noch höheren Klassen sind demnach nicht exakt im obigen, auf S. 10 näher beschriebenen Grenzwertsinne. Es ist somit eine völlig *empirische Feststellung, daß sich die exakte Definition innerhalb eines Modalkreises auf die Bildung einer t1-typischen Klasse, eines Eigenbegriffes beschränkt,* und diesen exakten Teil bei der vorliegenden Typenbildung rechnen wir zur Sinnesphysiologie.

Ein aufmerksamer Leser dürfte bemerkt haben, daß dem anfangs unbestimmter von uns umrissenen *Modalkreisbegriff* durch unsere Darstellung der Typentheorie gleichsam eine Stellung in der Begriffshierarchie angewiesen worden ist. Z. B. gehört der Zusammenhang der Farben, der oft als Qualitätsfolge bezeichnet wird, zum Typus *t*2 und der Sehmodalkreis offenbar zum Typus *t*3 oder vielleicht *t*4. Ebenso wird der Propriozeptivkreis offenbar zum Typus *t*2 gehören usw. Es ist aber zu beachten, daß die Definierung dieser Qualitäts- oder Modalkreise keine auf einer *wirklichen* Gleichheit basierende wahre Abstrahierung wie die Abstrahierung der Eigenbegriffe *t*1 ist. *Die Modalkreise werden somit in den Halbversuchen unexakt charakterisiert.* Und doch ist zuzugeben, daß kein Zweifel darüber besteht, was z. B. in den Sehmodalkreis gehört und was nicht; die Modalkreise sind scharf voneinander verschieden, obgleich wir diese Verschiedenheit nicht in Form einer exakten, auf einem Halbversuch basierenden Definition nachweisen können.

Wenn wir uns nicht auf den nominalistischen Standpunkt stellen, der Zeichen (z. B. die Typenzeichen *t*1) als reale oder wirkliche Gegenstände betrachtet, sondern uns auf den nicht nominalistischen oder *ideistischen* Standpunkt stellen, wonach man für jedes Zeichen den damit bezeichneten Realgegenstand nachweisen können muß, so erhebt sich die Frage, welches die *Realgegenstände* sind, die den Typen *t*0, *t*1 usw. entsprechen, oder ob vielleicht jedem Typus (z. B. dem Typus *t*0) mehrere

Realgegenstände verschiedenen Charakters entsprechen können. Wenn wir die Sache von diesem Standpunkt aus beurteilen, müssen wir uns erinnern, daß die Realgegenstände vom Typus *to* solche sind, die nicht Klassen irgendwelcher Elemente, nicht irgendwelche Eigenschaften sind, sondern *unanalysierbare Elemente*. Unanalysierbare Elemente dieser Art sind nach meinem Dafürhalten nur solche Einzelerlebnisse, die wir oben als monotone Inhalte bezeichnet haben, Inhalte, deren Untersuchung in den Bereich des sinnesphysiologischen Experimentes gehört. Auf diese Weise hätten wir eine exakte Definition für unseren monotonen Inhalt gewonnen, er wäre nicht *ein* Gegenstand vom Typus *to*, sondern der *Typus to selbst*.

Zur Charakterisierung des exakten Versuches genügt jedoch in Wirklichkeit nicht die Aussage, daß eine auf Grund *einer* Realgleichheit bestimmte Klasse darin gebildet wird. Die Versuchsbedingungen sind in der Regel solche, daß die Versuchsperson, während sie eine *beabsichtigte* Gleichheit wahrnimmt, sich nicht völlig davon freimachen kann, nebenbei auch andere Gleichheiten oder Verschiedenheiten als die beabsichtigte zu bemerken. Diese nichtbeabsichtigten Gleichheiten oder Verschiedenheiten gehören zu den sog. das *Experiment störenden Bedingungen*, und die Versuchsperson bemüht sich, davon frei zu werden, indem sie so tut, als ob sie sie nicht wahrnimmt, mit anderen Worten, sie versucht, nicht zu bemerken, daß diese Bedingungen von einem Versuch zum anderen verschieden sind, versucht also eine *Gleichheitsrelation* zwischen den nichtbeabsichtigten Inhalten *herzustellen*. Wenn wir den Hauptzweck des Experimentes, die Bildung der beabsichtigten Gleichheitsrelation, als *explizite Abstraktion* bezeichnen, können wir die für den Verlauf des Versuches unumgänglich nötige Ausführung von Abstraktionen, die mit dem Unbeachtetlassen der nichtbeabsichtigten, störenden Bedingungen identisch sind, als *implizite Abstraktionen* bezeichnen [Renqvist (17)]. Jeder sinnesphysiologische Versuch ist also in der Tat von der Ausführung mehrerer gleichzeitiger Abstraktionen abhängig. Durch die Versuchsanordnung und die Konzentration der Aufmerksamkeit versucht man die impliziten Abstraktionen einzuschränken, vollständig auszuschalten vermag man sie indessen kaum. Beim physikalischen Ablesungsversuch kann man in dieser Beziehung ziemlich weit kommen, bei den meisten Versuchen der Sinnesphysiologie ist es aber sehr schwer, die Versuchsbedingungen so vollständig festzulegen, daß die Versuchsperson sich nicht zu bemühen brauchte, die nicht eigentlich zum Experiment gehörigen Inhaltsseiten unbemerkt zu lassen, mit anderen Worten, daß sie keine impliziten Abstraktionen zu machen brauchte.

Der sinnesphysiologische Vollversuch, die Implikation, im Lichte der Typenlehre. Der sinnesphysiologische und der physikalische Versuch von der Form $t1 - t1$.

Der vollständig ausgeführte sinnesphysiologische Versuch ist seiner Form nach die Implizierung einer im sinnesphysiologischen Halbversuch definierten Klasse, eines Eigenbegriffes, in irgendeine andere Klasse, eine Reizklasse. Diese Reizimplikatklasse könnten wir vom Standpunkt des im sinnesphysiologischen Versuch vorliegenden Kreises als einen Begriff fremder Herkunft oder als *Fremdbegriff* bezeichnen. Der sinnesphysiologische Versuch würde demnach die Implizierung eines Eigenbegriffes in irgendeinen Fremdbegriff bedeuten. Die Bildung eines Eigenbegriffes ist eine reine Definierung, die allerdings auch in einem „Wahrnehmungsmaterial" vor sich geht und insofern empirisch ist, die Implikation in einen Fremdbegriff ist dagegen ein *empirisches* Experiment.

Die Erfahrung lehrt nun, daß die Fremdbegriffe, die in einer Implikationsbeziehung zu sinnesphysiologischen Eigenbegriffen stehen, in der Typenhierarchie verschiedenen Stufen angehören. Der einfachste Fall ist der, wo auf der rechten Seite der Implikation als Fremdbegriff genau wie auf der linken Seite der Implikation ein $t1$-typischer Begriff erscheint. Eine derartige Implikation von der Form $t1 - t1$ ist jedoch als sinnesphysiologisches (und auch als physikalisches) Versuchsresultat offenbar selten. Meistens ergibt sich als Resultat des sinnesphysiologischen Experimentes ein Reiz- oder Fremdbegriff von höherem Typus als $t1$. Weil die $t1$-typischen Begriffe, mögen es nun sinnesphysiologische Abstraktionsklassen oder Begriffe der Physik sein, prinzipiell gleicher Natur sind, könnten wir den sinnesphysiologischen Versuch von der Form $t1 - t1$ auch die Implikation zweier einfacher oder Grundbegriffe charakterisieren. Und entsprechend könnten wir einen sinnesphysiologischen Versuch, dessen Implikat einen höheren Typus vertritt, als Implikation eines Grund- und eines zusammengesetzten Begriffes bezeichnen. Wir besprechen zunächst den sinnesphysiologischen Versuch von der Form $t1 - t1$.

Die allgemeine Bezeichnung einer Implikation von der Form $t1 - t1$ ist, wenn wir mit dem Index 1 den Implikanskreis und mit dem Index 2 den Implikatkreis bezeichnen: $R^1 \underset{\sim 1}{\ni\!-} R^2$, worin die in einem Implikationsverhältnis befindlichen Eigenbegriffe folgendermaßen definiert sind: $R^1 =_{Df} \mathrm{Aeq}`E^1$ und $R^2 =_{Df} \mathrm{Aeq}`E^2$. Die erstere Bezeichnung, wobei derselbe Buchstabe R auf beiden Seiten des Implikationszeichens gebraucht wird, unterstreicht, daß zwei gleichartige, in gleicher Weise, aber in verschiedenen Eigenkreisen (1 und 2) gebildete Klassen miteinander verglichen werden. Wenn wir betonen wollen, daß das Implikans auf der linken Seite in dem vorliegenden Versuch Inhaltscharakter hat, können wir dies durch einen besonderen Buchstaben andeuten, wobei die ganze Wiedergabe des Versuches z. B. folgendes Aussehen bekommen würde: $O^1 \underset{\sim 1}{\ni\!-} R^2$. Hierin bedeutet das O auf der linken Seite vom Standpunkt des betreffenden Versuches einen Eigenbegriff und das R auf der rechten Seite vom Standpunkt des Versuches einen Fremdbegriff, der indessen auch $t1$-typisch ist.

Von den früher dargestellten sinnesphysiologischen Versuchen erscheinen drei, wenigstens auf den ersten Blick, als Vertreter der Form $t1 - t1$. Der wichtigste unter ihnen ist der Versuch zur topologischen und metrischen Bestimmung von *propriozeptiven Spannungsinhalten* (s. S. 19, 21, 41, 49 u. 57). Wie wir uns erinnern, ließ sich dieser Versuch durch die Ausdrücke $K^P \underset{\sim 1}{\ni\!-} K^O$ sowie $\Delta K^P \underset{\sim 1}{\ni\!-} \Delta K^O$ wiedergeben, worin K^P den in dem Propriozeptivkreis definierten Kraftbegriff und K^O die bei einem optischen (Waage-) Ablesungsversuch definierte Kraft bedeutet. Dieser Versuch verdient spezielle Betrachtung. Im Sprachgebrauch findet sich schon ein Ausdruck dafür, daß wohl eine hochwertige Wahrscheinlichkeitsimplikation zwischen der von uns in unseren Muskeln „empfundenen" und der „richtigen" (physikalischen) Kraft existiert; dies erweisen Benennungen, wie der Kraftsinn, der Spannungssinn u. a. Und es dürfte wohl zweifelhaft sein, ob der Kraftbegriff der Physik zu derjenigen Bedeutung gekommen wäre, die er hat, wenn nicht ein hohes Implikationsverhältnis zwischen dem aus den Versuchen der Physik abzuleitenden Begriff und dem propriozeptiven Kraftbegriff bestände. Es ist sehr wahrscheinlich, daß unser jetziger Kraftbegriff überhaupt nicht gebildet wäre, wenn wir keine von uns als propriozeptive Kraftinhalte bezeichneten Erlebnisse hätten, wenn wir z. B. bewegungsunfähige Geschöpfe wären. Man könnte dies auch so ausdrücken, daß z. B. der beim Experimentieren mit der Atwoodschen Fallmaschine ermittelte Kraftbegriff nur deshalb berechtigt ist, weil er in einem hochwertigen Implikationsverhältnis zu dem im Propriozeptivversuch erlangten Kraftbegriff steht; es würde nämlich die Sache sehr komplizieren und sinnlos sein, wenn uns die in der Physik als gleich definierten Kräfte beim Versuch mit unseren Muskeln ganz verschieden vorkämen und verschieden große Anstrengungen bedingten. Die Äußerung von Planck, daß wir kaum unseren Kraftbegriff hätten, wenn wir in unseren Gliedern nicht Kraft empfänden, ist vielleicht, wenn man ihn genauer analysiert, gerade in obigem Sinn aufzufassen. Hierauf kommen wir später zurück.

Speziell ist darauf hinzuweisen, daß, obgleich es nach Ansicht mancher „selbstverständlich" erscheinen könnte, daß einem „gleich große Kräfte gleich groß vorkommen" usw., d. h. daß zwischen der Propriozeptivkraft und der Kraft der Physik ein hohes Implikationsverhältnis besteht, dies natürlich nicht der Fall ist, sondern diese Feststellung ganz empirisch und eher geeignet ist, Staunen zu erregen. Wir haben einen ähnlichen Fall in der Physik, wo auch eine Implikation nach Art der obigen vorkommen kann. Bekanntlich erfolgt die Definierung einer beschleunigenden Kraft und einer Zwangskraft (z. B. einer Zentralkraft) in verschiedener Weise, also auf Grund verschiedener Erlebnisfeststellungen. Wenn dann konstatiert wird, daß die so abstrahierten Kraftbegriffe, die beschleunigende und die Zwangskraft, äquivalent sind (eigentlich sind die mit ihrer Hilfe entwickelten „Massen"begriffe äquivalent), bedeutet dies, daß bei einem Versuch, in dem die beiden impliziert werden, empirisch festgestellt wird, daß die Implikation so hochwertig ist, daß man als ihren Wert 1 ansprechen kann. Bekanntlich hat die Äquivalenz derartiger Kräfte (oder Massen), die jemand, der die Sache nicht kennt, selbstverständlich erscheint, den Physikern Anlaß zu einer umfangreichen Problematik gegeben. Formal herrscht hier zwischen der Klasse der beschleunigenden und der Zwangskraft ein gleichartiges Verhältnis wie zwischen dem „Begriff" oder der Klasse der propriozeptiven Kraft und jeder der beiden physikalischen Kraftklassen. Nach unserem Dafürhalten ist die Implikation der beschleunigenden und der Zwangskraft, dies physikalische Experiment, von völlig gleichem Typus, wie es, wenn auch unter dem Namen eines sinnesphysiologischen Versuches, die Implikation der Propriozeptivkraft und einer der beiden vorigen Kraftbegriffe ist. Die Behandlung dieser ganzen Frage wird in einem späteren Kapitel noch genauer vorgenommen.

Unser zweiter Fall eines Versuches von der wenigstens scheinbaren Form $t1$ — $t1$ entstammte dem Gebiet der *Hautempfindung* (s. S. 18, 23, 39 u. 45). Wie wir uns erinnern, konnte die Topologie in diesem Kreise durch den Ausdruck $T \underset{\sim 1}{\ni\!-} Et^0$ dargestellt werden, worin T den Begriff der Empfindungsintensität bedeutet und Et^0 die in Millimetern gemessene Eindringungstiefe der Reizpelotte in die Haut. Wenn es sich um etwas größere, auf die Haut einwirkende Gewichte und demgemäß auch um größere Eindringungstiefen handelt, so läßt sich die Metrik dieses Gebietes, wie wir uns erinnern, durch den Ausdruck $\Delta T \underset{\sim 1}{\ni\!-} \Delta Et^0$ wiedergeben. Sind dagegen die Gewichte und die Eindringungstiefen sehr klein, dann konnte die Metrik nicht durch diesen einfachen $t1$ — $t1$-Ausdruck dargestellt werden. Auf Grund dessen, sowie unter Berücksichtigung gewisser anderer Umstände, sprachen wir den Hautempfindungsbereich als dualistisch an und nannten (nach HEAD) den ersteren, den Tiefenempfindungskreis, den *protopathischen* und den letzteren, den Oberflächenberührungskreis, den *epikritischen* Kreis. Sofern man also die Topologie und die Metrik im Bereich der Hautempfindung durch Fremdmessung mittels der Eindringungstiefe (*Et*) darstellen kann, hätten wir hier einen Versuch von der Form $t1 — t1$ vor uns. Dieser Fall ist jedoch zweifellos etwas anderer Art als der oben vorgeführte Versuch aus dem propriozeptiven Kreis. Schon der Sprachgebrauch zeigt hier den Unterschied in bezug auf den vorigen Versuch an. Dort sprachen wir von Kraftempfindungen und von physikalischen Kräften als deren „Erzeugern" oder Ursachen, hier können wir die Inhalte nicht mit gutem Grunde als Eindringungstiefenempfindungen bezeichnen, sondern sie können höchstens Hautempfindungsintensitäten genannt werden; eine sprachliche Entsprechung in diesem Versuch besteht also nicht zwischen Inhalten und Reizen. Man wäre geneigt, den Versuch auch deshalb nur als *scheinbar von der Form* $t1 — t1$ zu betrachten, weil das Reizimplikat in „Wirklichkeit", in dem nachstehend zu erläuternden Sinne, einem höheren Typus angehört.

Wir halten es für wahrscheinlich, daß das „wirkliche" Implikat hierbei irgendeine *zusammengesetzte* physikalische Größe ist, z. B. die Deformationsarbeit, welche beim Einsinken der Pelotte in die Haut geleistet wird, oder die Energie einer in der Haut stattfindenden chemischen Reaktion, und daß die Eindringungstiefe Et^0 nur in dem Sinne ein *Index* dieser zusammengesetzten physikalischen Größe ist, als Et^0 gemäß der Form des kombinierten Ausdrucks unter den darin vorkommenden, vielleicht sogar mehreren Variabeln die vorherrschende Variable darstellt. Z. B. würde eine Variation in der Größe der Reizoberfläche, oder der Umstand, mit wieviel Pelotten die Haut gereizt wird, nicht wesentlich auf den Wert dieser zusammengesetzten physikalischen Größe einwirken; von den Schwankungen der Eindringungstiefe hingegen würde dieser Wert sehr empfindlich abhängig sein. [Es ist zu beachten, daß unsere Ausdrucksweise bezüglich der *Indexbeziehung* der Eindringungstiefe zu der unbekannten kombinierten physikalischen Größe tatsächlich bedeutet, daß diese zwei Größen in einem hochwertigen implikativen Verhältnis zueinander stehen. Die Eindringungstiefe Et^0 kann als eine Abstraktionsklasse vom Typus $t1$ gelten (obgleich ihr wirklicher Typus, wie wir später feststellen werden, ein anderer ist) und die unbekannte zusammengesetzte Größe wiederum als eine Abstraktionsklasse von höherem Typus. Wenn es uns gelänge, die letztere zu bestimmen, wäre die Feststellung einer eventuellen Implikation zwischen diesen Größen gewissermaßen ein unter Benutzung der Haut als Substrat ausgeführter Versuch physikalischer Natur, der gleichwohl den Charakter eines sinnesphysiologischen Versuches darböte, weil die Implikansklasse dabei vom Typus $t1$ ist. Unsere Vermutung, daß das Implikat, der Reiz der Abstraktionsklasse der Hautintensitätsempfindung, nicht die Eindringungstiefe, sondern eine kompliziertere, zusammengesetzte physikalische Größe ist, gründet sich also darauf, daß diese zusammengesetzte physikalische Größe ihrerseits das Implikat der Eindringungstiefe wäre.]

Der dritte Fall einer Implikation von der Form $t1 - t1$ war der HAHNsche Versuch auf dem Gebiet des Temperatursinnes (s. S. 22). Dieser Versuch läßt sich durch den Ausdruck $\Delta I^T \underset{\sim 1}{\ni\!-} \Delta T^O$ darstellen. Ob es sich hierbei um eine wirkliche oder eine scheinbare Implikation vom Typus $t1 - t1$ handelt, dürfte schwer aufzuklären sein.

Vielleicht gibt es auch noch andere sinnesphysiologische Versuche vom Typus $t1 - t1$. Besonders ist hier die eventuelle Implizierung „intermodaler" $t1$-Gegenstände von Ort- oder Raumcharakter „über die Modalgrenzen hinaus" zu berücksichtigen; aber diese Fälle werden erst in späteren Kapiteln besprochen. Der Zweck der jetzt vorgenommenen Behandlung ist nicht etwa die gründliche Erläuterung dieser Dinge, sondern zunächst eher nur ein Hinweis auf die verschiedenen Formen des Experimentes.

Ein ziemlich gewöhnlicher Versuchstypus ist sowohl in der Sinnesphysiologie als auch in der Physik der Versuch, bei dem man von einem Implikans vom Typus $t1$ zu einem Implikat von höherem Typus gelangt, also ein Versuch von der Form $t1$ — (höherer Typus). Im folgenden behandeln wir einen sinnesphysiologischen Versuch dieser Form.

Der sinnesphysiologische Versuch von der Form $t1 - tn$. Die Form der Versuche der nichtexakten Psychologie.

Der gewöhnlichste sinnesphysiologische Versuch hat die Form $t1$ — höherwertiger Typus, worin das Implikans ein Eigenbegriff des betreffenden Kreises und das Implikat von höherem Typus ein vom Standpunkt dieses Kreises aus fremder Begriff (Fremdbegriff) ist. Dieser Fremdbegriff ist bekanntlich eine „zusammengesetzte" physikalische Größe; die folgenden, teilweise auch schon früher angeführten Beispiele geben einige solche Fälle wieder.

Wenn man bei *Trägheits*bewegungen verschieden große träge Massen miteinander vergleicht, ergibt sich als Resultat, daß die Bewegungen als gleich schwer empfunden werden, wenn das Produkt aus der dazu gebrauchten Kraft K^O und ihrer Dauer t^O konstant ist: $K^O \cdot t^O =$ konst., oder durch eine Implikation bezeichnet: $K^{P'} \underset{\sim 1}{\ni\!-} K^O \cdot t^O$, worin $K^{P'}$ eine im Trägheitspropriozeptivkreis gebildete Eigenabstraktionsklasse [RENQVIST (*3, 4*)] bedeutet. Wir erinnern uns, daß das Versuchsresultat beim Vergleich von Bewegungen im *Schwerekraft*-Versuch $K^P \underset{\sim 1}{\ni\!-} K^O$ lautete. Der in diesem Versuch abstrahierte „Kraftbegriff" K^P ist also mit dem aus dem Trägheitsversuch abstrahierten „Kraftbegriff" $K^{P'}$ nicht in dem Sinne äquivalent, daß sie beide die Kraft K^O (der Physik) implizierten. Die Form des Schwerkraft-Versuches ist $t1 - t1$; in der Form des Trägheitsversuches steht rechts vom Implikationszeichen eine „zusammengesetzte" physikalische Größe, deren Typus wir sogleich klarzulegen versuchen.

Wir erinnern uns, daß man beim Experimentieren im *Sehkreis* den topologischen Versuch bei der Dunkeladaptation mit kurzdauernden Lichtreizen durch den Ausdruck $I^D \cdot t^0 = \text{konst.}$ oder $I^D \underset{\sim 1}{\ni\!-} I^H \cdot t^0$ (s. S. 16, 24) wiedergeben konnte, worin I^D den aus den Sehintensitätsinhalten bei der Dunkeladaptation abstrahierten Eigenintensitätsbegriff und I^H unseren gewöhnlichen, bei der Helladaptation und langer Lichtdauer photometrisch bestimmten Lichtintensitätsbegriff bedeutet. Aus der obigen Implikationsbeziehung ersehen wir, daß der zu behandelnde Versuch nicht vom Typus $t1 - t1$ ist, sondern daß auch hier rechts vom Implikationszeichen eine Größe steht, die einen komplizierteren Typus vertritt.

Im *Geschmack*skreis ließ sich die Schwellentopologie der Geschmacksinhaltsintensität durch die Gleichung $D_m \cdot (K^{m-1} \cdot c_m)^{\frac{1}{n}} = \text{konst.}$ oder in Form einer Implikation durch den Ausdruck $M \underset{\sim 1}{\ni\!-} D_m \cdot (K^{m-1} \cdot c_m)^{\frac{1}{n}}$ (s. S. 17) wiedergeben, worin M ein Eigenbegriff des Geschmackskreises ist; auch dieser steht also zu keiner Größe vom Typus $t1$ der Physik in der durch die Form $t1 - t1$ bestimmten Beziehung.

Die sinnesphysiologischen Versuche vom Typus $t1 - t1$ sind außerordentlich übersichtlich, Implikans und Implikat sind beide aus Inhaltskreisen abstrahierte Eigenbegriffe, so daß es nur von unserer Einstellung abhängt, davon, welcher dieser beiden sinnesphysiologischen Versuche jeweils zur Behandlung vorliegt, welchen dieser Eigenbegriffe wir als Reiz, welchen als Empfindung setzen. Um die Frage zu klären, welcher Art ein sinnesphysiologischer Versuch ist, bei dem das Implikat einen komplizierteren Typus vertritt, müssen wir nochmals auf unsere Ausführung über die *Typenlehre* zurückgreifen.

Wir haben früher die Begriffe *Element* und *Klasse* erläutert, die vom Typus $t0$ sowie vom Typus $t1$, $t2$ usw. sind. Die Klasse ist eine auf Grund der Gleichheit aus Elementen gebildete Gesamtheit, eine Extensität. In der Logistik braucht die Aussagefunktion, auf Grund deren eine Klasse aus Elementen gebildet wird, nicht unbedingt eine *Gleichheit* zu sein, sondern es kann auch irgendein anderer Bestimmungsausdruck sein, den wir mit φx bezeichnen können [CARNAP (*3*)]. Mit einer Klasse wird hierbei also die Zusammenfassung aller der Größen x gemeint, welche die durch den Bestimmungsausdruck φx angezeigte Forderung erfüllen. Da der Bestimmungsausdruck nur ein Zeichen (x) enthält, können wir ihn als eine nur ein Argument enthaltende Funktion ansprechen. Er drückt also in bezug auf die Elemente eine Forderung aus, in die kein Vergleich mit möglichen anderen Elementreihen eingeht. Als Beispiele für derartige Bestimmungsausdrücke könnte man erwähnen: „vierbeinig sein" odeı „eine glatte Oberfläche besitzen". Wenn wir uns nicht auf den nominalistischen Standpunkt stellen und Zeichen (x) an und für sich als Gegenstände ansehen, sondern hinter ihnen durch sie bezeichnete Realgegenstände suchen, kommen wir zu dem schon angeführten Resultat, daß die einzigen Realgegenstände vom Typus $t0$ die „monotonen" Erlebnisse des sinnesphysiologischen Versuches sind (wir bemerken hier, daß, wie in einem späteren Kapitel ausgeführt werden soll, unsere *unanalysierbaren* Erlebnisse die wahren $t0$-Gegenstände sind). Wenn wir nun untersuchen wollen, ob sich aus diesen Gegenständen, wie auf Grund der Gleichheit, die bisher ausschließlich benutzt worden ist, auch gemäß den möglichen anderen Aussagefunktionen Klassen bilden lassen, so konstatieren wir, daß dies, sofern es sich um eine exakte Klassenbildung handeln soll, unmöglich ist. Angenommen, es sollte z. B. aus irgendwelchen „monotonen Inhalten" eine Klasse gebildet werden, beispielsweise gemäß dem Bestimmungsausdruck „groß, inhaltlich intensiv sein". Empirisch können wir dann unmittelbar feststellen, daß eine laut dieser Forderung z. B. im Propriozeptivkreis gebildete Klasse völlig unbestimmt wäre. Als Feststellung bleibt, daß der einzige Bestimmungsausdruck, auf Grund dessen man in dem von uns angegebenen exakten Sinne aus Erlebnissen vom Typus $t0$ irgendeines Kreises exakt Klassen bilden kann, die Gleichheitsbeziehung ist.

Wenn uns dagegen Gegenstände vom Typus $t1$ vorliegen, also sog. Empfindungen, z. B. ein bestimmtes Rot, Blau, so erinnern wir uns, daß man aus diesen nicht einmal auf Grund der Gleichheitsrelation exakte Klassen (t_2, t_3...) von höherem Typus bilden konnte, weil die Gleichheitsrelation hier nicht mehr die Eigenschaften einer unmittelbaren Gleichheit besitzt. Und doch kann man auch die Gegenstände vom Typus $t1$ in einem unbestimmteren Sinne, nämlich in dem Sinne der Ähnlichkeitsbeziehung, von der die Gleichheitsbeziehung wie ein Grenzfall ist (s. S. 9), zu Klassen vom Typus $t2$ vereinigen, z. B. Rot, Gelb, Grün, Blau usw. vereinigt zu „Farbe". Die Aussagefunktion, auf Grund welcher diese Vereinigung vollzogen wird, ist also ein anderer φ-Ausdruck.

Was wir über die Gegenstände vom Typus $t1$ vorgebracht haben, gilt vielleicht noch ausgeprägter bezüglich der Gegenstände vom Typus $t2$. Wenn wir als Gegenstände vom Typus $t1$ Rot, Gelb, Grün usw. haben, so ist der Gegenstand vom Typus $t2$: Farbe. Die Klasse wiederum, in der dieser Gegenstand als Element fungiert, könnten wir als allgemeine Gesichtswahrnehmung bezeichnen, die also vom Typus $t3$ wäre. Auch die Aussagefunktion zur Bildung dieser Klasse ist nicht die Gleichheitsrelation. Wir merken somit, daß die Definierung der Ganzheit unserer

Gesichtswahrnehmungen, des Gesichts-*Modalkreises* nicht in dem von uns angegebenen Sinne exakt vonstatten geht, und dasselbe konstatieren wir auch in bezug auf die *Gesamtheit der Qualitäten* (der Farben) dieses Kreises. Nur jede *Qualität* für sich, Rot, Gelb usw., also ein Gegenstand vom Typus $t1$, ist exakt definierbar. Der Gesichtsmodalkreis war vom Typus $t3$, der propriozeptive Modalkreis ist offenbar vom Typus $t2$; von welcher Stufe die Typen der „Modalbegriffe" der verschiedenen Sinneskreise im allgemeinen sind, wollen wir hier nicht untersuchen; weil sie aber alle mindestens vom Typus $t2$ sind, kann demnach kein Modalkreis in unserem Sinne exakt definiert werden. Eine derartige Definierung des Exaktheitsbegriffes ist indessen zu eng, denn wir werden später sehen, daß man mit Hilfe der Beziehungen zwischen den *verschiedenen* Modalkreisen, der *Implikationen*, zu Gegenständen kommen kann, die zu einer höheren Stufe gehören und dennoch als exakt anzusprechen sind. Diese Gegenstände bezeichnen wir als „Gegenständlichkeiten", Objektivationen.

Als Bestimmungsausdruck der Klassenbildung führten wir die ein Argument enthaltende Funktion φx ein. Ist denn nun die *Gleichheits*beziehung tatsächlich eine solche Funktion mit einem Argument; bringt sie nicht eher eine Beziehung zwischen zwei oder vielleicht mehreren Argumenten zum Ausdruck? Zwecks Klarlegung dieses Punktes gehen wir zur Erörterung der Klassenbildung in dem Falle über, wo der Bestimmungsausdruck eine Funktion ist, die zwei Argumente enthält.

Als *Relation* bezeichnet man die Extension $\varphi x y$ einer Aussagefunktion mit zwei Argumenten. Der Relationsbegriff ist also in ganz analoger Weise wie der Klassenbegriff gebildet; der ihn bestimmende Ausdruck enthält aber zwei Argumente, wogegen der Ausdruck für den Klassenbegriff bloß ein Argument besitzt. Als Beispiele für in der Logik vorkommende Relationen können wir erwähnen: „Die Zusammenfassung (Extensität) aller derjenigen, die im Sohnesverhältnis zu einem Vater stehen", oder „die Gesamtheit aller der Größen x und y, welche die Bedingung erfüllen, daß $x > y$."

Wir wollen nachprüfen, ob in dem sinnesphysiologischen Halbversuch derartige Relationen, also auf einer Beziehung mit zwei Argumenten basierende „Abstraktionen" vorkommen. Soeben wurde der Verdacht geäußert, daß die auf Grund der Gleichheitsbeziehung ausgeführte Abstraktion eines sinnesphysiologischen Versuches gar keine Klassenbildung auf Grund einer nur ein Argument enthaltenden Aussagefunktion, nämlich der Gleichheitsbeziehung, wäre, sondern daß der Bestimmungsausdruck tatsächlich zwei oder mehr Argumente enthielte. Es handelt sich also darum, ob die Gleichheitsbeziehung eine Funktion mit 1, 2 oder mehreren Argumenten ist. Vom rein formalen Standpunkt könnte diese Beziehung sowohl als ein wie als mehrere Argumente enthaltend gelten; im ersteren Fall würde der Bestimmungsausdruck φx anzeigen, daß alle die Größen x, die untereinander gleich groß sind, eine Klasse bilden, im letzteren Falle der Bestimmungsausdruck $\varphi x y$, daß alle die Größen x und y, die untereinander gleich groß sind, eine Relation bilden. Wenn wir die Sache dagegen nicht formal betrachten, sondern x und y nur als Zeichen für Realgegenstände, so verschwindet der Unterschied zwischen der Gleichheit mit einem und mit zwei Argumenten. Denn die Folgen von Gegenständen oder Elementen, die wir in der Gleichheitsbestimmung mit zwei Argumenten als x und y bezeichneten, wären gerade auf Grund davon, daß sie gleich sind, nicht voneinander zu unterscheiden. Wir wüßten nicht, welche Elemente wir zu der x-, welche zu der y-Reihe zählen sollten. Und somit ist die einzige richtige Bezeichnungsweise in diesem Fall die Verwendung nur eines Argumentes in der Aussagefunktion.

Genau so verhält es sich natürlich auch in der Sinnesphysiologie, wo die Gegenstände Erlebnisse sind. Nach dem oben Gesagten sind also alle die Erlebnisse, die auf Grund der Gleichheitsbeziehung eine Klasse bilden, nicht voneinander zu unterscheiden. Dies kann vielleicht als falsche Behauptung anmuten, denn man kann ja zweifellos die in Zeit oder Ort hinter- oder nebeneinander dargebotenen einzelnen Erlebnisse unterscheiden. Die Behauptung ist indessen richtig, denn, was darin behauptet wird, ist, daß die *Gleichheit* getrennte Elemente so verbindet, daß sie sich *auf Grund der Gleichheit* nicht in irgendwelche getrennte Serien (x und y) teilen lassen, sondern nur in einen, nämlich den Gleichheitskreis eingehen. Daß man auf Grund irgendeiner außerhalb der Gleichheitsrelation stehenden Beziehung, z. B. der Zeitlichkeit oder Örtlichkeit, die Möglichkeit zu einer derartigen Zwei- oder Mehrteilung hat, gehört also überhaupt nicht hierher. Die Außerachtlassung von Umständen außerhalb der „beabsichtigten" Gleichheit, die sog. implizite Gleichheitsabstraktion ist eine Frage, die wir schon erörtert haben.

Sofern also die sinnesphysiologische Abstraktion oder der Halbversuch auf Grund einer wahren Gleichheit vollzogen wird, oder, wie wir gesagt haben, exakt ist, so ist der Bestimmungsausdruck dieser Abstraktion eine Funktion mit einem Argument. Wenn wir dagegen von dieser Forderung der Exaktheit abstehen, wobei der Bestimmungsausdruck beispielsweise „die Zusammenfassung aller derjenigen Erlebnisse, die größer als die und die Erlebnisse sind" lauten kann, können wir nichtexakte Inhaltsrelationen bilden, die somit durch Funktionen mit zwei Argumenten bestimmt sind. Derartige, einigermaßen unbestimmte Begriffe kommen bei *psychologischen* Versuchen viele vor.

Als Implikans eines sinnesphysiologischen Versuches tritt demnach immer ein Gegenstand vom Typus $t1$ auf. Als Implikat des Versuches, als Reiz dagegen erscheint meistens gerade eine Relation, die durch eine Funktion mit zwei oder mehr Argumenten bestimmt ist. Obgleich wir durch die exakte, direkte Wahrnehmung (den sinnesphysiologischen Halbversuch) nicht zu derartigen Begriffen gelangen können, können wir also mittels der Implikation (im sinnesphysiologischen Vollversuch) zu diesen Begriffen kommen. Wenn die zwei Argumente der Aussagefunktion einer Relation vom Typus $t0$ sind, dann besitzt die Relation selbst den Typus $t(00)$; und wenn drei Argumente vom Typus $t0$ vorhanden sind, so lautet der Relationstypus entsprechend $t(000)$. Haben wir als Argumenttypen z. B. $t0$, $t1$, $t2$, so ergibt sich der Relationstypus $t(012)$ usw. Die Relationen können, genau wie die Klassen höherer Stufe, als Elemente in Klassen vorkommen; der Typus der Klasse z. B., deren Elemente aus Relationen vom Typus $t(01)$ bestehen, ist

$t((01))$. Demgemäß sind die im psychologischen Experiment auftretenden Begriffe, deren Relationscharakter wir soeben erwähnten, z. B. vom Typus $t(00)$, sofern es sich um eine Kombination „monotoner Inhalte“ handelt, oder vom Typus $t(11)$, sofern eine „Kombination“ von Gleichheitskreisen vorliegt usw. Derartige Relationen in den verschiedensten Typen können im psychologischen Experiment vorkommen.

Der Implikatbegriff des sinnesphysiologischen Versuches, der sog. Reiz hingegen, ist von besonderer Art. Aber ehe wir zur Behandlung desselben schreiten, wollen wir noch kurz die sich an die Typenlehre anschließende sog. *Stufenlehre* berühren. Die Stufe von Klassen, die durch eine Funktion bestimmt werden, welche nur ein Argument enthält, ist dasselbe wie der Zahlenwert ihres Typus. Somit gehören die Individuen vom Typus $t0$ zur Stufe 0, die Klassen vom Typus $t1$ zur Stufe 1 und so weiter. Die Einbeziehung der Relationen kompliziert die Bestimmung der Typenstufe. Die Regel, nach welcher die Stufenzahl eines Typus im allgemeinen erhalten wird, besagt, daß zu der höchsten in diesem Typus enthaltenen Ziffer die Anzahl der Klammern addiert wird, in welche dieselbe eingeschlossen ist; die erhaltene Summe gibt die Stufe des Typus an. Z. B. Typus $t3$: Stufe 3; Typus $t(03)$: Stufe 4; Typus $t((01)(03))$: Stufe 5 usw. Wir bemerken also, daß die Stufe des *Individuums* 0 ist, die Stufe einer *Klasse* immer um 1 höher als die Stufe ihrer (alle derselben Stufe angehörenden) Elemente und die Stufe einer *Relation* immer um 1 höher als die Stufen ihrer Elemente höchster Stufe.

Weil wir uns auf den Standpunkt gestellt haben, daß die sog. monotonen Erlebnisse oder Inhalte (eigentlich, wie wir schon bemerkten, *unanalysierbaren* Inhalte) die einzigen Gegenstände sind, welche tatsächlich vom Typus $t0$ sind, sind diese *Erlebnisse also auch die einzigen Gegenstände nullter Stufe*. Die „Empfindungen“ vertreten demgemäß die Stufe 1; aber wir haben auch andere Gegenstände erster Stufe, nämlich diejenigen vom Typus $t(00\ldots)$, also die schon früher von uns erwähnten Begriffe des psychologischen Experimentes, worin Erlebnisse nullter Stufe in nichtexakter Weise „kombiniert“ werden. Zur Stufe 2 gehört eine zahlreiche Anzahl verschiedenartiger Gegenstände, z. B. unser Farbbegriff vom Typus $t2$, ebenso manche „Modalkreise“, z. B. der Propriozeptivkreis. Ferner gehören hierher viele zum Kreise des psychologischen Experimentes zu zählende „Kombinationen“. Dritter Stufe ist der Gesichtsmodalkreis, dem der Typus $t3$ zukommt, desgleichen sind wieder zahlreiche „psychologische Kombinationen“ dritter Stufe.

Wenn wir nun zur Erörterung des Implikattypus im sinnesphysiologischen Versuch übergehen, wollen wir darauf aufmerksam machen, daß die jetzt zu liefernde Darstellung nicht vollständig richtig, sondern interimistisch ist. In einem späteren Kapitel werden die betreffenden Größen eingehender analysiert.

Im Implikat des sinnesphysiologischen Versuches kommen die physikalischen Grundbegriffe der Kraft, des Raumes und der Zeit vor. Wir sprechen dieselben *vorläufig* als vom Typus $t1$ an, weil sie als aus Erlebnissen vom Typus $t0$ in Versuchen abstrahiert gelten können, die, wie wir gezeigt haben, sinnesphysiologischen Versuchen ähneln. Im Reizausdruck treten sie in bestimmten Beziehungen zueinander auf; hier haben wir also eine Relation, die den Typus $t(11\ldots)$ repräsentieren würde. Beim sinnesphysiologischen Versuch impliziert diese Relation nicht als solche eine Inhaltsabstraktionsklasse, sondern das Experiment wird in der Weise ausgeführt, daß auch auf der Reizseite eine Abstraktionsklasse gebildet, d. h. eine Größengleichheit unter den physikalisch-chemischen Größen gesucht wird, die auf Grund dieser Gleichheit dann als Reize definiert werden. Als Typus des Implikats wird sich hierbei $t((11\ldots))$ ergeben, d. h. eine Abstraktionsklasse, deren Elemente Relationen sind, während die Elemente dieser Relationen ihrerseits Klassen darstellen.

Die Stufe einer Reizgröße würde hier nach dem Obigen also die dritte sein. Bei einem sinnesphysiologischen Versuch, bei dem man dazu gelangt, zwei „Grundbegriffe" zu implizieren, wie es z. B. bei dem im Propriozeptivkreis ausgeführten Kraftversuch der Fall war, ist die Stufe der Reizgröße die gleiche wie diejenige der „Empfindung", nämlich 1. Derartige Versuche sind ja aber selten. In der Regel käme dem sinnesphysiologischen Versuch somit die Form $t1 - t((11\ldots))$ zu. Das Implikans des sinnesphysiologischen Versuches kann, wie wir früher nachwiesen, keine höhere Stufe als 1 haben, aber durch die Implikation kann man also mittels des Versuches doch zu einem Begriff von höherer Stufe gelangen; das Eigentümliche hierbei ist indessen, daß diese Stufe nicht 2, sondern 3 ist (oder eine noch höhere, wie wir später auseinandersetzen werden). Wir wollen nachprüfen, von welchen verschiedenen Typen eine Reizgröße sein könnte, wenn ihre Stufe 2 wäre. Vom Typus $t2$ kann sie nicht sein, weil wir schon gezeigt haben, daß die Gegenstände vom Typus $t2$ keine exakten Begriffe sind und zum Kreise der „Kombinationen" gehören. Aber könnte eine Reizgröße zweiter Stufe vom Typus $t(11\ldots)$ sein? Ein Gegenstand dieses Typus ist ein solcher, der gemeinhin als physikalische Größe bezeichnet wird, d. h., wie wir gezeigt haben, eine Relation zwischen Grundbegriffen. Aber wir haben schon nachgewiesen, daß erst durch Bildung einer Klasse, in der diese Relationen Elemente sind, eine Reizgröße gewonnen wird, so daß ihre Stufenziffer um 1 höher sein muß als diejenige der Relation, d. h. 3. (Ferner könnte eine Reizgröße zweiter Stufe vom Typus $t(01)$ sein, aber die Unexaktheit eines derartigen Begriffes ist ja evident.)

Der Vollständigkeit halber müssen wir darauf hinweisen, daß man in Anbetracht dessen, daß das Implikans mittels der ε-Relation aus

Gegenständen vom Typus $t0$ gebildet wird, als Typus des Implikans $t(01)$ ansetzen kann, so daß seine Stufe demgemäß 2 sein würde. Dann müßte man aber entsprechend berücksichtigen, daß auch das Implikat mit Hilfe derselben ε-Relation gebildet ist und seine Stufe somit ebenfalls um 1 erhöht, also 4 werden muß; der Typus des Implikates wäre demnach $t((11\ldots2))$. Ob man also die ε-Relation bei Bestimmung der Typen und Stufen des sinnesphysiologischen Versuches in Betracht zieht oder nicht, die Differenz der Stufen von Implikans und Implikat, „Empfindung" und „Reiz", beträgt jedenfalls 2.

Schließlich können wir noch der Kuriosität halber nachprüfen, welcher Typus und welche Stufe dem sinnesphysiologischen Versuch in seiner *Gesamtheit* zukommt, wenn man dabei auch die darin stattfindende Implikation berücksichtigt. Die Implikation selbst ist auch eine Relation, und weil die Glieder, zwischen denen sie besteht, Gegenstände vom Typus $t1$ und $t((11\ldots))$ sind, erhält sie den Typus $t(1\ ((11\ldots)))$, also die Stufe 4, die um 1 höher ist als die Stufe des Implikates. Wenn wir noch die ε-Relation berücksichtigen, erhöht sich die Stufenziffer des sinnesphysiologischen Versuches natürlich um 1 und wird somit 5.

Ehe wir in der Behandlung des sinnesphysiologischen Versuches fortfahren, wollen wir einen kurzen Vergleich anstellen zwischen all den Begriffen, von denen oben die Rede war. Dies geschieht am bequemsten an Hand der anliegenden Tabelle 4.

Tabelle 4.

Halbversuch.

1. Grundgegenstand (Individuum)	$t0$; auf Grund der nichtexakten, ein Argument enthaltenden Ähnlichkeitsbeziehung (φx) werden die Klassen $t1$, $t2$ usw. gebildet.
2. „ „	$t0$; mit Hilfe einer nichtexakten Beziehung mit zwei oder mehr Argumenten $(\varphi x y \ldots)$ werden die Klassen $t(00)$ usw. [allgemein $t\ (mn\ldots)$] gebildet.
3. „ „	$t0$; mit Hilfe der *exakten* Gleichheitsbeziehung wird die Klasse $t1$ gebildet. (Diese Klasse ist gewiß doch nur ein auf die *volle* Ähnlichkeit bezogener Grenzfall der Ähnlichkeitsklassen, s. S. 9.) (Sinnesphysiologischer Halbversuch.)

Vollversuch.

1. und 2. Die aus dem Halbversuch gewonnenen Gegenstände implizieren einander.
3. Das Implikans des Halbversuches (Empfindung) impliziert ein bei einem anderen Halbversuch (nach Moment 3) gewonnenes Implikans; $t1 - t1$, oder aber eine sog. exakte Reizgröße; $t1 - t\ ((11\ldots))$. (Sinnesphysiologischer Vollversuch).

Bei erkenntnistheoretischer Arbeit oder bei synthetischer Konstruktion mittels exakt definierbarer Elemente werden also in beiden Fällen Grundgegenstände oder Individuen stets unsere Erlebnisse vom Typus $t0$

sein. Von diesen Gegenständen können wir, wie uns Tabelle 4 erkennen läßt, auf verschiedenen Wegen weiterkommen. Vom Standpunkt der Sinnesphysiologie betrachtet, ist der Weg am wichtigsten, der in die Momente 3 der Tabelle 4 eingeht. Diese Richtung führt, dadurch, daß die Erlebnisse mittels einer *exakten* Gleichheitsrelation miteinander verbunden werden, zunächst zu Gegenständen vom Typus $t1$, den Grundbegriffen oder „Empfindungen" (sinnesphysiologischer Halbversuch). Und wenn man dann noch eine Implikation zu einem, in einem seiner Qualität nach ähnlichen Halbversuch gewonnenen Implikans ansetzt, so gelangt man zur Darstellung eines sog. Reizes, und der Versuch wird zum sinnesphysiologischen Vollversuch.

Aber die Grundgegenstände lassen sich auch in anderer Weise als durch die Grenzfallsbeziehung, die *exakte* Gleichheitsbeziehung verknüpfen (Moment 1 und 2 der Tabelle 4). Eine solche Beziehung ist die ein Argument enthaltende „Ähnlichkeitsbeziehung" (Moment 1). Auf diesem Wege kommen wir zu Halbversuchen, die in unserem Sinne *nicht*exakte Größen ergeben. Als Beispiel sei die aus den exakten Gegenständen vom Typus $t1$, Rot, Gelb, Grün usw., gebildete *nichtexakte „Qualitätsfolge"*, der Farbbegriff vom Typus $t2$ erwähnt. Als einen auf einer Ähnlichkeitsbeziehung basierenden psychologischen Begriff dieser Art vom Typus 3 könnte man ferner den aus dem obigen Farbbegriff sowie andern zum „Gesichtskreis" gehörenden, ihm vergleichbaren Gegenständen gebildeten „Sehgestaltsbegriff" anführen, den wir *„Sehmodalkreis"* genannt haben. Die *Qualitäts-* und *Modalitätsbegriffe*, die in der Sinnesphysiologie soviel gebraucht werden, gehören demnach zu den Begriffen dieser Richtung.

Wenn ein Experiment in derjenigen Richtung ausgeführt wird, die Moment 2 der Tabelle 4 anzeigt, wobei also aus $t1$-Gegenständen mittels eines Bestimmungsausdrucks von zwei Argumenten Begriffe höherer Stufe gebildet werden, erhalten wir gleichfalls nichtexakte Begriffe „psychologischen Charakters". Hierher gehören die zahlreichen in der Psychologie vorkommenden „Kombinationen" zwischen Gegenständen vom Typus $t0$, $t1$, $t2$ usw. Diese Richtung könnte man als die Bildung nichtexakter Relationen bezeichnen. — Nach Ausführung eines Halbversuches in der Richtung Moment 1 oder 2 kann man natürlich auch eine Implikation ansetzen. Bei der Implikation kann überdies entweder das Implikans oder das Implikat exakt sein, während entsprechend eins von beiden nichtexakt ist; derartige „Vollversuche" gehören selbstverständlich nicht in den Kreis der Sinnesphysiologie.

Wir bemerken auf Grund des oben Gesagten, daß der sinnesphysiologische Versuch, wenn man die Sache vom Standpunkt der Typenlehre der Begriffe betrachtet, auf den Gebrauch nur einiger weniger Begriffstypen beschränkt ist. Das physikalische exakte Experiment steht dem sinnesphysiologischen nahe; aber hierauf kommen wir später zurück. Manche Halb- und Vollversuche sind also prinzipiell nichtexakt.

Indem wir zur Betrachtung der Implikation des sinnesphysiologischen Versuches schreiten, dessen Form $t1 - t1$, also die Implizierung zweier Grundbegriffe ist, oder der die Form $t1 - t1$ ((11...)) hat, d. h. die Implizierung eines Eigenbegriffes und eines „Reizes" ist, d. h. einer aus Fremdbegriffen „zusammengesetzten" Größe, wollen wir noch einmal auf zwei Besonderheiten aufmerksam machen, die diesem exakten Experiment zugrunde liegen. Die eine davon ist, daß alle Relationsbildung, sowohl auf der rechten wie auf der linken Seite des Implikationszeichens, hier eine solche der *Gleichheitsbildung* ist; die Grundbegriffe, mögen sie nun in der Physik vorkommende sein — und solche sind ja die rechts vom Implikationszeichen stehenden — oder mögen sie Eigenbegriffe des sinnesphysiologischen Versuches sein, wie sie links vom Implikationszeichen vorkommen, alle diese Begriffe sind also, abgesehen davon, daß sie vom Typus $t1$ sind, außerdem noch *Gleichheits*kreise oder *Abstraktions*klassen (und im allgemeinen nicht z. B. „Ähnlichkeitskreise", die auch den Typus $t1$ vertreten; die Gleichheitsbeziehung verhält sich ja wie ein Grenzfall der Ähnlichkeitsbeziehung, s. S. 9). Und die zweite Besonderheit ist, daß im Implikat, im Reizausdruck, Beziehungen zwischen diesen Grundgrößen-Gleichheitskreisen gebildet werden, also Relationen entstehen, welche dann bei der Bildung der endgültigen Reizgleichheitsklasse als Elemente behandelt werden. Die Abstrahierung des Implikans erfolgt unmittelbar, die Abstrahierung des Implikates ist das Resultat einer „Gedankenarbeit". Oder besser, wir haben es hier gleichsam mit einem zweistufigen Denken zu tun; im ersteren Fall, bei der Implikansbildung, steht es mitsamt seinen Gleichheitsbildungen in engem Zusammenhang mit den Erlebnisinhalten des Versuches, im letzteren Fall, bei der Implikatbildung, schöpft es aus den durch frühere Experimente gelieferten Begriffsvorräten, welche allerdings seinerzeit wieder im festen Zusammenhang mit den Gleichheitserlebnissen der bei ihrer Bildung aktuellen Versuche gewonnen wurden. Aber was das Besondere dabei ist: die so aufgespeicherten Erlebniskreise werden nach bestimmten Regeln behandelt, d. h. es werden mathematische Ausdrücke aus ihnen gebildet. Die Behandlung dieser Seite der Sache gehört aber zunächst in den Bereich der Psychologie des physikalischen Experimentes, und wir gehen jetzt nicht näher darauf ein. Die Psychologie des exakten Denkens — sein Gegensatz ist dabei das nichtexakte Denken in dem von uns dargestellten Sinne — bedeutet offenbar dasselbe wie die hier vorgebrachte Frage.

Betrachten wir noch einige von sinnesphysiologischen Versuchen gelieferte Beispiele. Bei den propriozeptiven Versuchen erhielten wir die Implikation $K^{P'} \underset{\sim 1}{\ni\!-} K^{O} \cdot t^{O}$, worin $K^{P'}$ den Eigenbegriff der Trägheitskraft und K^0 den Grundbegriff „Kraft" der Physik bedeutet (s. S. 70). Die letztere Abstraktionsklasse hat Begriffsrang erlangt, die erstere nicht. Aber es ist evident, daß wir, weil sie beide prinzipiell in gleicher Weise gebildet sind, unserem Eigenbegriff den Rang eines Grundbegriffes verleihen und den Kraftgrundbegriff der Physik nur als den „Eigenbegriff" eines bestimmten Versuches ansprechen könnten. Die Wiedergabe dieses physikalischen Versuches würde dann ähnlich ausfallen wie diejenige des eben erwähnten sinnesphysiologischen Versuches, nämlich $K^0 \underset{\sim 1}{\ni\!-} K^{P'} : t^0$. Offenbar ist also die *Bezeichnung* der Versuche, die Form, die ihre Wiedergabe annimmt, völlig davon abhängig, welche „Eigenbegriffe" in den Rang physikalischer Begriffe erhoben werden. Diese Sache haben wir ja schon angeführt, haben sie aber wegen ihrer Wichtigkeit nochmals wiederholen wollen. Fest steht beim sinnesphysiologischen Versuch nur die Bildung des Implikanseigenbegriffes sowie die Implizierung dieses Begriffes und der Implikatabstraktionsklasse, wobei die Form des letzteren vollständig davon abhängt, was für Implikansabstraktionsklassen „fremden Ursprungs" darin vorkommen, d. h. als Grundbegriffe unserer Physik gewählt sind.

Die Frage, welches die Prinzipien sind, nach denen die *Grundbegriffe* aus zahllosen Möglichkeiten ausgewählt werden, gehört nicht zu dem hier zu erörternden Thema. Ob diese Auswahl mit den Umständen zusammenhängt, die wir mit den Namen Zweckmäßigkeit, Erfahrung, Geläufigkeit, Bestimmungseinfluß unserer Konstitution od. dgl. bezeichnen? Auch diese Frage fällt in den Kreis der allgemeinen Psychologie, ist aber möglicherweise nur zu klären, wenn man sich der Hilfe bedient, welche die moderne Logik darbietet. Außerdem kann diese Frage die psychologischen Grundlagen unserer exakten Wissenschaften und zumal der Physik nicht unberührt lassen. In einem späteren Kapitel kommen wir hierauf zurück.

Die Reizschaltung (sensible Schaltung), der Fall, wo einem bestimmten Inhaltsimplikans zwei oder mehrere Reizimplikate zukommen.

Unter den von uns geschilderten sinnesphysiologischen Versuchen gibt es solche, bei denen die Inhaltsabstraktionsklasse der Versuchsperson ganz die gleiche ist, obwohl ihr Reizimplikat in den verschiedenen Versuchen ganz verschieden ist. So können die Inhalte einer Versuchsperson bei der Vornahme von Gesichtsintensitätsversuchen ganz ähnlichen Charakters sein — mag es sich nun um starke oder schwache Lichtintensitäten handeln —, obgleich man im ersteren Fall als Reiz die physikalische Intensität des Lichtes und im letzteren Fall einen komplizierteren Ausdruck, z. B. Lichtintensität mal Lichtdauer, erhält.

Ebenso sind die Inhalte der Versuchsperson bei Gravitations- und Reibungsversuchen nur „Spannungsempfindungen", obgleich der Reiz im ersteren Falle durch eine Kraft, im letzteren durch ein Produkt aus einer Kraft und deren Wirkungsdauer definiert ist.

Die Inhaltsklasse ist also anscheinend nicht eindeutig an eine bestimmte Reizklasse gebunden, sondern einer und derselben Inhaltsklasse können mehrere Reizklassen „zugeordnet" sein. Dieser Umstand wird noch besser durch die folgenden Versuchsresultate beleuchtet. JALAVISTO hat bei verschiedenen Versuchspersonen die Spannungsinhalts-Topologie bei Beugebewegungen des Unterarms bestimmt, während sich der Unterarm in verschiedenen Flexionsstellungen befand. Dabei stellte es sich heraus, daß die Gewichte, gegen welche die Beugung stattfand, bei einigen Versuchspersonen gleich groß waren, wenn die Spannungsinhalte bei der Armbeugung, einerseits aus einer fast völlig gestreckten Stellung, anderseits aus der rechtwinkligen Stellung, gleich groß erschienen; bei anderen Versuchspersonen wiederum lag die Sache nicht so, sondern die Spannungsinhalte waren dann gleich, wenn sich das zu bewegende Gewicht bei der rechtwinkligen Armstellung zu dem Gewicht bei fast gestreckter Armstellung wie 1,6 : 1 verhielt. Nun wissen wir aus den Bestimmungen von BRAUNE-FISCHER, daß sich die Drehungsmomente bei der Unterarmbeugung, wenn sich der Arm in fast gestreckter und anderseits in rechtwinkliger Stellung befindet, wie 1 : 1,6 verhalten, so daß offenbar bei den letzteren Versuchspersonen als „Grundlage" der Spannungsinhaltsgleichheit die Größengleichheit der Spannungen in den beugenden Muskeln dient; bei ihnen wird also die Reizklasse durch die *propriozeptive* Muskelkraft repräsentiert. Bei denjenigen Versuchspersonen wiederum, bei welchen der Spannungsinhaltsgleichheit gleich große zu bewegende Gewichte entsprachen, sind die auf die Haut einwirkenden Kräfte in beiden Armstellungen gleich groß, so daß es natürlich erscheint, wenn man diese *haptisch* wirkenden Kräfte als Reizgrundlage annimmt. Es zeigt sich nun, daß sich die bei den einzelnen Versuchspersonen zuerst konstatierte haptische oder propriozeptive Reizgrundlage den Verhältnissen gemäß in die andere umwandeln kann. So wird eine Versuchsperson, deren Einstellung bei den Armbeugungen dann, wenn der Unterarm sich in Supinationsstellung befindet und das zu bewegende Gewicht in der Hauptsache auf die „empfindlichere" Volarseite des Unterarms einwirkt, haptisch ist, in ihrer Einstellung propriozeptiv, wenn man den Unterarm in die Pronationsstellung dreht, wobei das Gewicht mehr auf seine Dorsalseite einwirkt. Auch auf andere Weise kann man eine „Umschaltung" in der Reizeinstellung der Versuchsperson zuwege bringen. Eine Person, die sich im obigen Sinne propriozeptiv verhält, „schaltet" diese in die haptische Einstellung „um", wenn das zu bewegende Gewicht an einer RIVA-ROCCIschen Manschette befestigt ist, die den Unterarm der Versuchsperson umschließt und so mit Luft vollgepumpt ist, daß sie den Arm stark komprimiert. Die Festigkeit der Hautkomprimierung durch die Manschette prädisponiert offenbar in diesem Fall die haptische Einstellung. Und umgekehrt kann wieder eine spontane propriozeptive Einstellung dadurch in die haptische „umgeschaltet" werden, daß die Fixierungsflächen am Unterarm, an welchen die zu bewegende Kraft angreift, bei den zu vergleichenden Versuchen sehr verschieden groß gemacht werden. Diese offenbar die haptische Einstellung erschwerende Maßnahme „zwingt" die Versuchsperson, ihre Zuflucht zu der Propriozeptik zu nehmen. Und doch ist sich die Versuchsperson bei all diesen Versuchen ihrer Einstellung und der „Schwankungen" derselben vollständig unbewußt, d. h. ihre Inhaltsabstraktionsklasse ist in allen Fällen völlig die gleiche. Bisweilen findet man bei Versuchspersonen auch eine ganz spontane Umschaltung der Einstellung. Außerdem gewahrt man, daß, wenn die Armbeugungen besonders leicht sind, die Einstellung in der Regel haptisch ist, sind sie dagegen sehr schwer, so ist die Einstellung bei fast allen Versuchspersonen propriozeptiv.

Wenn wir die obigen Versuchsergebnisse vom Standpunkt der Funktion des Zentralnervensystems betrachten, bedeutet dies, daß die Prozesse, die der Inhaltsgleichheit als „Grundlage" dienen, nicht ein für allemal „festgelegt" sind. Es ist evident, daß die von der Peripherie, von der Haut und den Muskeln in das Zentralnervensystem gelangenden Impulse bei einer haptisch und einer propriozeptiv eingestellten Versuchsperson gleichartig sind. Ebenso, daß bei einer und derselben Person keine Änderung in diesen Impulsen stattfindet, wenn sie ihre Einstellung „umschaltet". Auf Grund der von der Peripherie kommenden Impulse kann man also durchaus nicht verstehen, daß die Einstellung bisweilen propriozeptiv, bisweilen haptisch ist. Der Vorgang ist zweifellos ein völlig zentraler. Das Zentralnervensystem hat gleichsam die Fähigkeit, als Grundlage seiner Inhaltsgleichheit bald die von der Haut, bald die von den Muskeln kommenden Impulse einzusetzen. Diese „Wahl" bezieht sich bei den einen Personen auf die Haut-, bei den andern auf die Propriozeptivimpulse, und man kann bei der gleichen Person, z. B. durch Verstärken der Hautsensationen, die Einstellung des Zentrums auf Hautimpulse umschalten, wenn sie vorher propriozeptiv war. Wir bemerken, daß wir als Entsprechungen, Zuordnungen, der Inhaltsgleichheit ganz im Zentrum stattfindende Prozesse anzusehen haben, die nicht einmal eindeutig sind.

Die Sache wird weiterhin durch Versuche beleuchtet, die in der Weise angestellt worden sind, daß die Versuchsperson sich bemühte, beim Beugen ihres Unterarms gleich lang empfundene Strecken zurückzulegen (Jalavisto, Leppänen, Selvänne, Tammilehto, Äijälä). Die meisten Personen (und Kinder immer) machen hierbei, wenn sie von der gestreckten

Stellung des Unterarms ausgehen und insgesamt etwa 4 bis 5 aufeinanderfolgende Beugungsstrecken bis in die äußerste Beugungsstellung zurücklegen, die ersten Beugungen ausgiebiger und die letzte oder meist auch die vorletzte kleiner. Dies entspricht ungefähr den von den Hebelarmverhältnissen der Beugemuskeln abhängigen Verkürzungsbeträgen, insofern, als die wirklichen *Muskelverkürzungen* bei Ausführung des Versuches in obiger Weise ungefähr gleich groß sind. Dies deutet darauf hin, daß bei einem derartigen Versuche der Betrag der Muskelverkürzung als Grundlage der Gleichheit des Streckeninhaltes dient. Es gibt indessen Personen (nicht Kinder), die das Experiment nicht in der obigen Weise ausführen, sondern die Armbeugungen mit bewundernswerter Exaktheit tatsächlich gleich groß zu machen vermögen. Und außerdem ist festgestellt, daß eine Person, die ihren Versuch in der erwähnten Weise „falsch" ausführt, den Versuch, nachdem sie sich allmählich daran gewöhnt hat, immer „richtiger" auszuführen beginnt. Eine Person, welche die Beugungen tatsächlich gleich groß gestaltet, tut dies überdies fast unabhängig von den äußeren Bedingungen. Selbst wenn eine Beugung erheblich schwerer als die andern gemacht, oder wenn die Versuchsperson die einzelnen Beugungen mit verschiedener Geschwindigkeit ausführte, hatte dies keinen Einfluß auf das Resultat. Bei einer Person, welche die Versuche in dieser Weise ausführt, können wir keine peripheren „Prozeßentsprechungen" für die Inhaltsgleichheit entdecken; die Reizabstraktionsklasse einer solchen Versuchsperson ist als eine mutmaßliche Gleichheit ausschließlich zentraler Prozesse anzusehen. Aus der Peripherie kommen zwar auch verschiedenerlei Impulse ins Zentrum, aber dieselben bleiben sozusagen unbeachtet und einige dort gleichsam aufgespeicherte oder latente „Energien", „Erinnerungsbilder", „Erfahrungen" treten in Tätigkeit und bilden die Reizentsprechung der Inhaltsgleichheit. Bei Kindern, denen diese Erfahrungen fehlen, stehen die Versuchsresultate stets in Einklang mit der Muskelverkürzung.

In dem von uns angeführten Falle wären die betreffenden „latenten" Reizentsprechungen, „Erinnerungsbilder", vielleicht z. B. die Größengleichheitsabstraktion aus den Ergebnissen optischer Streckenmessungen bei einem diesbezüglichen Experiment. Auch diese Abstraktionsklasse ist aus einem oder einigen bestimmten Versuchen sinnesphysiologischen Charakters, z. B. optischen Messungen abstrahiert. Diese Größe, die einen Eigenbegriff in ihrem eigenen Kreis darstellt, erweist sich bei den Armbeugungsversuchen als „Reizimplikat" und macht als „Fremdbegriff" aus diesem Versuch einen Vollversuch. Formal ist also das Resultat auch dieses Versuches ganz ähnlich wie überhaupt bei den sinnesphysiologischen Versuchen; auch bei diesem Versuch kann ein Reizimplikat gefunden werden. Aber das, worin sich dieser Versuch von den vorigen unterscheidet, ist, daß das Reizimplikat bei dem Versuch nicht in einer aktuellen Weise auftritt, nicht als „äußerer“, nicht als „innerer“ Reiz, noch als nachweisbarer physikalisch-chemischer Prozeß, sondern höchstens als ein mutmaßlicher zentraler. Wir sehen, daß es immer möglich zu sein scheint, eine Implikationsentsprechung zwischen Inhalten und Reizen nachzuweisen, daß aber die Darstellung des Reizimplikates als eines bestimmten, lokalisierten, physikalisch-chemischen Prozesses vieldeutig (oder nahezu unmöglich) sein kann.

Über die Bezeichnung des sinnesphysiologischen und des physikalischen Versuches.

Nachdem wir oben den sinnesphysiologischen Versuch möglichst vielseitig erörtert haben, wäre es nun wohl endlich an der Zeit, die Frage in Angriff zu nehmen, auf die schon mehrfach hingewiesen worden ist, nämlich die Frage nach dem Verhältnis zwischen dem sinnesphysiologischen und den sonstigen exakten Versuchen. Wir tun dies in zwei Kapiteln, in deren einem wir die Geometrie und in deren anderem wir die Mechanik besprechen. Vorher wollen wir aber noch kurz auf einen hier zu beachtenden Umstand hinweisen, durch den sich das sinnesphysiologische und das elementar-physikalische Experiment anscheinend unterscheiden, der aber in Wirklichkeit nur ein Unterschied der Bezeichnung ist.

Die Sache ist folgende: In der elementar-physikalischen Gleichung steht zu beiden Seiten des Gleichheitszeichens eine physikalische Größe; in jeder physikalischen Größe erscheinen die Grundgrößen der Physik in bestimmter Weise kombiniert; die Größe ist eine bestimmte Funktion derselben. Die Grundgrößen sind Abstraktionsklassen, so daß wir bis auf weiteres als ihren Typus $t1$ annehmen, genau wie wir $t1$ als Typus der im Implikat des sinnesphysiologischen Versuches vorkommenden Klassen angenommen haben. Diese interimistische Vereinfachung der Typen hat, wie wir später nachweisen werden, keinen Einfluß auf den Vergleich zwischen den Implikationen des sinnesphysiologischen und anderseits des elementar-physikalischen Experimentes, also auf die Klärung der Frage, um die es sich jetzt handelt. Eine Funktion, in welche diese Größen eingehen, ist also eine Relation vom Typus $t(11\ldots)$. Alle elementar-physikalischen Größen sprechen wir somit als von diesem Typus an, und in der physikalischen Gleichung werden demnach zwei derartige Typen gleichgesetzt.

Wir wollen jedoch mit Hilfe der Logistik genauer nachprüfen, welches die eigentliche Bedeutung einer elementar-physikalischen Gleichung ist. Wir wählen als Beispiel den Satz von der Konstanterhaltung der Energie bei der Transformation der mechanischen und thermischen Energie. Die Konstanterhaltung der Energie wird hier also durch das Gleichsetzen zweier Größen vom Typus $t(11 \ldots)$ ausgedrückt. Bei der empirischen Nachprüfung der Gültigkeit einer derartigen Behauptung wird folgendes bemerkt. Im Experiment werden mehrere Werte der mechanischen Energie, sowohl untereinander gleiche Werte wie verschieden große Werte, bestimmt und für jeden Wert „entsprechend" der Wert der thermischen Energie. Es zeigt sich dann, daß die „entsprechenden" Werte der mechanischen und thermischen Energie immer in demselben Verhältnis zueinander stehen, oder, unter Berücksichtigung des sog. mechanischen Wärmeäquivalentes, daß sie immer gleich groß sind. Die Bedeutung dieser Tatsache ist aber, daß die Topologie und die Metrik der mechanischen und der thermischen Energie, in der vorerwähnten Art gemessen, isomorph sind, oder, um die Sprache der Logistik zu gebrauchen, daß es, wenn man eine Abstraktionsklasse (topologische oder metrische) auf dem Gebiet der mechanischen Energie bildet, möglich ist, auch auf dem Gebiet der thermischen Energie eine Abstraktionsklasse zu bilden. Dies dürfte der Inhalt des betreffenden physikalischen Ausdrucks sein, dessen Form, durch Zeichen der Typenlehre ausgedrückt, also $t((11 \ldots)) \supset t((11 \ldots))$ sein wird; denn eine aus Relationen $t(11 \ldots)$ gebildete Abstraktionsklasse ist ja vom Typus $t((11 \ldots))$. Die Bezeichnung des physikalischen, empirischen Ausdruckes als Gleichheit zweier Relationen, ist also vom logischen Standpunkt aus unsachlich, weil dem empirischen Charakter des Ausdruckes nur eine Implikation entspricht. So dürfte es sich mit allen elementar-physikalischen Ausdrücken verhalten. Demgemäß ergibt sich für die im physikalischen Ausdruck beiderseits des Implikationszeichens befindliche Größe die Stufe 3 (unter den Vorbehalten, die früher bezüglich der Stufe der Grundgrößen der Physik aufgestellt wurden). Es ist auch an und für sich evident, daß die Stufe von Implikans und Implikat des physikalischen Ausdruckes die gleiche sein muß; dies folgt schon daraus, daß die bei der gewöhnlichen Bezeichnung auf beiden Seiten des Gleichheitszeichens stehenden Größen des physikalischen Ausdruckes von gleicher Dimension sein müssen. Unter anderem gehört ein Versuch von der Form $t1 \supset t((11 \ldots))$, also z. B. ein sinnesphysiologischer Versuch, demnach nicht in den Kreis derartiger physikalischen Ausdrücke. Aber trotzdem dürfte es doch so sein, daß das sinnesphysiologische Experiment die eigentliche Grundlage der physikalischen Experimentform bildet, worauf schon oben hingewiesen worden ist, und worauf wir in einem späteren Kapitel noch genauer zurückkommen werden.

Wenn wir das gegenseitige Verhältnis des sinnesphysiologischen und des elementar-physikalischen Versuches untersuchen wollen, müssen wir natürlich nachprüfen, wie die empirische Verifikation des physikalischen Versuches vor sich geht, und ob diese Prozedur einen Zusammenhang mit dem Verfahren bei dem sinnesphysiologischen Versuch aufweist. Und zweitens müssen wir untersuchen, wie die Begriffsbildungen erfolgen, mit deren Hilfe alsdann die Implikation zwischen den kombinierten Begriffen höherer Stufe angesetzt wird. [In betreff der Verifikationen in der Physik s. SCHLICK (*1*) und (*2*).]

Die Untersuchung und Klarlegung dieser Fragen im Bereich der Physik, der Chemie und der physikalischen Chemie erscheint außerordentlich schwierig, weil der logische Aufbau dieser Naturwissenschaften nicht genügend geklärt sein dürfte. Dagegen kann man die *Geometrie*, die bekanntlich auch eine echte Naturwissenschaft ist, gerade auf Grund der Klarheit ihres logischen Aufbaues als die einfachste empirische Wissenschaft ansprechen. Deswegen versuchen wir auch im folgenden, den Charakter der geometrischen Ausdrücke, Theoreme und Axiome, sowie deren eventuelle Wahrnehmungs- oder empirische Grundlage und den möglicherweise vorhandenen Zusammenhang mit demjenigen empirischen Versuchstypus zu untersuchen, den wir den sinnesphysiologischen genannt haben. In dem darauffolgenden Kapitel machen wir dann den Versuch, das gleiche Verfahren im Bereich der Mechanik anzuwenden.

Über die Wahrnehmungsgrundlagen der Geometrie. Über die Form der Objekte, Axiome und Theoreme der Geometrie, sowie über den Zusammenhang zwischen diesen Formen und den Denkformen des sinnesphysiologischen Versuches (der sog. Observation der Naturwissenschaften).

In diesem Kapitel beschränken wir uns auf die Untersuchung der eventuellen Wahrnehmungsgrundlagen des Aufbaues oder der Ordnung der Geometrie, ohne die eventuellen Ergebnisse mit den auf den Gebieten der anderen Naturwissenschaften vorkommenden Entsprechungen in Verbindung zu setzen. Bei der Untersuchung des sinnesphysiologischen Versuches und seiner Bedeutung dürften jedoch die anderen Naturwissenschaften und nicht die Geometrie den Hauptgegenstand unserer Beachtung bilden müssen. Die Geometrie ist bekanntlich in dem Sinne eine Naturwissenschaft, daß die Grundlagen, auf denen ihr System aufgebaut ist, die sog. Axiomen, von denen bald eingehender die Rede sein wird, zweifellos auf Wahrnehmungen beruhen oder wenigstens im Zusammenhang mit Wahrnehmungsumständen stehen. Um dies deutlicher hervortreten zu lassen, müssen wir den Bau der Geometrie verhältnismäßig umständlich darstellen und vor allem ihre Axiome erläutern. Vor diesem Überblick wollen wir jedoch nach HILBERT (*1*, *2*) die Richtlinien aufstellen, gemäß welcher sich die Ordnung jedes Wissensgebietes aufbaut, wenn das Wissensgebiet eine höhere Entwicklungsstufe erreicht hat. Nach HILBERT bedeutet die Ordnung eines Wissensgebietes, daß sich ein *Fachwerk* der darin vorkommenden *Begriffe* bildet, worin jedem Objekt des Gebietes ein Begriff entspricht und den Regeln, Gesetzen oder Verhältnissen, wie wir sie auch benennen mögen, logischen Beziehungen zwischen diesen Begriffen entsprechen. Dies Fachwerk von Begriffen nennt man die *Theorie* des Wissensgebietes. Eine nähere Prüfung der Theorie zeigt jedoch auf dem Gebiete jeder Wissenschaft, daß als Grundlage für das Fachwerk von Begriffen nur einige wenige Sätze dienen, die sich also in einer *Ausnahmestellung* befinden (ausgezeichnete Sätze) und das ganze Gebäude tragen; nur von ihnen ausgehend und ausschließlich logische Beziehungen verwertend, kann das ganze Gebäude des Wissensgebietes errichtet werden [s. HILBERT (*2*), BROUWER, CARNAP (*1, 2, 4, 6*), REICHENBACH (*1, 2, 6, 7*), BERGMANN, RADAKOVIĆ, DINGLER (*2*), AJDUKIEWICZ].

Diese in einer Ausnahmestellung befindlichen, *grundlegenden Sätze* werden allgemein als *Axiome* des betreffenden Wissensgebietes bezeichnet, und wenn man dieselben für ein bestimmtes Gebiet der Wissenschaft ermittelt hat, sagt man, sein Lehrgebäude sei *axiomatisiert* worden. Das axiomatische Verfahren hat als eine Vertiefung der Grundlagen eines bestimmten Wissensgebietes zu gelten, weil dadurch die Aufklärung dessen angestrebt wird, was in dem Aufbau eine Wahrnehmungsgrundlage hat, *empirisch* ist (wie gesagt, dürften auf mehreren Wissensgebieten manche Axiome auf Wahrnehmung beruhen), und was dann auf dieser Grundlage mittels *logischer* Beziehungen gebildet worden ist. Ob dann diese logischen Beziehungen etwas von unseren Wahrnehmungen vollkommen Unabhängiges sind und etwas ganz außerhalb derselben Liegendes darstellen, ist eine Frage, mit der man sich im allgemeinen nicht viel befaßt hat; die meisten beantworten sie wohl bejahend. Die Sache dürfte sich indessen kaum so verhalten, sondern auch die sog. logischen Beziehungen dürften schließlich wohl Gebilde sein, die mit der Empirie in Zusammenhang stehen. So möchten wir vermuten, daß solche logische Operationen, wie z. B. die Bildung der logischen Summe oder des logischen Produktes, die Bildung von Abstraktionsklassen, die Anwendung des Satzes vom ausgeschlossenen Dritten u. a., diese *definitorischen* Methoden, sich schließlich auch auf unsere Wahrnehmungserfahrungen gründen. Dies Begründetsein ist jedoch hinsichtlich seiner Form anderer Art als die Erfahrungsgrundlage mancher *axiomatischen* Sätze. Aber lassen wir die Behandlung dieser Frage noch beiseite, versuchen wir zunächst, den Zusammenhang der „einfachsten" Naturwissenschaft, der Geometrie, mit unseren Wahrnehmungsinhalten auseinanderzusetzen.

Bei der obigen Untersuchung des sinnesphysiologischen Versuches konstatierten wir, daß die Ordnung dieses Wissensgebietes sich gleichsam in drei Etappen bildet. Zunächst abstrahiert die Versuchsperson aus ihren Erlebnissen (Wahrnehmungen) eine Inhaltsabstraktionsklasse („Empfindung"). Diese *erste Etappe* haben wir als *sinnesphysiologischen Halbversuch* bezeichnet. Diese Klassenbildung ist noch keine empirische Naturwissenschaft in dem Sinne, daß man ihr Resultat anderen Personen „anzeigen" könnte (demgemäß haben wir ja die zu bildende Klasse eine „Inhalts"-Abstraktionsklasse genannt), sondern nur in dem Sinne, daß sie im „Wahrnehmungsmaterial" erfolgt. Der sinnesphysiologische Halbversuch ist seiner Form nach eine typische logische Operation, eine Abstraktion. Es ist eine logische Operation im „Wahrnehmungsmaterial". Und gerade darauf beruht seine Stellung gleichsam als ein Mittelding zwischen einer „rein" logischen und einer empirischen Operation. Ich wäre anzunehmen geneigt, daß sämtliche Abstraktionen und auch die sonstigen logischen Operationen und Definitionen, die oft als völlig unabhängig von unseren Wahrnehmungen, von der Empirie, betrachtet werden, in Wirklichkeit ähnlich wie der von uns angeführte Halbversuch dennoch im „Wahrnehmungsmaterial" in des Wortes weiterer Bedeutung stattfinden. (Wir erinnern uns, daß der Typus der bei einem Halbversuch gebildeten Abstraktionsklasse $t1$ ist.)

Die *zweite Etappe* im Experiment stellte die Implizierung zwischen der so gebildeten Abstraktionsklasse und einem zusammengesetzten Reizbegriff dar [dessen Typus $t((11\ldots))$ ist]. Diese Implikation nannten wir einen sinnesphysiologischen *Vollversuch*. Der Vollversuch ist im eigentlichen Sinne des Wortes empirisch und nicht nur ein Versuch im „Wahrnehmungsmaterial", wie es der Halbversuch war. Sein Resultat läßt sich auch einer anderen Person „aufzeigen" und, wie wir an mehreren Beispielen nachgewiesen haben, mittels eines Ausdruckes darstellen. Eine schon früher aufgeworfene Frage von grundlegender Wichtigkeit ist, welches die Grundlagen sind, auf denen das Implikat gebildet wird, nachdem zuvor die Bildung des Implikans, eines $t1$-Gegenstandes, mittels der Abstraktion gelungen ist.

Wir versuchen nun im Kreise der Geometrie darzulegen, daß in dieser Wissenschaft Denkmethoden, Operationen vorkommen, bei denen zunächst mittels einer exakten Abstraktion Gegenstände gebildet sind, die wir als vom Typus $t1$ ansprechen können (1. Etappe), daß diese Gegenstände dann andere Gegenstände implizieren, als deren Typus wir $t((11\ldots))$ annehmen dürfen (2. Etappe), und daß dies Verfahren in der Geometrie (in bestimmten Fällen) den Namen des Axioms erhalten hat. Außerdem werden wir konstatieren, daß diese „Denkmethode" auch in der Geometrie eine Wahrnehmungsimplikation darstellt. Wenn wir dann ein aus der Geometrie entnommenes Beispiel als einen Hinweis darauf betrachten könnten, welchen Charakters die Denkmethoden sind, mit deren Hilfe man bei einem „gewöhnlichen" sinnesphysiologischen Experiment von einem Halbversuch zu einem

Vollversuch gelangt, so könnten wir den sinnesphysiologischen Vollversuch als *axiomatisch* bezeichnen, wobei der Halbversuch entsprechend die „logische“ Definition verträte. Wir wollen jedoch nochmals unterstreichen, daß die *beiden* Verfahren beim sinnesphysiologischen Experiment (der Halb- und der Vollversuch), obwohl, wie wir früher dargetan haben, in etwas voneinander abweichender Weise, empirisch sind. Eine rein tautologische Logik und anderseits eine empirische Axiomatik kann man hier nicht voneinander trennen. Und derselbe Sachverhalt dürfte sich auch in der Geometrie nachweisen lassen: sowohl Definitionen wie Axiome stehen auch hier, sofern es sich um endliche Größen handelt, auf Wahrnehmungsgrundlage.

Wenn wir den sinnesphysiologischen Halbversuch als ein Denkverfahren 1. Stufe in diesem Kreise (1. Etappe) bezeichnen und den Vollversuch als ein Denken 2. Stufe (2. Etappe), so können wir außerdem noch von einer Denkform 3. Stufe sprechen. Hiermit meinen wir die Tätigkeit, mittels welcher physikalische Ausdrücke miteinander verknüpft werden, mit anderen Worten, das ganze Ordnungssystem der Elementarphysik. Früher haben wir als Typus dieser Form des Denkens die Form $t((11\ldots)) \supset t((11\ldots))$ angeführt, oder, wie er laut Konvention allgemein dargestellt wird, $t(11\ldots) = t(11\ldots)$. Ein Beispiel für diese Denkform 3. Stufe finden wir in der *Theorem*bildung der Geometrie. Die Theoreme der Geometrie sind Sätze, die durch mehrmaligen Gebrauch der Axiome erhalten werden, enthalten also nichts, was nicht bereits in die Axiome einginge. Wenn wir auf Grund des Beispieles der Geometrie über das Verhältnis zwischen dem sinnesphysiologischen Vollversuch, also der empirischen Observation (auch der physikalischen Observation, die, wie wir zu zeigen versucht haben, und worauf wir noch zurückkommen, gleichen Charakters wie die vorige ist), und den in der Elementarphysik vorkommenden Ausdrücken eine Vermutung aufstellen können, so wäre dies Verhältnis also gleicher Art wie das gegenseitige Verhältnis zwischen den Axiomen (wenigstens einiger Axiome, andere haben Definitionscharakter) und den Theoremen der Geometrie. Nach diesem einleitenden Überblick versuchen wir nun das System der Geometrie an Hand der Vorlesungen von Prof. R. Nevanlinna auseinanderzusetzen, die ihrerseits der entsprechenden Darstellung Hilberts folgen, jedoch einigermaßen davon abweichen.

Nach Hilbert kommen in der Geometrie *Grundobjekte* und *Grundbeziehungen* vor. Die Grundobjekte sind Punkte, Geraden und Flächen. Die Grundbeziehungen werden in drei Gruppen eingeteilt: I. in Verknüpfungsrelationen, II. in Ordnungsrelationen und III. in Kongruenzrelationen.

Wenn wir uns auf die Planigeometrie beschränken, dienen nur Punkte und Geraden als Objekte, und sämtliche Grundrelationen bestehen also nur zwischen Objekten dieser zwei Gruppen. Ehe wir auseinandersetzen, welcher Art die verschiedenen Grundrelationen sind, wollen wir die Grundobjekte betrachten. Die Punkte und Geraden sind nach HILBERT beliebige Objekte in dem Sinne, daß wir sie uns nicht nach Art unserer *Wahrnehmungs*punkte und -geraden vorzustellen brauchen, um die Richtigkeit der aufgestellten geometrischen Lehrsätze zu beweisen, sondern daß sie *abstrakte* Gegenstände oder Objekte sind, deren Definition in der Geometrie „nur" mittels in der Geometrie aufgestellter Grundbeziehungen erfolgt. Tatsächlich ist aber diese „Aufstellung" doch keine ganz willkürliche und die Grundobjekte, Punkte und Geraden also auch nicht ganz „beliebig". Die Aufstellung von Grundgrößen, d. h., wie wir gleich sehen werden, von Axiomen, erfolgt nämlich unbestreitbar auf einer Wahrnehmungsgrundlage. Demgemäß sind also die Grundobjekte Abstraktionsklassen, hervorgebracht durch logische Abstrahierung, aber gerade typisch aus „Wahrnehmungsmaterial". Wie auch aus den Namen dieser „beliebig" aufgestellten Objekte oder Gegenstände (Punkte und Geraden) hervorgeht, sind sie *Abstraktionsklassen* vom Charakter der Resultate eines sinnesphysiologischen Halbversuches. (Wir kommen in einem späteren Kapitel noch näher auf den Typus dieser Gegenstände zurück.)

Die *Grundrelationen*, welche die Grundobjekte bestimmen, werden in der Geometrie *Axiome* genannt. Wir unterscheiden demnach: I. Verknüpfungsaxiome, II. Ordnungsaxiome und III. Kongruenzaxiome.

Die *Verknüpfungsaxiome* lauten:

I. 1. Auf jeder Geraden A gibt es wenigstens zwei Punkte a und b.

I. 2. Außerhalb jeder Geraden A gibt es mindestens einen Punkt.

I. 3. Durch zwei Punkte verläuft eine und nur eine Gerade.

I. 4. (Parallelaxiom der EUKLIDischen Geometrie.) Durch einen außerhalb der Geraden A befindlichen Punkt verläuft nur eine zu der Geraden A parallele Gerade. (Oder alternativ hierzu das entsprechende Axiom der sog. nichteuklidischen Geometrie, das LOBATSCHEFSKYsche Axiom: Durch einen außerhalb einer Geraden befindlichen Punkt verlaufen mehrere zu ihr parallele Geraden.)

Die *Verknüpfungsaxiome* sagen also etwas aus über den Zusammenhang zwischen Punkten einerseits und Geraden anderseits. Auf diese Weise verbinden sie *zweierlei* Abstraktionsklassen, die beiden Objektklassen der Planigeometrie. Betrachten wir das erste Verknüpfungsaxiom. Darin wird behauptet, daß, wenn wir eine beliebige Gerade A haben, d. h. die Abstraktionsklasse „Gerade" gebildet haben, so steht in einer bestimmten Beziehung zu ihr (die als „Auf-der-Geraden-Sein" bezeichnet wird) die Abstraktionsklasse „Punkt" und merkwürdigerweise „zwei Punkte". Das Axiom besitzt offenbar Implikationscharakter: wenn die Abstraktionsklasse „Gerade" besteht, so sind zwei Punkte abstrahierbar. Wenn hier ganz allgemein etwas von einem Punkt, also einer Abstraktionsklasse, behauptet würde, so hätten wir eine Implikation vom Typus $t1 - t1$; daß etwas von zwei Punkten behauptet wird, kompliziert die Sache und zeigt, daß es sich um eine Implikation handelt, an der eine *Anzahl*, also eine kompliziertere Begrifflichkeit beteiligt ist, und das Axiom gehört somit nicht zu der Gruppe der Implikationen vom Charakter des sinnesphysiologischen Versuches. (Es ist evident, daß die Behauptungen, es gäbe auf einer Geraden einen Punkt oder zwei Punkte oder drei Punkte, der unmittelbaren Beobachtung gleichwertig sind, und daß also der Umstand, daß das Vorhandensein zweier Punkte auf einer Geraden als Axiom angenommen wird, mit dem Begriff der Anzahl zusammenhängt.)

Das zweite Verknüpfungsaxiom ist von analogem Charakter wie das erste. Auch dies Axiom hat den Charakter einer Implikation, und in die Behauptung, daß es außerhalb einer Geraden *wenigstens* einen Punkt gibt, geht der Anzahlbegriff ein. Wir wollen nachsehen, welcher Natur die Implikation dieser zwei Axiome wäre, wenn der Anzahlbegriff nicht in ihnen vorkäme. Das erste Axiom würde dann implizieren: wenn eine Geradenklasse besteht, dann gibt es darauf eine Punktklasse, und das zweite Axiom würde implizieren: wenn eine Geradenklasse besteht, so gibt es außerhalb derselben eine Punktklasse. Es ist offenbar, daß diese Implikationen sehr wesentliche Seiten des „Form-Modalkreises" ausdrücken. Wir wollen die Besprechung derselben auf die später erfolgende Erörterung dieser Frage verschieben. Dasselbe gilt für das dritte und vierte Verknüpfungsaxiom.

Was wir bezüglich der Verknüpfungsaxiome angeführt haben, betrifft auch die *Ordnungsaxiome*. Ihre Aussagen, die wir hier nicht aufzählen wollen, beziehen sich auf die gegenseitige Ordnung zwischen drei und vier Punkten; sie enthalten also den Anzahlbegriff und gehören somit nicht direkt zu den von uns behandelten Implikationen, deren Implikans vom Typus $t1$ ist.

Auch die *Kongruenzaxiome* enthalten so mancherlei, zum Teil auf Wahrnehmung Beruhendes, zum Teil Tautologisches, daß ihre Behandlung größtenteils nicht eigentlich zu dem vorliegenden Thema gehört; eines von diesen Axiomen stellt jedoch ein typisches Beispiel für eine Implikation dar, so wie diese in sinnesphysiologischen Versuchen vorkommt. Wir wollen jedoch als Beweis dafür, wie verschiedenen Ursprunges erkenntnistheoretisch die parallel gestellten Grundbehauptungen sind, selbst in einer so weit entwickelten Wissenschaft wie der Geometrie, alle diese Axiome kurz anführen. Das erste Kongruenzaxiom behauptet, daß eine Strecke mit sich selbst kongruent ist. In Zeichen:

III. 1. $AB = AB$ und $AB = BA$.

Der Inhalt dieses Axioms ist in der Tat sehr merkwürdig. Die

Strecke AB kann entweder ein einmaliges Erlebnis in irgendeinem Modalkreise sein, z. B. eine einmal von uns gesehene Strecke AB; dann ist sie ein Gegenstand vom Typus to; oder mit der Strecke AB wird eine Klasse gemeint, also eine Abstraktionsklasse aus Erlebnisstrecken AB, wobei sie ein Gegenstand von höherem Typus ist. Wenn unter der Strecke AB ein Klassengegenstand von höherem Typus verstanden wird, so behauptet unser Axiom, daß diese Klasse sie selbst ist; das Axiom definiert also den Begriff der Identität in diesem Bereich. Wenn man wiederum einen Erlebnisgegenstand unter der Strecke AB versteht, so drückt der Inhalt des Axioms die empirische Erfahrung aus, daß es Streckenerlebnisse gibt, die in einer Gleichheitsbeziehung zueinander stehen, mit anderen Worten, daß man eine Streckenabstraktionsklasse bilden kann. Die Erhebung einer derartigen, empirischen Tatsache zum Axiom dürfte überflüssig sein, weil die rein empirische Bildungsmöglichkeit der Punkt-Abstraktionsklasse ja auch nicht als Axiom dargestellt wird; der Sinn des Axioms dürfte auch nicht dieser sein. Ein in obiger Weise aufgefaßtes Kongruenzaxiom III. 1 wäre hinsichtlich seines Charakters ein Halbversuch.

In dem Kongruenzaxiom III. 2 wird ausgesagt, daß, wenn die Strecke $\alpha = \beta$ und $\beta = \gamma$, so ist $\alpha = \gamma$ (Axiom der Transitivität). Wir können in diesem Axiom offenbar einen Ausdruck der Wahrnehmungserfahrung erblicken, daß bei Wahrnehmungsreihen nicht nur die sich in einer aktuellen Gleichheitsrelation zueinander befindlichen Inhalte (hier Strecken) zu derselben Abstraktionsklasse gehören, sondern sämtliche Erlebnisse, die sich mittels der Gleichheitsrelation kettenartig aneinanderschließen (wobei das eine Glied der aktuellen Relation immer ein Glied einer früher aktuell gewesenen Relation ist). Im Bereich der Streckenerlebnisse drückt dies Axiom den allgemeinen Umstand aus, daß die einzelnen Erlebnisse, die t o-Gegenstände, abwechselnd aktuell auftreten (zeitlich hintereinander oder örtlich getrennt), und daß man trotzdem aus einer größeren Menge von Erlebnissen Abstraktionsklassen oder t 1-Gegenstände bilden kann. In den Kongruenzaxiomen III. 1 und III. 2 können wir also einen in spezieller Weise wiedergegebenen Ausdruck der Wahrnehmungserfahrung erblicken, daß wir eine allgemeine Abstraktionsmöglichkeit besitzen.

Das dritte Kongruenzaxiom hat keinen Zusammenhang mit den von uns behandelten Umständen, und wir gehen deshalb zu dem folgenden, dem vierten Kongruenzaxiom über, das wir als das Additionsaxiom der Strecken bezeichnen können. Es lautet:

III. 4. Wenn wir auf zwei Geraden (s. Abb. 13) die Punkte $A_1 B_1 C_1$ und $A_2 B_2 C_2$ haben, so daß der Punkt B_1 zwischen A_1 und C_1 und der Punkt B_2 zwischen A_2 und C_2 liegt, und wenn $A_1 B_1 = A_2 B_2$ und $B_1 C_1 = B_2 C_2$, so ist auch $A_1 C_1 = A_2 C_2$.

Wir wollen dies Axiom genauer betrachten, weil seine Analyse für das Verständnis des sinnesphysiologischen Versuches lehrreich ist. 1. Wir haben die Strecken $A_1 B_1 = A_2 B_2$, d. h. wir bilden eine Streckenabstraktionsklasse, als deren Typus wir, wie früher dargelegt, $t1$ annehmen. Außerdem haben wir die Strecken $B_1 C_1 = B_2 C_2$, bilden also noch eine zweite Streckenabstraktionsklasse, ebenfalls vom Typus $t1$. 2. Wenn nun die Elemente dieser $t1$-Gegenstände so beschaffen sind, daß die Endpunkte derselben, d. h. die Punkte $A_1 B_1 C_1$ und $A_2 B_2 C_2$ „hintereinander", d. h. die Punkte B_1 und B_2 zwischen den Punkten $A_1 C_1$ und $A_2 C_2$ liegen, dann wird auf Grund hiervon *sowie* davon, daß gleichzeitig $A_1 B_1 = A_2 B_2$ und $B_1 C_1 = B_2 C_2$, *behauptet,* daß $A_1 C_1 = A_2 C_2$. Mit anderen Worten, um die Abstraktionsklasse AC ($A_1 C_1 = A_2 C_2$), diesen Gegenstand vom Typus $t1$, bilden zu können, muß man bezüglich der Abstraktionsklassen AB und BC (dieser Gegenstände vom Typus $t1$) zwei *Operationen ausführen,* d. h. man muß sie „gleichzeitig" nehmen, d. h. addieren (Plus-Operation), und zweitens müssen sie in einer „Ordnungsbeziehung" stehen (was auch in Form einer mathematischen Funktion ausgesagt werden kann, weil sich alle Sätze der Geometrie mittels der Analysis ausdrücken lassen). Mit anderen Worten, die beiden $t1$-Gegenstände (AB und BC) müssen in einer bestimmten Relation zueinander stehen; der Typus des Gegenstandes also $t(11)$ sein. Nachdem wir diesen Begriff, also die Voraussetzungsseite des Axioms definiert haben, behaupten wir jetzt in dem Axiom, daß, wenn diese Voraussetzungsseite gilt, ein $t(11)$-Gegenstand ein *bestimmter,* also vom Typus $t((11))$ ist, *dann* besteht auch (Implikation) eine „Additions"-Abstraktionsklasse (AC) vom Typus $t1$. Und als Form des Axioms ergibt sich also $t((11)) \supset t1$. Das Axiom ist außerdem offenbar eine empirische Implikation; darin wird etwas als „fest" (als Begriff) *definiert* ($AB + BC$, die „nacheinander" gelegen sind), es wird eine *unmittelbare Inhalts*abstraktionsklasse impliziert (AC). Offenbar handelt es sich hier um eine Implikation vom Charakter eines sinnesphysiologischen Experimentes. Die Abstraktionsklassen AB und BC sind in dem Axiom als Begriffe eingesetzt (die Größengleichheit dieser Strecken ist konventionell, sie sind insofern Fremdbegriffe, als sie bei dem *aktuellen* Experiment nicht empirisch sind) und die in bezug auf sie auszuführenden Operationen, d. h. die aus ihnen zu bildende Funktion wird durch die Implikation definiert, welche sie zu der Wahrnehmungsabstraktionsklasse (AC) in Beziehung setzt. Die Form der Funktion des „Reizes" ist somit auf die durch das Axiom angegebene Weise definiert worden.

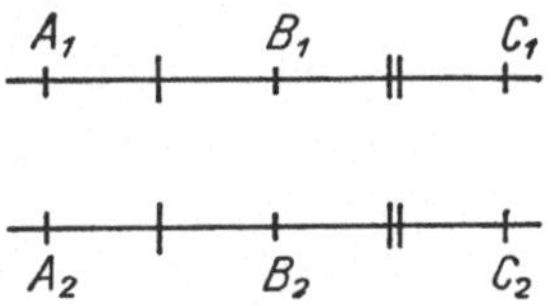

Abb. 13.

Das Kongruenzaxiom III. 4 gibt also an, was für Operationen unter gleich groß *seienden* Strecken wir ausführen müssen (es sind das Aneinanderlegen und Addieren), um Strecken implizieren zu können, die gleich groß *werden* sollen, d. h. die der Wahrnehmung gemäß (obgleich es nicht explizite ausgesagt wird) gleich groß sein sollen.

Das von uns dargelegte Axiom ist also hinsichtlich seiner Form ähnlich wie die Denkform, die wir im Zusammenhang mit dem sinnesphysiologischen Versuch als Denken zweiter Stufe oder als 2. Etappe dieses Experimentes bezeichnet haben, obgleich in dem Axiom der Gegenstand vom Typus $t1$ als Implikat und nicht wie im sinnesphysiologischen Vollversuch als Implikans auftritt. Wir könnten indessen unter Berücksichtigung gewisser Umstände die Form des Axioms dahin verändern, daß dieser Unterschied verschwindet. Dann würde das Axiom lauten: Wenn uns $A_1 C_1 = A_2 C_2$ gegeben ist, so kann man zwischen A_1 und C_1 und ebenso zwischen A_2 und C_2 die Punkte B_1 und B_2 so einsetzen, daß die Strecken $A_1 B_1$ und $A_2 B_2$ sowie $B_1 C_1$ und $B_2 C_2$ gleich groß werden. Auf diese Weise ausgedrückt, nimmt das Axiom die Form $t1 \supset t((11))$ an, ist also von vollständig gleicher Form wie der sinnesphysiologische Vollversuch.

Wir haben nachzuweisen versucht, daß die Implikation des sinnesphysiologischen Vollversuches eine *Wahrscheinlichkeitsimplikation* ist; dies ist ja sehr wesentlich für ihren Charakter, und darauf basierend erhielt u. a. auch die WEBERsche Regel ihre natürliche Erklärung (s. S. 36). Die Implikation in dem angeführten Kongruenzaxiom der Geometrie wurde als absolute Ja-Implikation dargestellt. Ob hierin ein prinzipieller Unterschied zwischen dem sinnesphysiologischen Versuch und diesem Axiom, das zweifellos empirisch ist, vorliegt, ist eine interessante Frage. Die Behauptung des Axioms, daß man aus „tatsächlich“ gleich großen Strecken, (definierten Abstraktionsklassen) durch Addition gleich große Strecken erhält, hat, wie wir schon erwähnten, eine Wahrnehmungsgrundlage. Wenn wir dies anerkennen, müssen wir gleichzeitig zugeben, daß die Exaktheit der betreffenden Wahrnehmung, in welchem „Modalkreis“ sie auch stattfinden mag, natürlich begrenzt ist. Und dies bedeutet seinerseits, daß die „Summen“-Strecken in manchen Fällen unserer Wahrnehmung, trotz der „wahren“ Größengleichheit der zu addierenden Strecken, durchaus nicht gleich groß sind, sowie anderseits, daß die empirischen „Summen“-Strecken in manchen Fällen gleich groß (wahrnehmungsgemäß) sein können, obwohl die zu addierenden Strecken tatsächlich untereinander nicht gleich groß sind. Aber der logistische Ausdruck für diesen Umstand ist gerade, daß die Implikation des Axioms keine absolute Ja-Implikation ist, sondern eine Wahrscheinlichkeitsimplikation, deren Wahrscheinlichkeitswert dem Wert 1 sogar sehr nahe kommen kann, ohne ihn jedoch völlig zu erreichen. Wenn wir also zugeben, daß dies Axiom empirisch ist, was wohl kaum jemand bestreiten kann, so folgt daraus, daß man seine Behauptung tatsächlich nur als eine Wahrscheinlichkeitsimplikation ansprechen darf; daß die Behauptung in dem Axiom als absolut dargestellt wird, ist somit nur eine definitorische Vereinfachung.

Die dritte von uns angeführte Etappe der Denkformen, die nicht eigentlich zum Kreise der Sinnesphysiologie gehört, war von der Form $t((\text{II}\ldots)) \supset t((\text{II}\ldots))$. Wir führen nun aus der Geometrie ein Gegenstück zu dieser Denkmethode vor. Ein solches ist der erste *Kongruenzsatz* der Dreiecke, dargestellt nach NEVANLINNA, dessen Darstellung von der entsprechenden HILBERTschen abweicht.

I. Kongruenzsatz nach NEVANLINNA. (Die Definition für die Gleichheit von Dreiecken ist, daß die gleichnamigen Seiten und Winkel darin kongruent sind.) Das Theorem lautet: Wenn in zwei Dreiecken die Seiten $A_1 B_1 = A_2 B_2$ und $B_1 C_1 = B_2 C_2$ sowie $\wedge B_1 = \wedge B_2$, so wird behauptet, daß auch die dritten Seiten $A_1 C_1 = A_2 C_2$ und die beiden Winkelpaare $\wedge A_1 = \wedge A_2$ sowie $\wedge C_1 = \wedge C_2$.

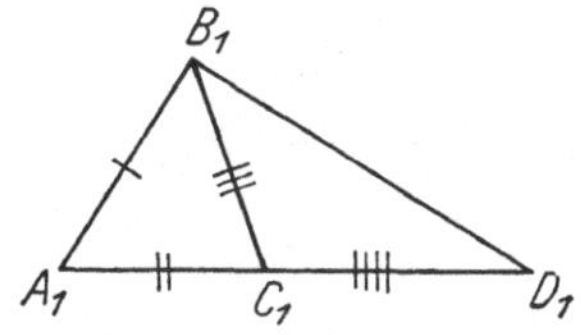

Wir können sogleich konstatieren, daß die Form dieses Theorems $t((\text{III})) \supset t((\text{III}))$ ist, und brauchen wohl eine genauere Begründung für diesen Umstand kaum mehr anzuführen. Wenn wir übereinkommen, das Implikationszeichen gegen das Gleichheitszeichen umzutauschen, sowie darüber, daß wir durch Fortlassen der andern Klammern aus dem Ausdruck ausdrücken wollen, daß es sich um ein ganz allgemeines Theorem über Dreiecke handeln soll und nicht nur über bestimmte, in einem „aktuellen" Versuch vorkommende Dreiecke, so können wir als Form des Theorems $t(\text{III}) = t(\text{III})$ schreiben.

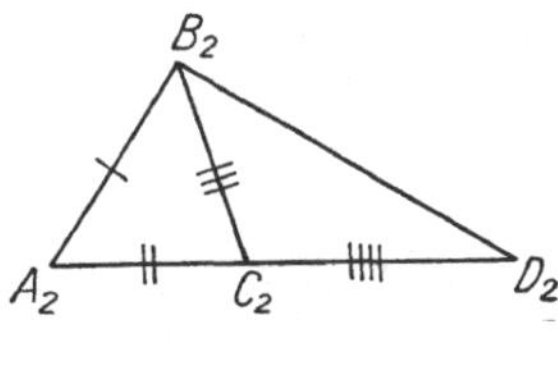

Abb. 14.

Der Beweis des Theorems erfolgt, gestützt auf drei Axiome, von denen eins das schon mitgeteilte Kongruenzaxiom III. 4 ist und die beiden anderen die von NEVANLINNA aufgestellten Kongruenzaxiome 5 und 6 sind (diese Axiome hat NEVANLINNA an Stelle der Winkelaxiome HILBERTS gesetzt, und mit Hilfe derselben läßt sich der Theoremcharakter der letzteren zeigen). Diese Grundaxiome lauten:

III. 5. Wenn $A_1 B_1 = A_2 B_2$, $A_1 C_1 = A_2 C_2$, $B_1 C_1 = B_2 C_2$ sowie $C_1 D_1 = C_2 D_2$, so folgt daraus, daß $B_1 D_1 = B_2 D_2$ (s. Abb. 14). Alles, was wir im Zusammenhang mit dem Axiom III. 4 über die „Gleichsetzung" von Strecken und die Wahrnehmungsgrundlage seiner Behauptung angeführt haben, gilt auch für dies Axiom. In Anbetracht dessen können wir also $t((\text{IIII})) \supset t\text{I}$ als Form des Axioms ansetzen.

III. 6. Wenn $A_1 B_1 = A_2 B_2$, so gibt es auf beiden Seiten von $A_2 B_2$ nur einen Punkt C_2, der so liegt, daß, wenn $A_1 C_1 = A_2 C_2$, auch $B_1 C_1 =$

$= B_2C_2$ (Abb. 15). Zur leichteren Feststellung der Form dieses Axioms sprechen wir es folgendermaßen aus: Wenn $A_1B_1 = A_2B_2$, sowie auch $A_1C_1 = A_2C_2$ und $B_1C_1 = B_2C_2$ gegeben ist, so sind die Punkte C_1 und C_2 vollständig bestimmt. Das heißt, wenn die Abstraktionsklassen AB, AC und BC gebildet sind und in dem Verhältnis zueinander stehen, welches durch ihre Eigenschaft als Seiten von Dreiecken bestimmt wird, *so* kann man auch eine Abstraktionsklasse bilden, die durch die Aussage ausgedrückt wird, daß die Punkte C vollständig bestimmt sind. Als Implikans dient hier also der Gegenstand links von dem Wörtchen *so*, dem der Typus $t((111))$ zukommt, und als Implikat der Gegenstand vom Typus $t1$, der rechts von dem Wörtchen *so* steht.

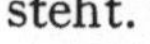

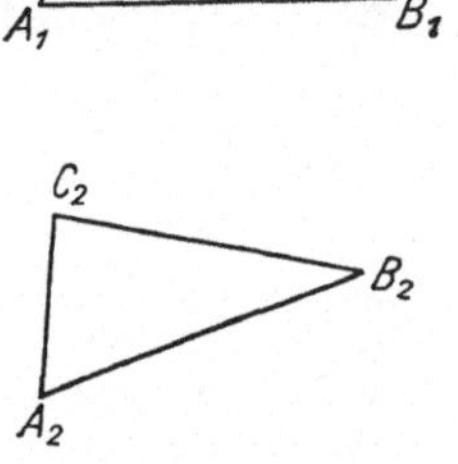

Abb. 15.

Die Nevanlinnaschen Axiome sind also beide vom Typus $t((11..)) \supset t1$. Wenn man sie in anderer Weise ausspricht, kann man auch sie, ohne ihren Inhalt zu verändern, genau wie das Axiom III. 4 umkehren und in die Form $t1 \supset t((11..))$ überführen.

Die drei Axiome, auf denen das erste Kongruenztheorem basiert, sind also alle von dem zuletzt erwähnten Typus oder von demselben Typus wie die Denkform 2. Stufe des sinnesphysiologischen Experimentes, der sog. Vollversuch.

Was wird damit gemeint, daß sich das Kongruenztheorem auf diese drei Axiome gründet? Es bedeutet, daß man durch Anwendung dieser drei Axiome nacheinander zu diesem Theorem gelangen kann („Kettendefinition", s. Carnap). Wir führen diesen Beweis hier nicht vor, sondern begnügen uns damit, dessen Möglichkeit zu konstatieren.

Im Bereiche der Geometrie haben wir somit dargetan, daß ein Lehrsatz (Theorem) von der Form $t((11..)) — t((11..))$, also eine Denkform 2. Stufe mit einer Denkform (Axiom) von der Form $t1 -- t((11..))$, einer Denkform 1. Stufe, einem sinnesphysiologischen Vollversuch, in Zusammenhang steht.

Hierzu ist noch hinzuzufügen, daß, genau wie die Implikation in dem Axiom III. 4 tatsächlich gemäß der Wahrnehmungsgrundlage des Axioms als eine Wahrscheinlichkeitsimplikation anzusprechen ist, auch die Implikationen der Axiome III. 5 und III. 6 als Wahrscheinlichkeitsimplikationen zu gelten haben. Demgemäß ist auch das aus den Axiomen abgeleitete Theorem, der Kongruenzsatz, in Wirklichkeit ein Wahrscheinlichkeitssatz. Erst auf diese Weise kommt die Wahrnehmungsgrundlage dieses geometrischen Theorems und auch anderer Theoreme der Geometrie, mit anderen Worten der Umstand, daß die Geometrie eine Naturwissenschaft ist, nach meinem Dafürhalten richtig zum Ausdruck.

Im vorigen Kapitel und im Beginn dieses Kapitels stellten wir die Frage auf, welcher Art die Methoden sind, mittels deren wir vom sinnesphysiologischen Halbversuch zum Vollversuch und von da weiterhin zur Aufstellung von elementarphysikalischen Ausdrücken gelangen. Dies schwierige Problem haben wir an und für sich noch nicht erörtert, aber im Bereich der Geometrie, im Bereich dieser ersten Naturwissenschaft haben wir Denkmethoden aufgewiesen, die gleichen Charakters sind wie diejenigen, welche wir im Bereich der Sinnesphysiologie und der eigentlichen Naturwissenschaften finden. Meines Erachtens wirft das, was im Bereich der Geometrie gesagt wurde, wenn auch nur auf Grund der Analogie, Licht auf den Charakter der Methoden des letztgenannten Bereiches. Ohne eine genaue Untersuchung spezieller Fälle des sinnesphysiologischen Experimentes, der Observation und der elementarphysikalischen Versuche kann man nicht exakterweise behaupten, daß die in diesen Bereichen vorkommenden Verfahren auch nur prinzipiell den in der Geometrie benutzten Denkverfahren völlig entsprächen.

Ehe wir eine derartige Darlegung versuchen, wiederholen wir noch einmal kurz, was wir über den Charakter der im Bereich der Geometrie vorkommenden Verfahren gesagt haben. Die erste Etappe war die Aufstellung von Grundobjekten. Dies sind aus Erlebnissen gewonnene Abstraktionsklassen, also Klassen, die (wie wir vorläufig annehmen können) aus Gegenständen vom Typus $t0$ gebildet und selbst vom Typus $t1$ sind. Die Analogie in der Sinnesphysiologie ist die Denktätigkeit, die wir als sinnesphysiologischen Halbversuch (die Aufstellung von „Empfindungen") bezeichnen. Die zweite Etappe in der Geometrie ist die Zusammenfassung der obengenannten Gegenstände mittels Axiomen. Die angeführten Kongruenzaxiome haben hierbei die Form $t((11..)) — t1$, wobei die Definitionen des Axioms in das links von dem Implikationszeichen stehende Implikans eingehen, das aus Gegenständen vom Typus $t1$ zu einer solchen Funktion gemacht werden muß, daß die (wahrnehmungsmäßige) Implizierung zwischen ihm und dem rechtsstehenden Implikat realisiert wird (oder einen möglichst hohen Wahrscheinlichkeitswert erhält). Die Analogie in der Sinnesphysiologie ist der sinnesphysiologische Vollversuch, den wir also, wenn wir der Analogie trauen dürfen, als in dem Sinne axiomatisch gebildet bezeichnen können, daß die im Implikat, im „Reiz" vorkommenden Beziehungen in der Weise gebildet werden müssen, daß die Implikation zwischen diesem Ausdruck und dem Implikans, der „Empfindung", einen möglichst hohen Wahrscheinlichkeitswert erhält.

Den Formen der von uns erörterten Kongruenzaxiome der Geometrie und des sinnesphysiologischen Vollversuches gemeinsam ist also *erstens*, daß die Implikate der beiden Verfahren, d. h. das Gegebene in den

Axiomen der Geometrie und die im „Reizausdruck" des sinnesphysiologischen Versuches vorkommende Grundgröße an und für sich, als fertig „gegebene" Abstraktionsklassen vom Typus $t\,1$ vorliegen, und *zweitens*, daß dasjenige, was bestimmen soll, mittels welcher Operationen diese Grundobjekte zu einem Implikatausdruck zusammengefaßt werden müssen — in dem Axiom der Geometrie also der Ausdruck, in dem in der Regel Verknüpfungen der Logik vorkommen, und in der Sinnesphysiologie zu irgendeinem Ausdruck der Physik oder Chemie, zu einer „Reizgröße" —, das Bestreben ist, diesen Ausdruck in eine Ja-Implikation oder wenigstens in eine hochwertige Implikationsbeziehung zu bringen, in der Geometrie zu dem Implikans des Axioms und in der Sinnesphysiologie zu der „Inhalts"-Abstraktionsklasse (die man im ersteren Fall, in der Geometrie, als die Behauptung, im letzteren Fall, im sinnesphysiologischen Versuch, als die „Empfindung" bezeichnet).

Die zweite Etappe der Geometrie *weicht* von derjenigen des sinnesphysiologischen Experimentes insofern *ab*, als die $t\,1$-Gegenstände, die in dem Bestimmungsausdruck der Sinnesphysiologie, in ihrem „Reiz" vorkommen, im allgemeinen einem ganz anderen „Modalkreis" angehören als der $t\,1$-Gegenstand der Inhaltsabstraktion (der „Empfindung"), wogegen die entsprechenden Gegenstände in dem Axiom der Geometrie, die definierenden und die zu definierenden, einander in einer bisher noch nicht behandelten Weise näherstehen. Wenn wir diese Eigentümlichkeit der Geometrie als Monomodalität bezeichnen, so versuchen wir, durch die Benennung einen Umstand auszudrücken, dem offenbar in der Unterscheidung der einfachsten Naturwissenschaft, der Geometrie, von den übrigen Naturwissenschaften fundamentale Bedeutung zukommt. Entsprechend könnte man den sinnesphysiologischen Versuch in diesem Sinne plurimodal nennen. Auf diese Frage kommen wir in einem späteren Kapitel zurück, wollen aber hier nur noch darauf aufmerksam machen, daß die „Entsprechung", die zwischen den „Empfindungen" und ihren „Reizen" besteht, in den Kreis des *Isomorphiebegriffes* fällt.

Und schließlich bestand die dritte Etappe in der Entwicklung der Geometrie in einem Verfahren, das die Form $t((1\,1\,..)) - t((1\,1\,..))$ hatte. Dies war die mittels der sukzessiven Anwendung der Axiome stattfindende Theorembildung. In dieser dritten Etappe löst man sich gleichsam los von der Wahrnehmungsgrundlage, auf der die Axiome ruhen, und bildet, indem man dieselben frei nacheinander verwendet („Kettendefinition"), formal neue, aber inhaltlich schon in die Axiome eingehende Ausdrücke. Die Analogie im Bereich des sinnesphysiologischen Experimentes ist die auf sinnesphysiologischen Vollversuchen oder mit diesen gleichartigen physikalischen oder chemischen Observationen basierende Bildung von elementarphysikalischen Ausdrücken, eine Tätigkeit, welche ebenfalls nur eine häufig erfolgende Anwendung von

Ausdrücken ist, die auf *Observationen* beruhen, und in diesem Sinne eine von der direkten Observation losgelöste Tätigkeit darstellt.

Im folgenden Kapitel stehen wir vor der Aufgabe, den Nachweis zu versuchen, daß die Analogieschlüsse, die in diesem Abschnitt über das Verhältnis der Denkverfahren der Geometrie und anderseits des sinnesphysiologischen Experimentes und überhaupt der Observation gezogen wurden, tatsächlich stichhaltig sind. Dies suchen wir zu erreichen, indem wir eine physikalische Observationsfolge und die auf Grund davon aufgestellten elementarphysikalischen Ausdrücke analysieren.

Über die Wahrnehmungsgrundlagen der Mechanik.

Unter den Kongruenzaxiomen der Geometrie ist also das Additionsaxiom hinsichtlich seiner Form von gleichem Typus wie der sinnesphysiologische Vollversuch. Die Axiomatisierung seiner Implikation — denn das bedeutet die Aufstellung dieses Axioms — bildet die Voraussetzung für die Möglichkeit des Messens im Bereich der Geometrie. In gleicher Weise bedeutet die Implikation des sinnesphysiologischen Vollversuches ein Messen im Kreise derjenigen Gegenstände, die in der Sinnesphysiologie behandelt werden. Es besteht jedoch ein Unterschied zwischen dem Messen in der Geometrie und den in der Sinnesphysiologie vorkommenden Messungen. Bei unserer früheren Erörterung des Messens in der Sinnesphysiologie sprachen wir von einer Eigenmessung und anderseits von einer Fremdmessung. Unter einer *Eigenmessung* verstanden wir, daß die Versuchsperson auf Grund einer unmittelbaren Gleichheitsrelation (topologische oder metrische) Inhaltsabstraktionsklassen bildet. Mit einer *Fremdmessung* wurde eine im sinnesphysiologischen Vollversuch „über" das Implikationszeichen mit einer Reizgröße „fremden Ursprunges" stattfindende Messung gemeint. Die Eigenmessung geht also in den sinnesphysiologischen Halbversuch ein und die Fremdmessung in den Vollversuch. Das Kongruenz-Additionsaxiom III. 4 der Geometrie ist offenbar in dem oben erläuterten Sinn eine Fremdmessung, aber die „Fremdheit" zwischen den Gegenständen, die einander in diesem Axiom implizieren, ist geringer als die „Fremdheit" zwischen den im sinnesphysiologischen Vollversuch einander implizierenden Gegenständen. Dieser Mangel an „Fremdheit" zwischen den Implikans- und Implikatgegenständen in dem Additionsaxiom verleiht demselben gerade sein selbstverständliches und gleichsam nichtssagendes Gepräge. Da sämtliche in diesem Axiom vorkommenden $t1$-Gegenstände Streckenbegriffe sind, können wir durch Implizieren derselben die „Inhaltsklasse" dieses Axioms in keiner wesentlich neuen, „fremden" Weise wiedergeben. So wird die Gesamtstrecke (der Inhalt) in diesem Axiom gleichsam mit unbedingter Notwendigkeit (logischer

Notwendigkeit) mittels der Addition von Teilstrecken (mittels des Reizes) definiert, obwohl die Definierung keineswegs notwendiger ist als die Definition, mit deren Hilfe im sinnesphysiologischen Experiment der darin vorkommende Inhalt, in diesem Falle allerdings mit Hilfe eines Reizes von fremdem Ursprung, definiert wird. Sowohl in der Geometrie als auch in der Sinnesphysiologie basiert nämlich das Axiom, die Implikation oder, wie wir es in beiden Fällen auch nennen könnten, der Vollversuch auf der *Empirie.* Daß man dies im sinnesphysiologischen Experiment deutlicher sieht als im geometrischen Axiom, hängt also damit zusammen, daß der Reiz im sinnesphysiologischen Versuch fremden Ursprunges und der ganze Versuch in diesem Sinne *plurimodal,* das Axiom der Geometrie wiederum im gleichen Sinne *monomodal* ist.

Die *Monomodalität* bedeutet also, daß alle die Gegenstände, aus denen sich das Experiment oder das Axiom mit Hilfe von Relationen aufbaut, unmittelbar als „gleichartig" wahrnehmbar sind, d. h. daß sie alle in einer Gleichheitsrelation zueinander stehen können. Diesen Charakter hat das Kongruenzadditionsaxiom, und daraus folgt, daß es dem sinnesphysiologischen Experiment nur sozusagen seiner Form, aber nicht seinem Inhalt nach entspricht. Wenn nun in der Geometrie Theoreme gebildet werden, die, wie wir uns erinnern, durch sukzessive Anwendung axiomartiger Implikationen gewonnen werden, so gilt all das oben Angeführte natürlich auch für diese. Das von uns dargelegte Additionsaxiom sowie der erste Kongruenzsatz der Dreiecke enthielten als Grundobjekt nur die Streckenabstraktionsklasse, aber in der Planigeometrie kommt im allgemeinen auch der Punktbegriff als Grundobjekt vor. Auf diese Weise ist die „Monomodalität" auch der Planigeometrie im obigen Sinne eine relative. Wir wollen jedoch in diesem Zusammenhang nicht zur Erörterung der Frage nach dem Charakter der im Experiment und in der sich darauf aufbauenden Wissenschaft vorkommenden Objekte und anderseits nach der Form der auf sie aufzubauenden Wissenschaft schreiten; die Behandlung dieser Frage dürfte offenbar das Verhältnis zwischen den experimentellen Verfahren der Geometrie, der Sinnesphysiologie und der Physik klären können.

Von dem sinnesphysiologischen Vollversuch (Denkform 2. Stufe) aus gelangen wir in der Regel nicht zu theoremartigen Lehrsätzen, wie es entsprechend in der Geometrie der Fall ist. In der Sinnesphysiologie fehlt somit gleichsam diese Krönung des Experimentierens, die wir als Denken 3. Stufe bezeichnet haben, die eigentliche Theorembildung. Es gibt indessen gewisse Vollversuche, die *völlig* vom Charakter der sinnesphysiologischen Versuche, also axiomatisch sind, von denen man durch mehrfache Anwendung derselben zu Theoremen gemäß der Denkform 3. Stufe, zur Theorie, gelangen kann. Diese Versuche sind die Wahrnehmungen oder *Observationen* der *Elementarphysik.*

Wir versuchen nun im folgenden näher auszuführen, wie gewisse Experimente und Observationen der *Mechanik* axiomatische Implikationen sind, und wie auf Grund derselben theoremartige Lehrsätze der Mechanik gebildet werden.

Der Grundsatz der Mechanik, das sog. zweite NEWTONsche Axiom, lautet: Die Bewegungsänderung (ihre Beschleunigung) ist proportional der Kraft, welche die Bewegung hervorruft, und findet in der durch die Kraft bestimmten Richtung statt. Der axiomatische Charakter des Satzes tritt deutlicher hervor, wenn wir ihn in einer anderen Form aussprechen, die auch gebraucht wird: wir *definieren* die Kraft hinsichtlich ihrer Größe und ihres Vorzeichens als proportional zu der durch sie verursachten Beschleunigung der Bewegung. In diesem Grundsatz der Mechanik liegt uns tatsächlich ein vorzügliches Beispiel dafür vor, was die Aufstellung eines Axioms bedeutet, ein Beispiel, das gleichzeitig den Charakter der Axiome der Geometrie einerseits und der „gewöhnlichen" sinnesphysiologischen Versuche anderseits ausgezeichnet beleuchtet. Das zweite NEWTONsche Axiom basiert nämlich auf einem Versuch oder eigentlich auf zwei Versuchen, in denen die Observationen vollständig von dem Charakter der Wahrnehmungen sind, die wir im sinnesphysiologischen Experiment kennengelernt haben. Zu diesem Axiom führten die Versuche GALILEIs in betreff der Bewegung auf der schiefen Ebene; wir führen jedoch bequemer die mittels der ATWOODschen Fallmaschine erhältliche experimentelle Grundlage des Axioms vor.

Die ATWOODsche Fallmaschine ist bekanntlich ein Apparat, mit dessen Hilfe man eine verlangsamte Bewegung zustande bringen kann. Dort befindet sich am Ende einer zirka 2 m hohen Säule eine Rolle, die sich mit sehr geringer Reibung dreht und über die ein an beiden Enden mit einem gleich schweren Gewicht versehener Faden läuft. Jedes der beiden Gewichte strebt unter dem Einfluß der Schwerkraft darnach, zu fallen, also die Rolle nach seiner eigenen Seite zu drehen, aber weil die Gewichte gleich schwer sind, ist dies Bestreben auf beiden Seiten gleich groß, so daß weder eine Drehung der Rolle noch ein Fallen der Gewichte stattfindet. Wenn man auf das eine Gewicht ein kleines *Übergewicht* legt, erreicht man jedoch ein langsames Sinken auf dieser Seite. An der Säule der Fallmaschine ist ein langes Pendel befestigt, das bei seinem ersten Ausschlag die Unterlage des einen, nämlich mit dem Übergewicht versehenen Gewichtes löst, in diesem Augenblick also das Gewicht mit langsamer Geschwindigkeit zum Fallen bringt. Ein senkrechter, in Zentimeter eingeteilter Maßstab ist so an der Fallmaschine befestigt, daß man die Fallstrecken messen kann. Die Länge der Fallstrecke in einer bestimmten Zeit, z. B. während dreier Pendelschwingungen, kann man bequem in der Weise ermitteln, daß man eine längs des senkrechten Maßstabes bewegliche und daran fixierbare kleine, waagrechte Metallplatte, auf die das fallende Gewicht aufschlägt, indem es einen Laut erzeugt, so lange hebt und senkt, bis dieser Laut, der am Endpunkt der Fallstrecke und im Endmoment des Falles auftritt, genau gleichzeitig mit dem zu der betreffenden Schwingung des Pendels gehörigen Knacken hörbar wird.

Wenn man auf diese Weise experimentiert, kann man konstatieren: 1. Wenn die beiden Gewichte (P) des Apparates und das kleine Übergewicht (p) konstant gehalten werden, so verhalten sich die Fallstrecken (s) wie die Quadrate der Fallzeiten (t). 2. Wenn die Gewichte des Apparates und die Fallzeit konstant gehalten werden, so verhalten sich die Fallstrecken wie die die Bewegung verursachenden Übergewichte. 3. Wenn das Übergewicht und die Bewegungszeit konstant gehalten werden, so verhalten sich die Fallstrecken umgekehrt proportional zu der Größe der Gewichte des Apparates (s. PLANCK).

Wenn wir dies Experiment so analysieren, daß seine Form besser hervortritt, bemerken wir, daß sein Verlauf der folgende ist: Die Versuchsperson konstatiert gleichgroße Strecken oder Streckendifferenzen (Topologie oder Metrik), bildet also eine Strecken-Inhalts-Abstraktionsklasse (die obigen Versuchsfälle 1, 2 und 3). Beim Bestehen dieser Abstraktionsklasse bemerkt man (bemerkt der Versuchsleiter), daß an dem Apparat, mit dem die Versuche ausgeführt werden, bestimmte Bedingungen herrschen müssen, die nicht in den wahrgenommenen Inhalt selbst eingehen; diese Bedingungen sind die „Reizbedingungen" dieses „sinnesphysiologischen" Versuches, wogegen der Streckeninhalt (oder der Zeitinhalt) seiner „Empfindungsseite" entspricht. Man stellt also fest, daß ein aus gewissen Größen gebildeter Ausdruck (welchen Charakters diese sind, darauf werden wir gleich kommen) in einer Implikationsbeziehung zu einer Strecken-Inhaltsklasse steht. Wenn wir diese Feststellung gemäß den in den Momenten 1, 2 und 3 angeführten Versuchen bezeichnen, erhalten wir

$$s \supset \frac{p}{P} \cdot t^2.$$

Weil die mit der ATWOODschen Fallmaschine erhaltenen Versuchsresultate in der Mechanik jedoch mathematisch in anderer Weise dargestellt werden, als es oben geschehen ist, so müssen wir nachprüfen, welcher Zusammenhang zwischen der allgemein benutzten Bezeichnungsweise dieser Versuche und der obigen Darstellungsweise besteht. Wir wollen zu diesem Zweck betrachten, was für Gegenstände es sind, die im Implikans und im Implikat des obigen Ausdruckes vorkommen. Das Implikans des Ausdruckes können wir als eine Größe vom Typus $t1$ ansehen, wie wir vorläufig alle Größen der Geometrie angesprochen haben. Im Implikat haben wir die Größen: die Zeit (t), die sich bewegenden Gewichte (P) und das Übergewicht (p). Die Zeit können wir als eine Abstraktion aus unmittelbaren, elementartigen (*to*-)Erlebnissen betrachten, die auch als Elemente der Implikansklasse (Erlebnisse) auftreten können, wenn man in bestimmter Weise mit dem ATWOODschen Apparat experimentiert; wir sehen die Zeit also als einen Gegenstand vom Typus *t*1 an. Viel verwickelter ist die Klarlegung des Charakters der zwei anderen hier in Frage stehenden Größen. Die Bedeutung und die Genese dieser Größen, des „Übergewichtes" und des „Gewichtes" (der Kraft und der Masse), treten deutlicher in Erscheinung, wenn man sich der Darstellungsweise bedient, die sich der Auffassung PLANCKS über diese Dinge anschließt.

Die eigentliche Bedeutung des Fallmaschinenexperimentes sowie die Frage, was für Gegenstände die hierbei auftretenden Kraft- und Massengrößen sind, erhellen, wenn man dies Experiment von einem anderen Standpunkt aus betrachtet. Der Experimentator kann den Versuch auch so ausführen, daß er, indem er das Übergewicht immer konstant hält (und auch die sich bewegenden Massen nicht variiert), untersucht, auf welche Weise die Fallstrecke und die Fallzeit so variiert werden können, daß ein aus ihnen zu bildender Ausdruck eine konstante Größe beibehält. Er konstatiert hierbei, daß beim Verwenden eines und desselben Übergewichtes (und derselben Masse) und bei Variation der Fallzeit das Verhältnis zwischen der Fallstrecke und dem Quadrat der Fallzeit konstant bleibt. Mit anderen Worten, wenn man eine „Übergewichtsabstraktionsklasse" bildet, impliziert sie die Größe: die Strecke dividiert durch das Quadrat der Zeit. Die „Übergewichtsabstraktionsklasse" ist hierbei kein Gegenstand vom Typus *t*1; ihre Elemente sind keine *to*-Gegenstände, keine unmittelbaren Erlebnisse, sondern hochbegriffliche „Dinge" (einzelne benutzte Übergewichte). Als einen sinnesphysiologischen Versuch können wir also das obenerläuterte Experiment durchaus nicht bezeichnen, aber mittels einer kleinen Umformung kann man es, wie wir gleich zeigen werden, in einen solchen umwandeln; diese „Umformung" wird auch in der Physik, allerdings implizite, bei der Darstellung dieses Versuches und seiner Resultate stets ausgeführt. Wir müssen jedoch zuerst feststellen, daß wir mit Hilfe von Strecken- und Zeitgrößen eine „Übergewichts"-Topologie und -Metrik bilden können. (Die Metrik erhalten wir, indem wir zunächst die einem bestimmten Übergewicht „entsprechende" Größe $\frac{s}{t^2}$, dann die zwei solchen Übergewichten, von denen jedes der vorigen gleichkommt, entsprechende Größe $\frac{s}{t^2}$, hierauf die drei derartigen gleich großen Übergewichten entsprechende obenerwähnte Größe usw. bestimmen.)

Es ist evident, daß sich eine derartige „Übergewichtsabstraktionsklasse" (Metrik und Topologie) überhaupt nicht bilden ließe, wenn das

Übergewicht nur die obenerwähnten Wirkungen hätte, also nur eine Bewegung verursachte, oder, genauer gesagt, wenn es nur Strecken- und Zeitgrößen implizieren würde. Die „Übergewichtsabstraktionsklasse" vertritt auch in diesem Experiment in der Tat eine andere Abstraktionsklasse, die eine wirkliche, nur aus erlebnisartigen *t*o-Gegenständen zusammengesetzte *t*1-Klasse ist. Wenn wir mit unseren *Muskeln* solche „Übergewichte" bewegen (sie können aus verschiedenem Material sein), die gleich großen Größen $\frac{s}{t^2}$ entsprechen, konstatieren wir untereinander gleiche *Spannungsinhalte.* Oder wenn wir mit unseren Muskeln „Übergewichte" bewegen, deren metrische Differenzen, definiert mittels der Größe $\frac{s}{t^2}$, gleich groß sind, können wir unmittelbar feststellen, daß unsere entsprechenden propriozeptiven Spannungsinhalte auch um gleich große Beträge differieren. Wir konstatieren somit, daß die „Übergewichtsabstraktionsklasse" vollständig der propriozeptiven Spannungsempfindungsklasse entspricht. Oder, um die Sache in der Sprache der Logik auszudrücken: die „Übergewichtsabstraktionsklasse" steht sowohl mit dem aus Strecken- und Zeitgrößen zusammengesetzten Ausdruck (Fallmaschinenversuch) als auch mit der propriozeptiven Spannungsabstraktionsklasse im Implikationsverhältnis, *wodurch die propriozeptive Spannungsabstraktionsklasse also einen durch Strecken- und Zeitgrößen definierten Ausdruck (Bewegung) impliziert* (Transitivität der Implikationsrelation). Da man die Abstraktion propriozeptiver Erlebnisse als *Kraft* bezeichnet, so wird die Implikation zwischen dieser Abstraktionsklasse und der die Bewegung darstellenden Größe gewöhnlich so ausgedrückt, daß man sagt, die Kraft verursache die Bewegung.

Wenn man im *Bereich der Propriozeptik* experimentiert, kann man nachweisen, daß die Spannungsempfindungs- oder Kraftabstraktionsklasse die Größe $\frac{s}{t^2}$ oder, was damit gleichbedeutend ist, wie wir gleich sehen werden, die Beschleunigung der Bewegung impliziert. Derartige Versuche sind von Renqvist, Mali u. a. ausgeführt und hier bereits früher referiert worden. Die Definition des Kraftbegriffes in der Physik gründet sich jedoch nicht auf Versuche, die zum Bereich der Propriozeptik gehören, sondern diese Definition erfolgt mit Hilfe der durch die Kraft verursachten Beschleunigung (oder überhaupt mit Hilfe von Bewegungsgrößen), also auf Grund einer Implikation, welche aus ganz verschiedenen „Modalkreisen" stammende Gegenstände, die Kraftgröße und die die Bewegung bestimmenden Strecken- und Zeitgrößen miteinander verbindet. Wie Planck bemerkt hat, beruht dies darauf, daß die Zeit- und Streckenabstraktionen in der *Optik* am exaktesten zu machen sind, die Gleichheitsrelation zwischen Strecken- und Zeitgegenständen vom Typus *t*o im Bereich der Optik also vollkommener oder genauer ist, als es die Abstraktion des Kraftbegriffes im Propriozeptivkreis aus den hier vorkommenden Krafterlebnissen ist. Wenn wir nun gemäß dem Vorerwähnten die „Übergewichtsabstraktionsklasse“ (p) durch die Kraftabstraktionsklasse (k) ersetzen, so erhalten wir als Bezeichnung für das Ergebnis des mit der ATWOODschen Fallmaschine ausgeführten Versuches $k \supset \frac{s}{t^2}$. In diesem Ausdruck ist also das Implikans eine wirkliche, aus Erlebnissen (to) zusammengesetzte t1-Klasse (k), aber erst „nach zwei Implikationen“ ($p \supset \frac{s}{t^2}$ sowie $p \supset k \therefore k \supset \frac{s}{t^2}$).

Nachdem wir auseinandergesetzt haben, wie der Kraftbegriff in den Ausdruck für das Resultat des mit der ATWOODschen Fallmaschine ausgeführten Versuches gelangt, können wir das Ergebnis dieses Versuches auf folgende Weise weiter entwickeln, um zu dem Grundsatz der Mechanik zu kommen. Es erweist sich, daß das Implikat auf der rechten Seite der angeführten Implikation $k \supset \frac{s}{t^2}$ kein vollständiger „Reizausdruck“ der linksstehenden „Inhaltsseite“ ist. Wir konstatieren nämlich beim Experiment, daß auch die sich an der Fallmaschine bewegenden *Gewichte* von Bedeutung sind. Wir stellen fest, daß das Implikat, wenn man mit seiner Hilfe eine möglichst vollkommene „Wiedergabe“ der k-Klasse erreichen will, die Form $P \cdot \frac{s}{t^2}$ haben muß, worin P die in Bewegung gesetzten Gewichte darstellt. Diese Feststellung erfolgt selbstverständlich sowohl bei topologischen wie bei metrischen Versuchen. (Die Metrik wird natürlich wieder so ermittelt, daß zuerst der *einem und demselben Gewicht* „entsprechende“ Wert $P \cdot \frac{s}{t^2}$ bestimmt wird, und darauf der Wert der zwei, drei usw. in der erwähnten Beziehung gleichartigen Größen entsprechenden Größe $P \cdot \frac{s}{t^2}$ usw.)

Welchen Charakter hat der „Gewichtsgegenstand“ P? Es ist offenbar kein aus Erlebnisgegenständen abstrahierter Gegenstand vom Typus t1, sondern eine Begrifflichkeit gleichen Charakters, wie es der „Übergewichtsgegenstand“, betrachtet vom Standpunkt des Fallversuches, ist. Hinsichtlich des Übergewichtsgegenstandes ließ sich zeigen, daß er einen wirklichen t1-Gegenstand eines anderen Kreises, nämlich des propriozeptiven Kreises, eine Kraft, implizierte. Und auf diese Art konnte ja gezeigt werden, daß der Fallmaschinenversuch einen sinnesphysiologischen Versuch darstellt, in welchem die Implikation zwischen Gegenständen stattfand, die nur aus Erlebniselementen zusammengesetzt sind. Bezüglich des „Gewichtsgegenstandes“, den man als *schwere Masse* bezeichnet, können wir unseres Wissens keine entsprechenden Versuche ausführen. Das Vorkommen einer Masse in dem Fallmaschinenversuch scheint *Koeffizientencharakter* zu haben; aber auf diesen Umstand kommen wir etwas später zurück. Es ist angebracht, darauf hinzuweisen, daß genau wie in dem Fallmaschinenversuch auch beim Experimentieren im propriozeptiven Kreise ein derartiger Massenkoeffizient auftritt.

Wenn wir in unserem Implikationsausdruck $k \supset P \cdot \frac{s}{t^2}$ das Zeichen $\frac{s}{t}$ durch v und das Gewicht P durch das Massenzeichen m ersetzen, erhält er die Form $k \supset m \cdot \frac{v}{t}$. Die Gültigkeit dieser Implikation läßt sich an der Fallmaschine so nachweisen, daß die Geschwindigkeit (v) der Bewegung gleichmäßig gestaltet wird. Dies wird bekanntlich auf die Art erreicht, daß man das mit dem Übergewicht versehene Gewicht, nachdem es eine gewisse Strecke beschleunigt gefallen ist, durch einen Ring laufen läßt, das dem Gewicht den Durchgang gestattet, aber das Übergewicht abhebt, so daß die Gewichte sich darnach ohne Übergewicht, ohne eine auf sie einwirkende Kraft, mit gleichmäßiger Geschwindigkeit bewegen. Die Implikation der Größen, des wirksam gewesenen Übergewichtes k, der Masse m, der Geschwindigkeit v und der Zeit t, erweist sich dann als die obige.

Wenn wir nun noch die Größe $\frac{v}{t}$ mit a (Beschleunigung) bezeichnen, nimmt unsere Implikation schließlich die Form

$$k \supset m \cdot a$$

an, ein Ausdruck, der, wenn wir statt des Implikationszeichens das Gleichheitszeichen setzen, der Grundsatz der Mechanik ist.

Die oben mitgeteilte Auslegung des zweiten NEWTONschen Axioms ist nach meinem Dafürhalten eine genauere Präzision der Erläuterung, die PLANCK für dies Axiom geliefert hat. PLANCK macht darauf aufmerksam, daß wir, wenn wir z. B. die Bewegung einer rollenden Kugel auf einer ganz ebenen, waagrechten Fläche untersuchen, wobei sich die Kugel, sich selbst überlassen, mit gleichmäßiger Geschwindigkeit weiterdreht, konstatieren, daß der Versuch, durch unsere Muskeln Änderungen in der Geschwindigkeit hervorzurufen, ein Gefühl der Anstrengung in unseren Muskeln erzeugt. Ferner zeigt der Versuch, daß einer stärkeren Muskelspannung eine größere Beschleunigung der Bewegung entspricht, und daß die Richtung der Kraft und der Beschleunigung die gleiche ist. Nach PLANCK nehmen wir auf Grund hiervon das Gefühl unserer Muskeln als Maß für die Ursache der Bewegungsbeschleunigung an und bezeichnen die Ursache der Bewegung mit dem Namen *Kraft*. Seines Erachtens kann man auf diesem (propriozeptiven) Wege in der Klarlegung der Abhängigkeit zwischen Kraft und Beschleunigung nicht weiterkommen, weil unsere Muskelempfindungen zu unbestimmt sind, um als exaktes Maß für die Kraft zu dienen. Und deswegen wird dieser halb und halb qualitativ bleibende Zusammenhang durch eine exaktere Definition ersetzt. *Die Kraft wird hinsichtlich ihrer Größe und ihrer Richtung als proportional mit der durch sie erzeugten Beschleunigung definiert* (NEWTONS zweites Axiom). Und hierzu sind wir nach PLANCK berechtigt, weil diese Definition mit der zwar nur unbestimmten Feststellung über das gegenseitige Verhältnis zwischen den Muskelempfindungen und der durch die Muskeln erzeugten Beschleunigung übereinstimmt.

Der Leser bemerkt, daß PLANCKS Darlegung die Grundlage für unsere Darstellung bildet. Seine Bemerkung, daß die Muskelempfindungen zu unbestimmt sind, als daß wir auf Grund derselben über das Verhältnis von Kraft und Beschleunigung zur Klarheit kommen könnten, ist gewissermaßen richtig, aber doch insofern etwas übertrieben, als man mittels eines im Kreise der Propriozeptik angeordneten Versuches tatsächlich hat zeigen können, daß zwischen Kraft und Beschleunigung ein Verhältnis gemäß den Grundgesetzen der Mechanik besteht [RENQVIST (*3*, *4*, *16*)].

Wir erinnern uns, daß die Implikation unserer Muskelempfindungsinhalte und der sie wiedergebenden Bewegungsgrößen gemäß dem Charakter des sinnesphysiologischen Versuches eine *Wahrscheinlichkeitsimplikation* ist. Die Implikation zwischen der aus einem propriozeptiven, rein sinnesphysiologischen Experiment gewonnenen Kraft und anderseits der Masse und der Beschleunigung ist also eine Wahrscheinlichkeitsimplikation. Die bei dem ATWOODschen Fallmaschinenversuch erhaltene Implikation des „Übergewichtes" sowie der Masse und der Beschleunigung ist natürlich auch eine Wahrscheinlichkeitsimplikation, obwohl der Wert ihrer Wahrscheinlichkeit dem Wert 1 sicherlich bedeutend näher kommt als der Wahrscheinlichkeitswert der entsprechenden Implikation in dem propriozeptiven Versuch. Wenn wir nun in dem Axiom die Größe der Kraft als das Produkt aus Masse und Beschleunigung definieren, so bedeutet dies also tatsächlich, daß wir an Stelle einer Wahrscheinlichkeitsimplikation eine absolute Implikation setzen. *Die Axiomatisierung bedeutet hier also ganz dasselbe wie in dem früher angeführten Axiom der Geometrie; die zwischen den verschiedenen Größen experimentell nachgewiesene Implikation wird als absolute Implikation gesetzt.*

Beim Erörtern der Definierung der physikalischen Kraft weist PLANCK darauf hin, daß das bei der Definierung dieser Größe vorkommende Verfahren für die Bildung der physikalischen Begriffe überhaupt typisch ist. Nach ihm werden sie zunächst auf „Empfindungen" basiert, und darnach wird die so erhaltene, ursprüngliche, primitivere „Definierung" durch eine exaktere ersetzt, die dann in der Physik als eigentliche Definition verwendet wird. Auf diese Weise würde z. B. die Temperatur eines Gegenstandes zuerst durch den Temperatursinn, später aber exakter durch eine meßbare Volumenveränderung (Thermometer) definiert usw.

Diese Darstellung bedarf meines Erachtens insofern einer Erläuterung, als das Wort „Empfindung“ hier unbestimmt und dadurch in einem etwas irreführenden Sinne gebraucht ist. In Wirklichkeit basiert die exakte, endgültige physikalische Definierung genau so auf „Empfindungen“ wie die in der Physik nichtgebrauchte Definierungsmethode, die PLANCK als die primitive Definition bezeichnet. Wenn wir die Definition des Kraftbegriffes von diesem Standpunkt betrachten, wäre nach PLANCK die erste unbestimmtere Definition diejenige, die wir aus dem im Bereich der Propriozeptik ausgeführten Versuche erhalten. Der Wahrscheinlichkeitswert der Implikation eines solchen Versuches ist zwar nicht besonders groß, aber wohl könnte man den Kraftbegriff aus einem derartigen Versuch vollständig ebensogut axiomatisieren wie z. B. den Kraftbegriff aus dem Fallmaschinenversuch; hierzu braucht man nur die Implikation absolut zu *setzen*. Ein exakteres Experiment, das den endgültigen Kraftbegriff der Physik ergibt, z. B. der Fallmaschinenversuch, verleiht wohl der Implikation einen höheren Wahrscheinlichkeitswert als der Propriozeptivversuch, aber zur Gewinnung eines Kraftbegriffes aus jenem Versuch muß man auch bei ihm dieselbe Axiomatisierung vornehmen wie bei dem Propriozeptivversuch. Hinsichtlich der Genese des Kraftbegriffes existiert also kein prinzipieller Unterschied zwischen der auf dem Propriozeptivversuch und der auf dem Fallmaschinenversuch basierenden Kraftdefinition. Beide Definitionen (Axiomatisierungen) gründen sich in der angegebenen Weise auf Empfindungen, die ersteren auf propriozeptive, die letzteren, sagen wir, auf „optische“.

Eine interessante Frage in diesem Zusammenhang ist, weshalb einige Modalkreise und Observationsmethoden höherwertige Implikationen ergeben als andere und sich somit besser zu denjenigen Versuchen eignen, auf deren Grundlage die Axiomatisierung und alsdann die hierauf basierende Theorem- und Theoriebildung erfolgt. Es scheint, als ob die optischen Strecken- und Zeitabstraktionen (Raum- und Zeitkoinzidenzwahrnehmungen) sich in dieser Hinsicht den anderen Inhalten gegenüber in einer Ausnahmestellung befänden; aber auf diese Frage kommen wir bei der späteren Behandlung zurück.

Ein vom sinnesphysiologischen Standpunkt eigentümlicher Umstand tritt sowohl im propriozeptiven wie im Fallmaschinenversuch zutage, aus denen beiden also der Grundsatz der Mechanik abzuleiten ist. Im propriozeptiven Experiment ist das Implikans, also die Kraft, ein Gegenstand vom Typus $t1$. Die im Implikat auftretende Beschleunigung kann man ebenfalls als eine Relation zwischen Gegenständen vom Typus $t1$ ansprechen; sein Typus ist somit $t(11\ldots)$. Die im Implikat vorkommende Größe der Masse ist jedoch, wie schon erwähnt, nicht ein aus unmittelbaren $t0$-Erlebnissen zusammengesetzter Gegenstand. Was für eine

Art Gegenstand ist denn nun dieser als Masse bezeichnete Gegenstand? Wie wir aus der Physik wissen, ist ihre Definition nur mittels einer Kraftgröße sowie z. B. einer Beschleunigungsgröße oder einiger anderen, auch Raum- und Zeitgrößen enthaltenden Beziehungen durchführbar. Eine selbständige Existenz in der Physik hat sie also nicht, und ebenso verhält es sich auch, wenn man die Sache vom sinnesphysiologischen Standpunkt betrachtet. Es scheint kein sinnesphysiologischer Versuch, kein Modalkreis zu existieren, worin die Masse als Inhaltsklasse, also als eine Klasse irgendwelcher „Massenerlebnisse" vorkäme. Dies gilt auch für die Masse im Fallmaschinenversuch und außerdem für den „Übergewichtsgegenstand" dieses Versuches, der jedoch durch seine Implikation zur Kraft der Propriozeptik als ein Implikans vom Charakter eines *t* 1-Gegenstandes *gesetzt* wird.

Der Aufbau des Grundsatzes der Mechanik ist also tatsächlich sehr verwickelt. Die darin vorkommende Masse hat, weil sie anscheinend nur mittels anderer in diesem Ausdruck vorkommenden Größen darstellbar ist, *Koeffizientencharakter*. Da der Grundsatz der Mechanik gar nicht gebildet wäre, wenn wir keine propriozeptiven Inhalte besäßen — wie PLANCK dargetan hat, und wie wir hier genauer auseinandergesetzt haben —, erhebt sich die Frage, ob dieser Koeffizientencharakter der Masse in dem Umstand eine Begründung erhielte, daß in diesem Grundsatz mit Strecken- und Zeitabstraktionen etwas aus einem so fremden Modalkreis Stammendes wie die Kraftabstraktion verbunden wird? Kurz gesagt, ob also das Auftreten des Massekoeffizienten im Zusammenhang mit der Implizierung der propriozeptiven und der „optischen" Inhalte steht. Nun muß man sich indessen erinnern, daß Raum- und Zeitinhalte auch auf anderen Modalgebieten als dem optischen vorkommen, und gerade auch in dem propriozeptiven Kreis. So könnte z. B. der Grundsatz der Mechanik mittels nur im Kreise der Propriozeptik ausgeführter Versuche abgeleitet werden, in denen also nicht nur die diesem Kreise eigenen Kraftinhalte, sondern auch die Streckenschätzungen und die Zeitschätzungen vollständig ohne optische Wahrnehmungen, nur auf Grund von Bewegungsstrecken- und Bewegungszeiturteilen stattfänden. Selbstverständlich würden diese Urteile vom optischen Standpunkt betrachtet sehr ungenau sein, aber sicherlich würde man, auch auf diesem Wege, schließlich zu der Implikation zwischen Kraft, Masse und Beschleunigung gelangen, die dem Grundsatz der Mechanik zugrunde liegt.

Die Frage nach der Bedeutung des Massekoeffizienten ist also offenbar nicht mit der Implizierung von propriozeptiven Inhalten (Kraft) und anderseits optischen Zeit- und Streckeninhalten in Verbindung zu setzen, sondern das Auftreten dieses Koeffizienten steht eher damit in Zusammenhang, daß der Kraft- oder Spannungsinhalt, dieser ausschließlich im propriozeptiven Kreise vorkommende Inhalt, *überhaupt* Raum- und

Zeitinhalte impliziert, welch letztere auf *mehreren* Modalgebieten erscheinen. Wir verschieben die genauere Behandlung auch dieser Frage auf später und kehren zu der Darlegung der Axiome der Mechanik zurück.

Das von uns angeführte Axiom definiert die Kraft mittels einer in der Richtung der Bewegung stattfindenden Beschleunigung. PLANCK bezeichnet die in diesem Axiom definierte Kraft als den „ursprünglichen Kraftbegriff". Wir führen nun einen zweiten Versuch der Mechanik vor, bei dem die Definition des Kraftbegriffes in anderer Weise, aber auch hier mittels Ort- und Zeitgrößen sowie der Masse erfolgt. Wir meinen die reine *Zentralbewegung*. Eine solche Bewegung bringt man zustande, wenn man eine schwere Masse, die beispielsweise an einem Faden befestigt ist, mit gleichmäßiger Geschwindigkeit im waagrechten Niveau mit dem anderen Fadenende als festem Zentrum rotieren läßt, wobei die Länge des Fadens den Radius der kreisförmigen Drehungsbahn bildet. Wenn man einen derartigen Versuch ausführt, konstatiert man, daß während der gleichmäßigen Bewegung in der Verlaufsrichtung der Bewegung, also in Richtung der Tangente, keine Kraft auftritt, daß aber in Richtung des Radius die Kraft wirksam ist, die in der Spannung des Fadens zum Ausdruck kommt. Wenn wir die Größe dieser Kraft z. B. mittels einer Feder messen, stellen wir fest, daß die Kraft (c), um die Ausdrucksweise der Physik zu gebrauchen, dem Quadrat der Drehungsgeschwindigkeit der Bewegung (v) und der bewegenden Masse (m) direkt, sowie dem Drehungsradius (r) umgekehrt proportional ist. Wenn wir auf diesen Versuch die Sprache der Logik anwenden, bedeutet dies, daß zwischen der „Kraftabstraktionsklasse" und der Relation von Strecken- und Zeitklassen eine Implikation besteht, in deren Implikat in der vollständigsten Form noch der „Massengegenstand" eingeht $\left(c \supset m \cdot \frac{v^2}{r}\right)$. Über den sinnesphysiologischen Charakter dieses *Zentralbewegungs*versuches läßt sich nun ganz dasselbe sagen wie über das andere von uns angeführte Axiom der Mechanik. Als Implikans in diesem Zentralbewegungsversuch steht die Kraftklasse, die sich aus diesem Versuch, so wie er eben dargestellt wurde, kaum hätte abstrahieren lassen. Erst durch die Feststellung, daß die in unseren Muskeln auftretende propriozeptive Spannungsempfindung sich mit der in diesem Versuch näher definierten Kraft in einer Implikation befindet, erheben wir das Implikat dieses Versuches zu einer Definition der Zentral*kraft*. Auch hier könnte man wie bei dem Grundversuch des früher mitgeteilten Axioms das Experiment so ausführen, daß eine propriozeptive Kraftempfindungsklasse das in den Zentralbewegungsversuch eingehende Implikat implizieren würde. Ein diesbezüglicher Versuch würde in der Weise angestellt, daß man eine schwere Masse z. B. durch Vermittlung eines Fadens im waagrechten Niveau um einen mittels Muskelkraft an seinem

Platze zu fixierenden festen Punkt rotieren ließe. Die in der Fadenrichtung in den Muskeln empfundene Spannung würde sich dann als mit der Geschwindigkeit der Bewegung, dem Drehungsradius sowie der Masse in der obenerwähnten Implikation befindlich erweisen.

Weil die Zentralkraft-Abstraktionsklasse ein Gegenstand vom Typus $t1$ ist und man über den Typus ihres Implikates $t((11..))$ dasselbe sagen kann wie über den Typus des Implikates im Grundsatz der Mechanik, ist also auch der Zentralbewegungsversuch insofern von demselben Typus wie die sinnesphysiologischen Versuche. Da es sich um einen empirischen Versuch handelt, ist die Implikation außerdem eine Wahrscheinlichkeitsimplikation. Wenn wir diese Wahrscheinlichkeitsimplikation als absolute Implikation *setzen*, so wandeln wir das Resultat des Versuches in eine Definition um, machen also ein *Axiom* daraus. Wir haben somit in bezug auf die Kraftabstraktionsklasse noch ein zweites Axiom als den früher von uns angeführten sog. Grundsatz der Mechanik erhalten.

Wir schreiben diese zwei aus verschiedenartigen Versuchen und mittels verschiedener Implikationen gewonnenen, die Kraft definierenden Axiome untereinander.

$$\begin{cases} k = m \cdot a, \\ c = m \cdot \dfrac{v^2}{r} \end{cases}$$

In der Mechanik nennt man eine Kraft, welche durch das zuerst dargestellte Axiom bestimmt wird, eine „treibende Kraft“, sowie eine durch das letztere Axiom definierte Kraft eine „Zwangskraft“. Die erstere wirkt in der Bewegungsrichtung und macht die Bewegung aus einer gleichmäßigen zu einer beschleunigten, die letztere wirkt senkrecht zur Bewegungsrichtung, also ohne die Geschwindigkeit der Bewegung irgendwie zu verändern, zwingt aber die Bewegung eine bestimmte Bahn einzuhalten, in unserem Zentralbewegungsversuch z. B. eine Drehung im Kreis zu beschreiben. Planck bezeichnet den ersteren Kraftbegriff als den ursprünglichen, weil die Bildung dieses Begriffes zweifellos mit den durch die Kraft unserer Muskeln hervorgebrachten Bewegungen in engerem Zusammenhang steht. Die letztere, die „Zwangskraft“ — eine „Kraft“ ihres Charakters tritt immer dann auf, wenn eine Bewegung nicht frei geradlinig stattfinden kann, sondern eine bestimmte *zwangsmäßige* Bahn einhalten, z. B. auf einer bestimmten Fläche oder in einer bestimmten Kurve erfolgen muß —, scheint mit unserer Muskelkraft nicht so innig zusammenzuhängen wie die erstere. Wir möchten jedoch der Ansicht sein, daß diese Unterscheidung der zwei Kräfte in eine ursprünglichere und eine weniger ursprüngliche nicht ganz berechtigt ist. Wie unser Beispiel von der Zentralbewegung zeigte, läßt sich dieser Versuch, in dem eine als Zentralkraft bezeichnete Zwangskraft vorkommt, in der

Weise als propriozeptiver Versuch ausführen, daß unsere Muskeln dabei in Tätigkeit geraten, also eine Kraft ausüben, und so, daß wir bei dem Versuch also propriozeptive Muskelempfindungen haben. Sowohl die dem ersteren wie dem letzteren Axiom gemäßen Versuche können demnach propriozeptiv gestaltet werden, und es besteht in dieser Beziehung kein Unterschied zwischen ihnen. Nach unserem Dafürhalten sind somit die Abstrahierung und Axiomatisierung des Kraftbegriffes aus beiden Versuchen gleichermaßen ursprünglich. Tatsächlich ist die *propriozeptive* Kraftabstraktion nur eine einfache; daß in der Mechanik zweierlei Kräfte, treibende Kräfte und Zwangskräfte, auftreten, beruht darauf, daß wir eine zweifache (oder mehrfache) Möglichkeit haben, diese Kraftabstraktion mit Zeit- und Streckengrößen zu implizieren. Dadurch, daß man diese beiden Axiome in der gleich darzustellenden allgemeinen Weise kombiniert, erhält man auch eine allgemeinere Kraftdefinition der Mechanik. Und weil diese Definition, das D'ALEMBERTsche Prinzip, auf zwei aus Experimenten gewonnenen Definitionen, Axiomen, basiert, ist sie in dem von uns dargelegten Sinne vom Typus eines Theorems.

Wenn wir den Grundsatz der Mechanik in der Form $k - m \cdot a = 0$ schreiben, kann man seine Aussage dahin auffassen, daß eine Kraft und anderseits die Beschleunigung einer Masse (einer schweren Masse) einander in der Weise kompensieren, daß sie sich gegenseitig im Gleichgewicht halten. Eine ähnliche Auffassung können wir auch auf den Ausdruck einer Zwangskraft zur Anwendung bringen, indem wir ihn in der Form $c - m \cdot \frac{v^2}{r} = 0$ schreiben, wobei die Zwangskraft, hier also die Zentralkraft, und die durch einen andern Faktor ausgedrückte Massenwirkung (die träge Masse) einander kompensieren. Der erstere Ausdruck gibt eine Bewegung wieder, die vollständig frei erfolgt, ohne die Einwirkung von Zwangskräften, die sie veranlassen würden, einer bestimmten Bahn zu folgen; der letztere Ausdruck wiederum drückt gerade in Form von Zwangskräften aus, daß die Bewegung ausschließlich in einer durch derartige Kräfte bestimmten Bahn, also ohne Beschleunigung vor sich geht. Wir können uns nun den Fall vorstellen, daß die beiden obigen Bedingungen erfüllt sind, daß die Bewegung also sowohl unter dem Einfluß von beschleunigenden (treibenden) Kräften als auch in einer durch Zwangskräfte bestimmten Bahn erfolgt. Der Ausdruck einer solchen in Wirklichkeit oft vorkommenden Bewegung ist natürlich keiner der beiden obigen Ausdrücke für sich allein, sondern ein Ausdruck, der die von ihnen beiden ausgedrückten Bedingungen erfüllt. Die Entwicklung eines diesbezüglichen Ausdruckes findet in der Mechanik folgendermaßen statt. Sämtliche auf einen Körper einwirkenden „treibenden Kräfte" werden zu einer Vektorresultante zusammengefaßt; bezeichnet F. Anderseits wiederum werden alle die „Zwangskräfte", die ausdrücken, daß die Bewegung des Objektes auf eine oder die andere Art nicht frei, sondern an eine bestimmte Bahn gebunden ist, ebenfalls zu einer Vektorresultante vereinigt; bezeichnet Z. Genau wie wir eben annahmen, daß sich die beschleunigende Kraft mit gewissen Massenwirkungen im Gleichgewicht befindet oder daß die Zwangskraft unter einer derartigen Gleichgewichtswirkung steht, genau so nehmen wir jetzt an, daß sowohl die Resultante der treibenden Kräfte als auch die Resultante der Zwangskräfte, also die Summe jener Kräfte mit einer bestimmten, jetzt natürlich andersartigen Massenwirkung im Gleichgewicht steht, die wir mit $m \cdot \dot{q}$ bezeichnen. Die allgemeinen Bewegungsausdrücke würden demnach also die Form

$$F + Z - m \cdot \dot{q} = 0$$

erhalten.

Dieser Ausdruck wird das D'ALEMBERTsche Prinzip genannt. Es drückt also aus, daß die drei auf den Aufpunkt wirkenden „Kräfte", die treibende Kraft F, die Zwangskraft Z und die fingierte Kraft $-m \cdot \dot{q}$, welche auch als „Trägheitswiderstand" bezeichnet wird, einander das Gleichgewicht halten (s. PLANCK).

Wenn man die Zerlegung der Kräfte in den Richtungen der Tangente der Bewegung τ und der Hauptnormale γ (d. h. in der Richtung zum Krümmungszentrum) ausführt, erhält das D'ALEMBERTsche Prinzip die Form

$$F_\tau - m \cdot \frac{d\,q}{d\,t} = 0, \quad F_\gamma + Z_\gamma - \frac{m \cdot q^2}{\varrho} = 0.$$

Wie wir bemerken, zeigt der erstere dieser Ausdrücke an, daß die Bewegung in Richtung ihrer Tangente gemäß dem Grundsatz der Mechanik erfolgt; in dieser Richtung wirken also ausschließlich die „treibenden Kräfte". Und aus dem zweiten Ausdruck (in dem ϱ der Krümmungsradius der Bewegung ist) ersehen wir, daß, wenn die treibende Resultantenkraft so beschaffen ist, daß sie keine Komponente in Richtung der Hauptnormalen der Bewegung (auf das Bewegungszentrum zu) enthält, wenn also $F_\gamma = 0$ ist, der Ausdruck $Z_\gamma - \frac{m \cdot q^2}{\varrho} = 0$ gilt; nach dem Bewegungszentrum hin wirkt also eine Zwangskraft, die mit der von uns eingeführten Zentralkraft identisch ist. Wir erkennen demnach als den Inhalt des D'ALEMBERTschen Prinzips, daß die Bewegung eines Körpers dahin axiomatisiert wird, daß sie unter dem Einfluß von sowohl „treibenden" wie „Zwangskräften" erfolgt.

Wir wählen ein konkretes Beispiel, um die Ausdrücke der Bewegung mittels dieses Prinzips zu bestimmen. Wir betrachten eine *Pendelbewegung* (Kreispendel), wobei eine Masse, durch eine feste Stange oder einen Faden mit dem Zentrum verbunden, in der Vertikalebene pendelt. Bei Anwendung des D'ALEMBERTschen Prinzips erhält man in diesem

Falle leicht, obwohl wir es hier nicht zeigen können, für die treibende Kraft F_τ und für die Zwangskraft Z_γ folgende Ausdrücke:

$$F_\tau = \sqrt{m^2 \cdot g^2 - \left(\frac{m \cdot q^2}{l} + m \cdot g \frac{l-z}{l}\right)^2}; \; Z_\gamma = \frac{m \cdot q^2}{l} + m \cdot g \frac{l-z}{l},$$

worin außer den hinsichtlich ihrer Bedeutung schon bekannten Zeichen l die Länge des Pendels und z der vertikale Abstand der Masse des Pendels von dem untersten Punkt ihrer Bahn ist.

Wir stellen also fest, daß man in der Mechanik zur Wiedergabe einer Pendelbewegung zweier Ausdrücke bedarf, die beide verhältnismäßig kompliziert sind. Diese Ausdrücke zeigen an, daß an der Pendelbewegung sowohl treibende wie Zwangskräfte beteiligt sind.

Wir konstatierten nun früher, daß die Wirkung ausschließlich „treibender Kräfte", vom sinnesphysiologischen Standpunkt aus betrachtet, auf einem Experiment oder eigentlich auf einem Experiment und dessen Axiomatisierung beruhte, deren Implikation ein Implikans vom Typus $t1$ war. Ebenso konstatierten wir, daß dem reinen Zentralbewegungsversuch die gleiche Form zukommt. Wenn wir den Ausdruck des Pendelbewegungsversuches von diesem Standpunkt aus betrachten, müssen wir also feststellen, daß darin kein Implikans vom Typus $t1$ vorkommt, weil auf beiden Seiten des Gleichheitszeichens oder eigentlich des Implikationszeichens aus verschiedenen Gegenständen zusammengesetzte Ausdrücke stehen. (Am allerbequemsten geht dies direkt aus dem D'ALEMBERTschen Prinzip hervor.)

Wir stellen somit fest, daß, wenn wir den Kraftbegriff so entwickeln, wie es in der Mechanik geschieht, also zu einer treibenden oder zu einer Zwangskraft — Entwicklungen, die sich beide nur auf eine Seite der Kraftwirkungen, nur auf die treibende oder nur auf die die Bewegung in eine bestimmte Bahn zwingende Wirkung gründen —, daß die Kraftwirkung dann bei den meisten in Wirklichkeit vorkommenden Bewegungen, wie z. B. der Pendelbewegung, als ein Zusammenwirken dieser beiden Kräfte dargestellt werden muß. In der analysierenden Sprache der Logik ausgedrückt, lautet dies folgendermaßen. Wir führen einen sinnesphysiologischen Versuch aus, etwa mit der ATWOODschen Fallmaschine, oder wir stellen einen entsprechenden propriozeptiven Versuch an, so wie wir ihn früher beschrieben haben; aus diesen Versuchen erhalten wir eine gute, d. h. geläufig zu bildende Inhaltsabstraktionsklasse, die wir als „treibende" Kraft bezeichnen; ihrer Form nach ist sie ein $t1$-Gegenstand. Es zeigt sich, daß diese Klasse zu bestimmten Strecken- und Zeitgrößen in einem hohen implikativen Verhältnis steht; die Implikation wird absolut *gemacht*, und wir gewinnen auf diese Weise den axiomatischen Ausdruck der „treibenden" Kraft. Hierauf führen wir einen Versuch mit irgendeinem „Zwangskraft"-Apparat aus. Wir erhalten wieder ein hohes implikatives Verhältnis zwischen der auch hier geläufig zu bildenden Inhaltsabstraktionsklasse, die jetzt „Zwangskraft" genannt wird, und gewissen Strecken- und Zeitgrößen; diese Implikation wird absolut *gemacht* und damit die Axiomdefinition der „Zwangskraft" erhalten. Durch *Zusammenfassung* dieser beiden *experimentell* festgestellten *verschiedenen* Implikationen zwischen der Kraftklasse einerseits und Zeit-, Strecken- und Massenbegriffen anderseits erhalten wir das D'ALEMBERTsche Prinzip, das in diesem Sinne, also in seinem Verhältnis zu seiner empirischen Versuchsgrundlage, theoremartig genannt werden kann.

Nun muß man sich daran erinnern, daß die Kraft-Inhaltsabstraktionsklasse, dieser propriozeptive t1-Gegenstand, inhaltlich, also als Halbversuch, stets einheitlich ist; wenn wir von „treibenden" oder „Zwangskräften" sprechen, meinen wir also hier nur die verschiedenen Implikationsmöglichkeiten zwischen dieser, ein und derselben *„Eigenkraft"* und anderseits den Ort-, Zeit- und „Massen"-Größen. Demgemäß ist es natürlich gewissermaßen der Willkür überlassen, welche Implikationen dieser „Eigenkraft" mit Zeit-, Ort- und Massengrößen „axiomatisiert", also „zum Grundsatz der Mechanik" erhoben werden. Es ließe sich denken, daß z. B. die auf Grund des Pendelversuches erhältliche Implikation zum Grundsatz der Kraftwirkung der Mechanik gesetzt würde. Aus welchem Grunde hat man dies nicht getan, sondern die Grundsätze aus anderen Versuchen abgeleitet, aus den Versuchen mit der schiefen Ebene oder mit der ATWOODschen Fallmaschine und der Zentralbewegung? Hierauf wäre vielleicht zu antworten, daß die aus dem Pendelversuch eventuell zu gewinnende Implikation viel komplizierter ist als die Implikationen, die man aus den letzteren Versuchen erhält. Die Sache kann vielleicht auch so liegen, aber, um zu dem eigentlichen Kern des Problems zu gelangen, müssen wir den Zusammenhang meines Erachtens folgendermaßen auffassen. Beim „Suchen" eines Zusammenhangs zwischen der *einheitlichen Kraftklasse* und Raum- und Zeitklassen ist man zu Versuchen gekommen, die der Wahrscheinlichkeitsimplikation zwischen der Kraftklasse einerseits und der Funktion aus Zeit- und Raumklassen anderseits einen hohen Wert verleihen. Diese hochwertigen Wahrscheinlichkeitsimplikationen sind selbstverständlich am liebsten absolut gemacht worden, d. h. man hat die Definition des Kraftbegriffes als eines „Fremdbegriffes" auf sie gegründet, oder, was dasselbe ist, sie sind als Grundsätze der Kraft-Mechanik, der Kinetik eingesetzt. Es zeigt sich, daß es zweierlei solche Versuche gibt. Und obwohl die Kraftgröße (das Implikans) in beiden Fällen eine und dieselbe ist, enthält das Implikat die Zeit- und Ortsgrößen in den beiden Fällen als verschiedene Funktionen. Durch diese zweifache hochwertige Implikation erscheint also unsere Kraftgröße in Form von zwei Kraftbegriffen, als „Beschleunigungskraft" und als „Zwangskraft". Und die meisten „natürlichen" Kraftwirkungen werden hierdurch als ein Zusammenwirken dieser beiden Kräfte definiert.

Wir wollen jedoch noch besonders darauf hinweisen, daß die Entwicklung eines einheitlichen Kraftwirkungsausdrucks auf Grund eines „sinnesphysiologischen" Versuches wahrscheinlich nicht unmöglich wäre. Der Versuch, ob auf dieser Grundlage eine Kraftdefinition zu bilden wäre, ergäbe indessen vermutlich einen so niedrigen Wahrscheinlichkeitswert für die Implikation, daß das Absolutsetzen der Implikation, also das Axiomatisieren der „einheitlichen" Kraft unnatürlich erschiene.

Bei diesem Sachverhalt müssen wir unsere Aufmerksamkeit der Frage zuwenden, welches die Grundlagen sind, an Hand welcher der sinnesphysiologische einheitliche Kraftinhalt Orts- und Zeitinhalte auf zwei verschiedene Arten impliziert, sowie, welche Bedeutung der „Massengröße" hierbei zukommt. Diese erkenntnistheoretische Frage ist nach unserem Dafürhalten am besten im Zusammenhang mit einer anderen Frage zu erörtern, nämlich mit der Frage, welches im allgemeinen die Gegenstände sind, die in der Physik und anderseits in der Sinnesphysiologie abstrahiert werden, und welche von diesen Gegenständen, aus der großen Schar aller Gegenstände, in den Rang von Grundbegriffen erhoben werden. Diese Frage versuchen wir in den zwei folgenden Kapiteln zu behandeln.

Über die Objekte der Geometrie, der Kinematik, der Kinetik und der Sinnesphysiologie.

Weil das Prinzip des Experimentes, der Observation, in den verschiedenen Zweigen der Wissenschaft die Aufstellung einer Implikation zu sein scheint, in deren Implikans ein Gegenstand vom Typus $t1$ ist, also einer Implikation, die wir auch als Denkform zweiter Stufe bezeichnet haben, erheben sich hier zwei interessante Fragen. 1. Welches sind die verschiedenen Gegenstände, die einerseits ganz allgemein in der Sinnesphysiologie und anderseits speziell in den exakten Wissenschaften, in der Geometrie, der Mechanik, der Physik vorkommen? 2. Welche von diesen Gegenständen treten im Implikans, welche im Implikat des den Versuch wiedergebenden Ausdrucks auf, und besteht in dieser Beziehung ein Unterschied zwischen dem allgemeinen sinnesphysiologischen Versuch und anderseits den Versuchen der Physik?

Wenn wir darangehen, einige Zweige der Wissenschaft gemäß den oben entwickelten Gesichtspunkten nacheinander zu betrachten, ergibt sich, daß diese Zweige der Wissenschaft eine Reihe bilden, und daß die in das Experiment eingehenden Gegenstände beim Vorrücken in dieser Reihe immer zahlreicher werden, der Zweig der Wissenschaft in bezug auf seine Grundbegriffe (Grundabstraktionen) immer reicher wird.

Die Geometrie. Wie in dem Kapitel über Geometrie bereits angeführt wurde, sind die „Objekte" dieser Wissenschaft Punkte, Geraden und Flächen. Wie wir bei Betrachtung des Aufbaues der Geometrie darlegten, können wir diese Objekte als $t1$-Gegenstände ansprechen, d. h., den Elementen, den $t0$-Gegenständen, deren Klassen sie darstellen, kann (in einer Weise, auf die wir gleich zu sprechen kommen werden) der Charakter von einzelnen Erlebnissen zuerkannt werden. Es wird zwar behauptet, die Relationen der Geometrie, d. h. die darin vorkommenden Axiome (und Theoreme) wären unabhängig davon, welche Objekte sie behandelten. Wie bereits früher bemerkt wurde, kann diese Behauptung nicht stichhaltig sein, sondern die Relationen der Geometrie sowie auch ihre Objekte haben eine empirische Wahrnehmungsgrundlage. Hinsichtlich der Relationen, der Axiome der Geometrie haben wir diese Frage schon in dem Geometriekapitel behandelt und werden dieselbe überdies noch in einem späteren Kapitel wieder aufnehmen, wo wir speziell die Wahrnehmungsgrundlagen des axiomatischen Verfahrens zu behandeln versuchen. Wir richten unsere Aufmerksamkeit nun zunächst auf die Wahrnehmungsgrundlagen der *Objekte* der Geometrie. Es steht außer Zweifel, daß sich solche Objekte, wie Punkt, Strecke, Fläche, irgendwie auf Grund von punktartigen, streckenartigen und flächenartigen, mittels unserer Sinne wahrgenommenen Erlebnisse gebildet haben. Was sind denn das für Erlebnisse? Es sind zweifellos nicht mehr analysierbare Inhalte, also Inhalte vom Typus $t0$. Das Besondere hierbei ist nun, daß wir solche Erlebnisse in verschiedenen Modalkreisen haben: optische Punkt-, Strecken- und Flächenerlebnisse und ebenso haptische Punkt-, Strecken- und Flächenerlebnisse; und wir könnten noch hinzufügen, daß auch im Bereich der Propriozeptik Streckenerlebnisse vorkommen. (Tatsächlich existieren in allen Modalkreisen, in denen es eine sog. Lokalisation gibt, wenn auch oft in unbestimmter Form, Erlebnisse der oben geschilderten Art. Allerdings kann man in allen diesen Kreisen nicht wie in den obenerwähnten Kreisen Punkt- usw. Klassen abstrahieren.) Wenn die Objekte der Geometrie nun nur aus einem Modalkreis, z. B. nur aus dem optischen Kreis, abstrahierte $t1$-Gegenstände wären, so wäre die Geometrie eine Wissenschaft, die sich mit dem Sehen des Menschen befaßte. Dann wäre sicherlich auch kein Zweifel daran entstanden, daß diese „Geometrie" eine Wahrnehmungsgrundlage hat; die ganze Wissenschaft würde ja gerade ein bestimmtes Wahrnehmungsmaterial behandeln. Ebenso wäre der Sachverhalt natürlich, wenn wir ausschließlich haptische Punkt- usw. Erlebnisse besäßen; die entsprechende Geometrie wäre unzweifelhaft auch dann auf einer Wahrnehmungsgrundlage begründet. Eigentümlich wird die Situation gerade erst dadurch, daß wir diesbezügliche Erlebnisse in vollständig verschiedenen Modalkreisen haben, d. h. dadurch, daß die betreffenden, in verschiedenen Kreisen vorkommenden Größen so beschaffen sind, daß, wenn man Klassen daraus bildet, d. h. Punkt-, Strecken- usw. Klassen auf optischer Grundlage und dann anderseits haptische Punkt- usw. Klassen, diese Klassen irgendwie so ähnlich sind, daß sie gleichsam zu einer Punkt-, Strecken- und Flächengröße allgemeineren Charakters „verschmelzen". Wir behandeln die Frage, welche logische Form der auf diese Weise aus den Klassen verschiedener Kreise zusammengeschmolzenen Klasse zukommt (dieselbe ist auch für die Stufe der Objekte von Bedeutung), noch nicht, werden dies vielmehr erst in einem späteren Abschnitt dieses Kapitels tun, sondern wir wollen hier nur konstatieren, daß die eigentümliche *Intermodalität* dieser Objektklassen in offenbarem Zusammenhang damit steht, daß man den Objekten der Geometrie bisweilen die Wahrnehmungsgrundlage hat absprechen wollen.

In der zur Wissenschaft entwickelten Geometrie werden diese „intermodalen" Klassen dann in bestimmter Weise durch Axiome verbunden, wobei die Klassen durch die Axiome bestimmt werden. Nun werden die Axiome der wissenschaftlichen Geometrie sicherlich gemäß den Implikationen unserer Wahrnehmungen aufgestellt. Weil dies aber auf eine Art geschieht, die man nicht näher kennt, manchmal vielleicht mehr mit Rücksicht auf den einen als auf den andern Modalkreis — der optische Kreis ist hier vermutlich dominierend —, so ist auch die Wahrnehmungsgrundlage der *Axiome* der wissenschaftlichen Geometrie eine „gemischte". Auch hierdurch ist die Wahrnehmungsgrundlage im Bau der wissenschaftlichen Geometrie schwerer zu erkennen. Wenn wir die Bildung der Geometrie im wirklich analysierenden Sinne, also vom sinnesphysiologischen Standpunkt aus untersuchen wollten, müßte dies so geschehen, daß, soweit möglich, nur auf optischen Wahnehmungen, also optischen $t0$-Gegenständen basierende, empirische Axiome der daraus zusammengesetzten $t1$-Gegenstände, Objekte der „optischen Geometrie" gebildet würden; auf diese Weise erhielten wir eine Geometrie des optischen Kreises. Und genau so würden wir eine haptische Geometrie entwickeln. Der Vergleich zwischen den so gebildeten Axiom- (Theorem-) Systemen würde dann dartun, wieviel in unserer tatsächlich entwickelten wissenschaftlichen Geometrie optischer und wieviel haptischer (und vielleicht auch propriozeptiver) Herkunft ist. Und ebenso würde sich dabei herausstellen, wieviel mit allen den Wahrnehmungsimplikationen in Widerspruch stehende Axiome in der Geometrie vorkommen. Ein diesbezüglicher Versuch ist nicht gemacht worden, so daß sich hierüber nichts aussagen läßt. Der von einigen Forschern, zumal von v. Skramlik nachgewiesene Umstand, daß die sog. optischen Täuschungen und anderseits die entsprechenden haptischen Täuschungen analog sind, weist darauf hin, daß die Relationen, die Axiome der optischen und der haptischen Geometrie im großen ganzen ähnlich sein müßten. Und dieser

Umstand, d. h. der wahrscheinliche *Isomorphismus* der Axiomsysteme der beiden Kreise, sowie der Umstand, daß in beiden Kreisen analoge Grundobjekte, die von uns erwähnten intermodalen Gegenstände, gebildet werden, dürfte die Hauptgrundlage dafür bilden, daß diese Objekte einen gleichsam „objektiven", von uns unabhängigen Charakter bekommen. Oder anders ausgedrückt: die angeführten Umstände, d. h. der Isomorphismus der Axiomsysteme und der Intermodalismus der Grundobjekte (worüber später in diesem Kapitel Genaueres) sind nur eine andere und exaktere Ausdrucksweise dafür, daß die betreffenden Gegenstände unserer Geometrie, die Punkte, die Strecken usw. gleichsam unabhängig von uns, objektiv existieren. Ein derartiges „Nachaußenprojizieren" von Inhalten wird oft mit dem Namen Objektivierung bezeichnet, und in diesem Falle der Geometrie tritt sie also nicht direkt als „Gegenständlichkeit" hervor. Wir können gleichsam eine Objektivierung verschiedenen Grades nachweisen, und später in diesem Kapitel werden wir sie auch vorführen.

Um in der Erörterung der Objekte der Geometrie fortzufahren, so konstatierten wir also, daß es Punkt-, Strecken- und Flächenklassen sind. Und wir erwähnten ferner, daß dieselben in dem Sinne intermodal sind, als in mehreren verschiedenen Modalkreisen ähnliche Klassenbildungen vorgenommen werden können. Die nähere Betrachtung zeigt jedoch daß diese Klassen in den verschiedenen Kreisen verschieden oder in einigen von ihnen „unvollständig" sind.

Im *optischen* Bereich liegen uns alle mit diesen Benennungen bezeichneten Erlebnisse und entsprechenden Klassen vor, und außerdem besitzen wir noch Raumerlebnisse und die entsprechende Klasse, den Raumbegriff.

Haptisch haben wir deutliche punktartige Erlebnisse, wie die Versuche mit den Druckpunkten erweisen, aber wir haben in diesem Kreise auch Strecken- sowie Flächenerlebnisse. Erlebnisse, die mit der Raumbenennung zu bezeichnen wären, kommen dagegen in diesem Kreise nicht vor. Die mit normalen Personen angestellten Experimente in bezug auf die Erlebnisse des haptischen Kreises und den darin zu bildenden Klassen wirken vielleicht nicht ganz überzeugend dafür, daß es sich hier um rein haptische Inhaltlichkeiten handelt; man könnte denken, daß die optischen Erinnerungsbilder an den Resultaten der Versuche beteiligt wären. Aber man hat auch Versuche mit blindgeborenen Personen angestellt, und die diesbezüglichen Versuchsresultate erweisen unleugbar das Vorkommen von haptischen Punkt-, Strecken- und Flächenerlebnissen und entsprechenden Klassen. In diesem Zusammenhang kann man nicht umhin, auf die interessante Frage nach der Art der „haptischen Geometrie" solcher Blindgeborenen zu verweisen, d. h. die Frage darnach, wie sie ihre Axiome gemäß den Wahrnehmungen aus an der Haut auszuführenden Versuchen bilden möchten.

Schließlich ist noch zu beachten, daß wir auch im *Propriozeptivkreise* sehr deutliche Erlebnisse obigen Charakters haben. Auch hier können wir von Strecken- und Raumerlebnissen sowie den entsprechenden Klassen reden. Dagegen kommen in diesem Kreis kaum Inhalte vor, die man als Punkterlebnisse bezeichnen könnte, ebensowenig wie Flächenerlebnisse. Die raumartigen Erlebnisse sind also in den von uns aufgezählten Kreisen an Zahl verschieden.

Bei einer normalen Person, die alle erwähnten Modalkreise besitzt, treten die Beziehungen der Gegenstände von „Ortscharakter" im exakten Sinne in der von ihr entwickelten wissenschaftlichen Geometrie hervor. Wie erwähnt, können wir jedoch auf Grund der wissenschaftlichen Geometrie keine Klarheit darüber erlangen, in welchem Maße und auf welche Weise die verschiedenen Kreise an der Bildung dieser Geometrie beteiligt sind; zu diesem Zweck wäre, wie erwähnt, eine Untersuchung der Axiome, der Implikationen der „Geometrien" des „optischen", „haptischen", „propriozeptiven" Kreises und vielleicht noch anderer Kreise erforderlich.

Die Punkt-, Strecken-, Flächen- und Raumerlebnisse und die entsprechenden Klassen sind insofern eigentümlich, als zwischen ihnen eine bestimmte Ähnlichkeit oder Verwandtschaft besteht; letztere haben wir den „Orts- oder Örtlichkeitscharakter" dieser Erlebnisse genannt. Die Erörterung dieses Umstandes wie auch der erwähnten „Intermodalität" dieser Erlebnisse und Klassen verschieben wir, wie gesagt, auf später. Wenn wir von dieser Eigentümlichkeit absehen, können wir alle diese Erlebnisse auf Grund der erwähnten Verwandtschaft als gleichmodal ansprechen und demgemäß die in der Geometrie vorkommenden Implikationen, die Axiome der Geometrie und die daraus abzuleitenden Theoreme als *monomodal* bezeichnen.

Die Phoronomie. Außer den Erlebnissen von „Örtlichkeitscharakter" besitzen wir noch „intermodale" Erlebnisse anderer Art, nämlich Zeiterlebnisse. Diese sind nur einer Art, nicht mehrerer wie die Örtlichkeitserlebnisse. Die Intermodalität der Zeiterlebnisse ist noch ausgedehnter als diejenige der Örtlichkeitserlebnisse. Ein diesbezüglicher Gegenstand läßt sich aus den Inhalten sämtlicher Modalkreise analysieren. Demgemäß ist der auf Grund dieser Erlebnisse gebildete Zeitbegriff seiner Grundlage nach sehr vielseitig. Weil der Zeitbegriff einzeln, ohne „Verwandte" auftritt, sind die ihn definierenden Axiome, z. B. die Regeln der in seinem Bereich erfolgenden Addition im Vergleich zu den Axiomen der Geometrie gering an Zahl und einfach. Der diese Umstände behandelnde Zweig der Wissenschaft wird *Phoronomie* genannt. Was wir über die Untersuchungsmöglichkeiten der Wahrnehmungsgrundlagen der Geometrie geäußert haben, gilt auch hinsichtlich des Axiomsystems der Phoronomie.

Die Kinematik. In den hier vorkommenden Implikationsgleichungen gibt es Gegenstände von sowohl Zeit- wie Raumcharakter. Die Kinematik ist die Lehre von der Bewegung, ohne daß eine Ursache der Bewegung oder eine Kraft darin auftritt. Bei den ihr zugrunde liegenden Wahrnehmungen werden also nur Strecken- und Zeitgleichheiten (Koinzidenzen) konstatiert.

Die Kinetik ist ein Wissenschaftszweig, in dem die Gegenstände entweder Strecken- oder Zeitklassen sind. Aber in den Implikationen findet sich außerdem ein neuer Gegenstand fremderer Herkunft, nämlich der Kraftgegenstand. Daß der Kraftgegenstand in seiner Beziehung zu den Zeit- und Streckengegenständen fremder ist, ist eine unmittelbare Feststellung, kommt aber auch darin zum Ausdruck, daß die Kinematik, in welcher nur Zeit- und Streckenimplikationen behandelt werden, gleichsam als grundlegender Wissenschaftszweig für die Kinetik betrachtet wird, in welch letzterer erst die Implikation zwischen der Kraft und den beiden ersteren Gegenstandsarten erfolgt. Wie wir dargelegt haben, stammt der Kraftgegenstand aus dem propriozeptiven Kreis und tritt so überwiegend nur in diesem Kreis auf, daß man zu sagen geneigt ist, er käme ausschließlich in diesem Kreise vor. Der Kraftgegenstand unterscheidet sich also in dieser Hinsicht von den mit ihm in der Kinetik in so enger Beziehung stehenden Strecken- und Zeitgegenständen, deren Besonderheit gerade in ihrer „Intermodalität" besteht. Wir wiederholen die Ausführungen darüber, wie die Einbeziehung des Kraftgegenstandes in die Implikationen der Zeit- und Ortsgegenstände genetisch aufzufassen ist, nicht mehr, sondern verweisen in dieser Beziehung auf das frühere Kapitel über die Mechanik.

Wenn wir Gegenstände von Raum- oder Ortscharakter als untereinander gleichmodal ansprechen, so können wir die Implikationen der Geometrie als monomodal bezeichnen. Die Implikationen der Kinematik sind alsdann bimodal und schließlich die eben behandelten Implikationen der Kinetik trimodal. Die mono- und bimodalen Ausdrücke der Geometrie und der Kinematik enthalten keine andern Gegenstände als solche, die Klassen aus in diesen Kreisen vorkommenden Elementen sind. In den Ausdrücken der trimodalen Kinetik hingegen kommen nicht ausschließlich Klassen von zum Bereich der Kinetik gehörigen Erlebnissen vor, also Zeit-, Strecken- und Kraftklassen oder deren Kombinationen, sondern als eine bemerkenswerte Besonderheit außerdem eine Größe von ganz anderem Charakter, die als *Masse* bezeichnet wird. In den grundlegenden Experimenten der Kinetik oder Mechanik, z. B. in den Versuchen mit der ATWOODschen Fallmaschine sowie in den Zentralbewegungsversuchen lassen sich die Implikationen, also auch die daraus gewonnenen Axiomatisierungen, die sog. Grundsätze der Mechanik nur unter Einbeziehung eines derartigen Massenbegriffes wiedergeben. Weil der Massenbegriff erst dann auftritt, wenn mit den intermodalen Zeit-

und Streckenklassen die ihnen ganz *fremde* Kraftklasse verbunden wird, erhebt sich die Frage, ob man möglicherweise Licht in die Genese des Massenbegriffes bringen kann, wenn man das Problem vom Standpunkt des „Zusammenwirkens" der Modalkreise aus betrachtet.

Zur Klärung dieser Frage rufen wir uns den *Objektivierungs-* oder *Vergegenständlichungs*begriff ins Gedächtnis zurück. Man hat sowohl von einer Ding- wie von einer Begriffsobjektivierung gesprochen. Die Bedeutung des gewissermaßen unbestimmten Begriffes der Objektivierung versuchen wir zunächst im Bereich der Farbeninhalte zu erörtern. KATZ unterscheidet dreierlei Erscheinungsweisen der Farben: Oberflächenfarben, Flächenfarben und Raumfarben. Hiervon sind die zuletzt Erwähnten Farbinhalte, die keinem äußeren Gegenstand anhaften, sondern gleichsam farbiger Raum sind. Der Raumfarbeninhalt kommt zustande, wenn man ein Zimmer mit farbigem Licht beleuchtet, wobei der Raum des Zimmers gleichsam gefärbt wird. Von der Raumfarbe kann man also sagen, daß sie nicht „vergegenständlicht" oder objektiviert ist. Etwa dasselbe läßt sich auch hinsichtlich der Flächenfarbinhalte sagen, die nicht als Flächenfarben von Dingen vorkommen, sondern als ziemlich unlokalisierte Farbeninhalte, die jedoch gleichsam mehr auf die Flächenhaftigkeit beschränkt sind als die sich über den ganzen Raum erstreckenden Raumfarben. Farben dieser Art sind z. B. die Lochfarben, Erscheinungsweisen von Farben, die zustande kommen, wenn man durch ein Loch in einer schwarzen Zwischenwand eine in einiger Entfernung dahinter befindliche beleuchtete farbige Fläche betrachtet. Die Oberflächenfarben dagegen sind gleichsam an den Gegenständen fixierte Eigenschaften. Es sind ding-objektivierte, gleichsam weniger inhaltartige, weniger subjektive und demgemäß gleichsam mehr von uns unabhängige objektive „Gegenständlichkeiten".

Ein in den Bereich der Farbeninhaltsobjektivierungen gehöriger Vorgang ist z. B. die Unterscheidung des Schwarz- und des Dunkelinhaltes. Die Oberflächenfarbe eines vollständig schwarzen Gegenstandes ist eine positive Eigenschaft dieses Gegenstandes, die z. B. der Oberflächenfarbeneigenschaft eines weißen oder roten Gegenstandes völlig gleichzustellen ist. Die Dunkelheit dagegen, die wir feststellen, wenn jeder Lichtzutritt in die Augen verhindert wird, wenn man z. B. in ein ganz dunkles Zimmer tritt, ist nicht die Eigenschaft irgendeines Gegenstandes, sondern etwas Negatives, ein Lichtmangel. Der erstere Inhalt, die Oberflächenfarbenschwärze ist eine ding-objektivierte „positive" Eigenschaft, der letztere Inhalt, die Dunkelheit ist „nur eine Inhaltlichkeit". Die Entwicklung des Objektivierungsbegriffes im Bereich der Farbeninhalte gelingt also, wie wir aus dem Obigen ersehen, nur in recht ungenauer Weise. Wir versuchen diese Entwicklung erneut aufzunehmen, nachdem wir den Begriff der Objektivierung auf andere Weise genauer analysiert haben.

Es ist indessen noch zu erwähnen, daß die Vergegenständlichung von Inhalten auch auf anderen Sinnesgebieten vorkommt. So ist z. B. der Klang einer Glocke, den man hört, ohne ihn lokalisieren zu können, nur ein inhaltliches Schallerlebnis; wenn er aber genau zu lokalisieren ist, z. B. dadurch, daß man die klingende Glocke sieht, so wird der Laut gleichsam zu einer Lauteigenschaft der Glocke. An unsern Beispielen aus dem Gebiet der Farben- und Gehörserlebnisse erkennen wir nun, daß die Objektivierung von Inhalten damit verknüpft ist, daß die Inhaltlichkeiten nicht nur als solche erscheinen, sondern daß sich zu den Farben- oder Gehörserlebnissen gleichzeitig eine Lokalisation gesellt, d. h. daß sich eine aus andersartigen, hier Ortserlebnissen, zusammengesetzte Klasse mit den Farben- oder Gehörsklassen verbindet. Wie sich bei der späteren Darlegung erweisen wird, bildet dieser Umstand auch, obschon in weiterem Sinne, die Grundlage der Objektivierung. Es zeigt sich nämlich, daß die Bedingung für die Möglichkeit der Bildung von Objektivierungen aus bestimmten Erlebnissen (*t*o-Gegenständen) die ist, daß sich unter den beteiligten Erlebnissen zu verschiedenen Folgen gehörige Gegenstände befinden und die daraus zu bildenden *t*1-Klassen in Beziehung zueinander treten. Daß sich die Sache so verhalten muß, ist ganz evident, wenn wir die allgemeine Dingobjektivierung, d. h. den Zusammenhang unserer „Dingbegriffe" mit unseren verschiedenen Sinneswahrnehmungen betrachten. Es ist ja offenbar, daß z. B. die Objektivierung „Tisch" damit zusammenhängt, daß die zahllosen, auf in verschiedenen Sinneskreisen vorkommenden *t*o-Erlebnissen basierenden Abstraktionsklassen, die wir hier besitzen, in irgendwelchen Beziehungen zueinander stehen. Aber die Analyse dieses Umstandes verlangt, daß wir von den, vom Standpunkt der Analyse betrachtet, einfacheren Objektivierungen ausgehen, und solche scheinen einige Begriffsbildungen zu sein, die „gegenständlicher" sind als die reiner abstrakten „Nur-Begriffe".

Im folgenden versuchen wir, kurz gesagt, nachzuweisen, daß wir, ausgehend von den *to-Gegenständen, den nicht mehr zu analysierenden Erlebnissen,* durch Klassenbildung aus denselben, sowie Implizierung der so erhaltenen verschiedenartigen Klassen, je nach der Anzahl, der Art und der Implikationsweise dieser Klassen, Begriffe erhalten, deren Unterschied voneinander am exaktesten dasjenige zum Ausdruck bringt, was wir oben als die größere oder geringere Gegenständlichkeit oder Objektivierung der Inhalte bezeichnet haben. In diesem Sinne können wir von „Gegenständlichkeiten" verschiedener Stufe, von Nur-Begriffen, gegenständlichen Begriffen, begrifflichen Gegenständen und eigentlichen Gegenständen sprechen.

Die Bildung von Abstraktionsklassen aus *t*o-Erlebnissen stellt dann, wenn diese letzteren nur zu *einer* Folge gehören (die Erlebnisse also völlig eindimensional sind), gewissermaßen die am wenigsten gegenständliche

Stufe in der Begriffsbildung dar (Objektivierung erster Stufe). Als Beispiel erwähnen wir den aus Raumfarbenerlebnissen gebildeten Raumfarbenbegriff. Dieser $t1$-Gegenstand ist aus Raumfarben-$t0$-Gegenständen zu bilden, also aus Erlebnissen, die ganz isoliert vorkommen, so daß wir nur diese *einzige* Folge haben. Und dieser Umstand ist auch der Grund für die fast vollständige Gegenstandslosigkeit des Begriffes. Ein zweites Beispiel für einen nichtgegenständlichen Begriff bietet die aus Spannungs- und Krafterlebnissen gebildete Kraftklasse oder der Kraftbegriff dar. Auch hier handelt es sich in der Regel nur um eine Folge von $t0$-Erlebnissen (im allgemeinen um propriozeptive; wenn auch haptische Erlebnisse vorliegen, nimmt die Gegenständlichkeit zu). Und demgemäß ist auch der Kraftbegriff ein rein abstrakter, ohne Vergegenständlichung. Die Frage nach der Existenz einer Kraft wird demnach auch kaum gestellt.

Sofern sich mehr als eine Erlebnisfolge darbietet und somit gleichzeitig mehr als eine Abstraktionsklasse gebildet wird, ist die Empfindungsganzheit stärker vergegenständlicht, objektiviert, als in den eben angeführten Beispielen. So sind die Oberflächenfarbenerlebnisse solcher Art, daß sich uns, wenn wir sie besitzen, gleichzeitig sowohl Farben- als auch Flächenerlebnisse darbieten, und daß aus jeder dieser beiden, in einer derartigen Situation unter dem Zwang der Notwendigkeit auftretenden Folgen von $t0$-Gegenständen, also ihre (spezielle) Abstraktionsklasse, eine Farben- und eine Flächenklasse gebildet wird.

In unserem Beispiel aus dem Gehörskreis verhält sich die Sache genau so. Wenn wir nur Gehörs-$t0$-Gegenstände haben, ist die Lautklasse völlig gegenstandslos, nicht-objektiviert, wenn wir aber gleichzeitig Örtlichkeitsgegenstände besitzen, wird die Lautklasse zum Laut eines lokalisierten Gegenstandes, ist also objektiviert.

Die Vergegenständlichung von Farben und Lauten scheint also analytisch mittels ihrer Lokalisierung ausdrückbar zu sein, und die logische Struktur ihrer Objektivierungen scheint, wie wir bald genauer auseinandersetzen werden, eine Implikation zwischen zwei Klassen zu sein, von denen die eine Klasse in beiden Fällen intermodal ist und „Ortscharakter" hat. Die exakte Entsprechung der unbestimmten Ausdrücke „Eine objektivierte Farbe" oder „ein objektivierter Laut" ist also eine Implikationsrelation zwischen zwei Klassen. Wenn wir die erstere, die Farben- oder Lautklasse mit I und die letztere, die Klasse von Ortscharakter mit L bezeichnen, so ist wohl die Bezeichnung der in Rede stehenden Gegenständlichkeiten $I \supset L$, oder, wie sich zeigen wird, richtiger $I \supset h \cdot L$, worin der Koeffizient h den logischen Ausdruck der Vergegenständlichung darstellt.

Eine derartige implikative „Gegenständlichkeit", bei der die in einem Implikationsverhältnis befindlichen Größen beides Klassen sind, erscheint überhaupt immer, wenn die Erlebnisse solcher Art sind, daß Möglichkeiten vorhanden sind oder eine Notwendigkeit besteht für das gleichzeitige Auftreten zweier oder vielleicht mehrerer Klassen. Und dies wiederum ist dann der Fall, wenn mehrere gleichzeitige Erlebnisfolgen zu Gebote stehen. Diese Klassenimplikationsvergegenständlichung könnten wir als eine *Objektivierung höherer Stufe* bezeichnen; die Objektivierung erster Stufe bedeutet ja eine einfache Klassenbildung aus Erlebnissen.

Ehe wir die Vergegenständlichung höherer Stufe behandeln, müssen wir noch von den Gegenständen der Geometrie sprechen, die wir vorläufig als Klassen vom Typus $t1$ angesehen haben. Die nähere Betrachtung erweist, daß dies nicht der Fall ist, sondern daß es sich auch hier um eine Art „Objektivierung" handelt. Auf unseren früheren Ausführungen über das Verhältnis zwischen dem geometrischen und dem sinnesphysiologischen Versuch hat dies natürlich keinen Einfluß, wie wir gleich feststellen werden.

Eine aus optischen Streckenerlebnissen, so wie sie in irgendeinem unserer optischen sinnesphysiologischen Versuche vorkommen, gebildete Streckenklasse ist gewissermaßen auch „vergegenständlicht"; sie ist weniger abstrakt als z. B. die Raumfarbenklasse. Und ebenso sind auch unsere aus propriozeptiven oder haptischen Experimenten gebildeten Streckenklassen „vergegenständlicht". Die Vergegenständlichung einer „optischen Strecke" steht nun offenbar damit in Zusammenhang, daß in uns neben der Folge der optischen aktuellen Erlebnisse stets gleichzeitige, in unserem „Innern" als „Erinnerungsbilder" auftretende haptisch-propriozeptive „Erlebnisse" wirksam sind, und daß die als optisch, haptisch oder propriozeptiv erwähnte Streckenklasse tatsächlich ein Gegenstand ist, der auf Grund aller dieser zu verschiedenen Folgen gehörigen Erlebnisse gebildet ist.

Die als optisch, haptisch oder propriozeptiv bezeichnete Streckenklasse stellt somit eine Relation zwischen Klassen dar, die wenigstens aus Elementen dieser drei Folgen gebildet sind. Daß es sich so verhält, stellen wir folgendermaßen fest. Wir konstatieren optisch, daß zwei Strecken, z. B. zwei Stäbe, gleich lang sind; ihre Retinabilder können hierbei sehr wohl verschieden groß sein, „erscheinen" jedoch gleich groß, weil sie, wenn wir sie haptisch oder optisch vergleichen würden, auch (*Konjunktion*) gleich lang wären. Die als *optisch* bezeichnete Streckenklasse (hier also eine topologische Bestimmung) ist also tatsächlich eine topologische Konjunktion von Klassen dreier Folgen. Die Größengleichheit von sog. *wirklichen gegenständlichen* Strecken (l) — möge der aktuelle Versuch nun optisch, propriozeptiv oder haptisch sein — ist eine optisch-(O)-propriozeptiv-(P)-haptische-(H)-Konjunktion und -Implikation; in Zeichen $(O \cdot P \cdot H) \supset l$.

Wir können auch feststellen, daß unsere Erlebnisse von „Ortscharakter", z. B. die Streckenerlebnisse, kaum jemals als Elemente einer nur zu einem Modalkreis gehörigen Folge vorkommen, sondern daß im Gegenteil, obgleich eine dieser Folgen in dem Experiment aktuell sein kann, immer auch die Elemente der anderen Folgen als Erinnerungsbilder auftreten. Ganz alleinstehende, z. B. optische Streckenerlebnisse, haben wir somit überhaupt nicht, und dasselbe gilt auch hinsichtlich der haptischen und propriozeptiven Streckenerlebnisse. Aber gewissermaßen mehr allein auftretend kann man die Erlebnisfolgen dieser Modalkreise durch eine bestimmte Versuchsanordnung wohl gestalten. Wenn wir z. B. unsere Arme und Hände mit geschlossenen Augen und unter Vermeidung jeder Hautberührung um eine bestimmte Strecke in der Luft bewegen, erhalten wir ein Streckenerlebnis, und die auf Grund derselben zu bildende Klasse „propriozeptive Strecke" ist verhältnismäßig schwach gegenständlich. Ebenso können wir den propriozeptiven und den optischen Kreis ziemlich vollständig ausschließen und nur den haptischen Kreis als aktuellen Versuchskreis übriglassen, indem wir die Haut bei geschlossenen Augen und völliger Bewegungslosigkeit mit bestimmten Gegenständen, z. B. Stäben, berühren. Die auftretende „haptische" Streckenklasse ist auch hierbei ganz schwach vergegenständlicht; man kann auch sagen, daß sie in Ermanglung von Relationen zu anderen Kreisen, welche die Voraussetzung für eine Vergegenständlichung höherer Stufe bilden, nur eine Vergegenständlichung erster Stufe darstellt, d. h. eine aus haptischen Streckenerlebnissen gebildete, rein haptische Streckenklasse ist. Und schließlich kann man auch einen Versuch anstellen, worin die auftretende „optische" Streckenklasse wegen ihrer schwachen Relationen zu den entsprechenden Klassen anderer Kreise nur zu einer optischen Objektivierung erster Stufe gediehen ist. Wenn der Versuchsperson in einem völlig dunkeln Zimmer ein schwach leuchtender und besser außerdem noch sich bewegender Stab gezeigt wird, sind ihre Erlebnisse ganz spezieller Natur; sie hat die Vorstellung einer gesehenen Strecke, aber dieselbe ist mit keinerlei Erinnerungsbild eines festen Gegenstandes verknüpft. Unter diesen Umständen erwachen offenbar überhaupt keine haptisch-propriozeptiven Erlebnisfolgen zum Leben, und in Ermanglung dessen kommt keine Objektivierung höherer Stufe zustande.

Dagegen stammen die Streckenerlebnisse, die wir unter gewöhnlichen Verhältnissen erfahren, gleichzeitig aus zwei oder aus allen drei in Frage kommenden Modalkreisen. Und demgemäß vereinigen wir immer die diesen Erlebnissen entsprechenden Klassen miteinander, und die Streckenklasse, die wir auf dieser Grundlage bilden, wird somit eine objektivierte, „wirkliche Strecke" sein, die „als solche", gleichsam unabhängig von uns „existiert"; alle diese Ausdrucksweisen entsprechen einer bestimmten logischen Struktur, der Struktur einer Objektivierung zweiter Stufe, auf die wir, wie gesagt, an Hand der Empirie später zurückkommen werden. Man kann leicht feststellen, daß eine Vergegenständlichung zweiter Stufe deutlicher ist, wenn in dem aktuellen Versuch Erlebnisfolgen aller drei Kreise, der Optik, der Haptik und der Propriozeptik vorkommen, als wenn solche nur aus zwei Kreisen vorliegen. So ist z. B. die Raumklasse eines Körpers von bestimmter Form dann am meisten vergegenständlicht, wenn wir den Körper sowohl sehen als ihn gleichzeitig unter Bewegung unserer Finger abtasten und mit unserer Haut empfinden. Weniger deutlich gegenständlich bleibt die entsprechende Klasse in dem Falle, wo z. B. durch Anästhetisieren der Fingerhaut die haptische Erlebnisfolge ausgeschlossen ist.

Objektivierungen vom obengeschilderten Charakter sind alle gewöhnlich von uns verwendeten Begriffe von Orts- und Raumcharakter, wie Strecken, Linien, Ebenen und sonstige Flächen. Diese Gegenstände „existieren" demgemäß stärker als die Objektivierungen erster Stufe, solche wie z. B. die Kraft. Entsprechend den Vergegenständlichungen verschiedener Stufen wird bisweilen auch die Frage nach der „Existenz" der Objektivierungen erster Stufe aufgeworfen, z. B. die Frage, nach der „Existenz" der Kräfte, wogegen eine entsprechende Frage, z. B. in bezug auf Strecken und Flächen, überhaupt nicht gestellt wird. Gewissermaßen eine Sonderstellung nimmt in dieser Hinsicht der Raumbegriff ein, was damit zusammenhängt, daß die Raum*erlebnisse* nicht so unmittelbar elementar sind wie im allgemeinen die Elemente unserer Empfindungsklassen. Wenn wir diese Besonderheit unberücksichtigt lassen, können wir jedoch auch den Raumbegriff als eine Objektivierung zweiter Stufe von speziellem Charakter ansprechen.

Die Voraussetzung der „wirklichen Größengleichheit" im Bereich von Streckenerlebnissen, d. h. die Grundlage der objektivierten Strecke ist also, daß die Gleichheitserlebnisse in allen erwähnten Modalkreisen bestehen, daß wir somit gleichzeitig sowohl eine optische wie propriozeptive und haptische Streckenklasse bilden können, und die Bezeichnung derselben ist $(O \cdot P \cdot H) \supset l$, d. h. eine Konjunktion zwischen diesen Klassen.

Bei der praktischen Messung von Strecken wird diese Konjunktion meistens so hergestellt, daß die fraglichen Strecken örtlich dicht nebeneinander gelegt werden (Ortskoinzidenz), oder anders ausgedrückt so, daß die „Reize" in dem optischen, dem propriozeptiven und dem haptischen *Rezeptorensystem* an derselben Stelle des Systems wirken. Ausgedrückt in der Sprache der Analyse schließlich: so, daß die Inhaltsgleichheiten der Streckenerlebnisse in allen drei Kreisen die einzigen Gleichheitsabstraktionen sind, und daß man nicht zu versuchen braucht, den Umstand, daß die Örtlichkeit der Strecken eine verschiedene ist, unbeachtet zu lassen. Man braucht also mit anderen Worten keine implizite Abstraktion zwischen den Inhaltselementen „verschiedener Lokalisation" vorzunehmen, wie es der Fall wäre, wenn die „Streckenreize" an verschiedenen Stellen des Rezeptorensystems einwirkten.

Eine objektivierte „wirkliche" Strecke ist also demnach auf Grund wirklicher to-Gegenstände konstituiert. Die Axiome und Theoreme der Geometrie behandeln nun als Objekte diese so konstituierten Objekte, so daß man sich daran erinnern muß, daß die Klassen, z. B. Streckenklassen, von denen wir bei unserer früheren Ausführung über die Geometrie sprachen, nicht aus unanalysierten to-Gegenständen zusammengesetzte t1-Klassen sind, sondern Konjugationsklassen nach Art der obenerwähnten. Im übrigen wird unsere Darstellung der Geometrie durch das oben Angeführte nicht verändert.

Die obige Ausführung hat gezeigt, daß unter den Gegenständen, die man geneigt wäre, alle als zum Typus 1 gehörig, also unserer sinnesphysiologischen Nomenklatur gemäß als „Empfindungen" anzusprechen, in der Tat auch bimodale Gegenstände sind. Eigentliche, tatsächlich monomodale Empfindungsklassen sind die, deren logische Form nur der Typus t1 ist. Solche Gegenstände haben wir als Vergegenständlichungen erster Stufe bezeichnet. Aber „Empfindungscharakter", oblgeich nicht in der rein monomodalen Form, haben auch die Gegenstände, Vergegenständlichungen höherer Stufe, deren logische Form eine gewissermaßen verborgene Relation zwischen t1-Klassen ist, die zu verschiedenen Kreisen gehören.

Zu den *Objektivierungen erster Stufe* gehören alle die Empfindungen, die aus Erlebnissen zusammengesetzt sind, welche nur in einem Modalkreis vorkommen können. Solches sind die Farbenqualitätserlebnisse und vor allem die für die Physik wichtigen Spannungs- oder Krafterlebnisse (Propriozeptivqualitätserlebnisse). Wir bemerken, daß alle diese Erlebnisfolgen solche sind, welche den Modalkreisen ihre Besonderheit und oft auch ihren Namen verleihen. Aus diesen Erlebnissen gebildete Klassen könnten wir als *Intensitätsklassen* bezeichnen, weil einige von ihnen, die in der Physik vorkommen, unter diesem Namen erwähnt werden.

Die Objektivierungen höherer Stufe, welche also eigentlich verborgene Relationen von Klassen (erster Stufe) sind, sind somit von verschiedenem Typus. Zu einem bestimmten Typus gehören die Vergegenständlichungen, bei denen auf der einen Seite des Implikationszeichens eine Intensitätsklasse steht, d. h. irgendeine von den Objektivierungen erster Stufe, die oben erwähnt worden sind, und auf der anderen Seite des Implikationszeichens eine Ortsklasse. Derartige Objektivierungen sind z. B. die Oberflächenfarben, die Gegenstandslaute, vielleicht auch die Kraft fremder „Gegenstände".

Die Intensitätsklassen sind nur „innere“ Begriffe; eine Gegenständlichkeit liegt kaum bei ihnen vor. Das Auftreten der Gegenständlichkeit könnte, wie die obige Auseinandersetzung erweist, an die Implikationsmöglichkeit gebunden sein. Wenn die Intensitätsklassen dagegen an Ortsklassen gebunden werden, erhalten wir dann *Ding-Intensitäten*, die gewissermaßen *vergegenständlichte Begriffe* sind. Man könnte wohl fragen, ob es nicht möglich wäre, *Intensitäts*klassen verschiedener Modalkreise zu implizieren und sie auf diese Weise zu „vergegenständlichen“. Im allgemeinen kommt so etwas nicht vor: die Intensitätsklassen sind auf ihren eigenen Modalkreis beschränkt, und ihre Implikation findet nur in bezug auf Klassen von Ortscharakter statt. In der psychologischen Literatur werden jedoch Fälle erwähnt, wo bei Personen eine Relation von bestimmten Intensitätsklassen aufgetreten ist. So können bei manchen Personen mit bestimmten Farben bestimmte Tonhöhen verbunden sein, oder es stehen Gesichts- und anderseits Geruchs- und Geschmacksqualitäten miteinander in Verbindung. Zweifellos ist bei einer solchen Person z. B. eine bestimmte Farbenqualität, mit welcher beispielsweise gleichzeitig immer irgendeine Geruchsqualität vorkommt, in besonderer Weise mehr gegenständlich, als wenn die Farbenqualität allein, ohne Zusammenhang mit anderen Empfindungsklassen auftritt. Was wiederum die Klassen von Ortscharakter anbelangt, so können auch diese, wie wir an einigen unserer früheren Beispiele nachgewiesen haben, ganz allein vorkommen; aber ein derartiges Vorkommen ist unter ihnen seltener und meistens von speziellen Versuchsanordnungen abhängig.

Die erwähnten Objektivierungen höherer Stufe bilden eine Art „Außenwelt“. Die Grundlage derselben ist ein Zusammenhang unter unseren verschiedenen Erlebnissen, das, was in der Logik als die Möglichkeit der Relationssetzung zwischen verschiedenen Klassen bezeichnet wird. Die Grundlagen dieser „Außenwelt“ sind also in unserer „inneren“ Konstitution vorhanden. Zu dieser objektivierten Außenwelt gehören die äußeren Formen, der Raum sowie die „äußeren“ Intensitätseigenschaften, wie die Oberflächenfarben, die „äußeren“ Laute usw. Die Gegenständlichkeit dieser Welt ist also noch nicht besonders handgreiflich; ihr fehlt das, was wir als das wesentlichste Zeichen der „Äußerlichkeit“ der „von uns unabhängigen Außenwelt“ ansprechen; ihr fehlen die „von uns unabhängigen“ Wirkungen, die Kräfte und die in der „Außenwelt“ befindlichen Massen.

Im folgenden versuchen wir nachzuweisen, daß auch diese Eigenschaften der Außenwelt in gleicher Weise mittels unserer Erlebnisse, deren Klassen und den zwischen ihnen bestehenden Relationen zu verstehen sind wie die Eigenschaften der Außenwelt, von denen früher die Rede war.

Merkwürdig ist, daß die Einbeziehung eines einzigen Erlebniskreises und der daraus gebildeten Klasse, nämlich der *Kraft*klasse, und deren Implizierung mit Klassen anderer Kreise, unsere Erlebnisse viel mächtiger vergegenständlicht als die Implikationen aller anderen Klassen. Wir haben früher erwähnt, daß sich die Krafterlebnisse beinahe ausschließlich auf die im Zusammenhang mit unseren aktiven Bewegungen vorkommenden Propriozeptivinhalte beschränkten. Diese Behauptung ist wohl etwas zu weitgehend. Stärkere, auf die Haut einwirkende Drucke ergeben auch Erlebnisse, deren Charakter an denjenigen propriozeptiver Krafterlebnisse erinnert. Eine aus diesen Erlebnissen gebildete Kraftklasse könnten wir als *haptische Kraft* bezeichnen. Wenn wir derartige haptische Krafterlebnisse mit den propriozeptiven Krafterlebnissen vergleichen, bemerken wir trotz ihrer Verwandtschaft wesentliche Unterschiede zwischen denselben. Die propriozeptiven Erlebnisse treten in der Regel beinahe isoliert auf; ihre Klasse impliziert oder konjugiert also im allgemeinen auch insgeheim keine anderen gleichzeitigen Klassen. Demgemäß sind die propriozeptiven Krafterlebnisse gerade nicht einmal lokalisiert. Zwar empfinden wir, in welchem Gliede die Kraftanstrengung stattfindet, und man könnte deshalb wohl von einer Art Relation zu einer Klasse von Ortscharakter sprechen, aber wie man ebenfalls konstatieren kann, ist diese Klasse von Ortscharakter qualitativ ganz anders als die Klassen von Orts- und Raumcharakter, von denen früher die Rede war, und die in der Geometrie und Kinetik vorkommen. Die haptische Kraftklasse ist dagegen deutlich an einen Hautbezirk „gebunden". Die festere Verbindung der haptischen Kraft mit der Ortsklasse bildet denn auch die Grundlage für die größere „Gegenständlichkeit" dieser Klasse. Wir können sagen, daß die haptische Kraft genau in demselben Sinn eine Objektivierung zweiter Stufe ist, wie es beispielsweise die Oberflächenfarben sind; die haptische Kraft ist „der Druck eines äußeren Gegenstandes auf die Haut", so wie die Oberflächenfarbe „die Farbenwirkung eines äußeren Gegenstandes auf das Gesicht" ist. Die propriozeptive Kraft, die Klasse der in unseren Gliedern empfundenen Krafterlebnisse ist als eine Objektivierung erster Stufe viel weniger vergegenständlicht; diese Kraft ist nicht die Eigenschaft irgendeines Gegenstandes, sie ist eine ganz reine Begrifflichkeit.

Wir erinnern uns, daß in einem früheren Kapitel Versuche mitgeteilt wurden, bei denen die haptischen und propriozeptiven Krafterlebnisse durch die Versuchsanordnung voneinander unterscheidbar wurden, und daß zwischen ihnen demgemäß ein sog. *Umschaltungsphänomen* (JALAVISTO) stattfand. Merkwürdig ist, daß zwischen den Kraftklassen des propriozeptiven und des haptischen Kreises anscheinend keine „geheime" Relation vorkommt, d. h. daß unser allgemeiner, in der Physik auftretender Kraftbegriff keine auf einer derartigen Relation basierende

„objektivierte" Kraft, sondern eine ausschließlich auf dem Propriozeptivkreis basierende Klasse ist (so faßt wohl auch PLANCK die Sache auf).

Die rein „inhaltliche" Farbenklasse (erster Stufe) führte beim Implizieren einer Flächenklasse (höherer Stufe) zu einer vergegenständlichten Oberflächenfarbe. Die reine Kraftklasse, also ebenfalls eine Intensitätsklasse, führt beim Implizieren einer Klasse von Ortscharakter und einer Zeitklasse zu einer noch handgreiflicheren Form der Vergegenständlichung. Der *Grundsatz der Kinetik oder Mechanik* drückt diese Kraftimplikation in einer absoluten, also axiomatisierten Form aus. Die Form dieses Ausdruckes ist $k \supset m \cdot a$ oder $m \supset \frac{k}{a}$; der Ausdruck definiert also eine „äußere" Gegenständlichkeit, die Masse (m) mittels der Kraftklasse (k) und Klassen von Zeit- und Raumcharakter (a). Nach unserem Dafürhalten ist die hier explizite ausgedrückte Massen-Gegenständlichkeit in einer ganz ähnlichen Weise gebildet wie die Oberflächen-Gegenständlichkeit in unserem früheren Beispiel. Wir legen die Bildungsweisen dieser beiden Vergegenständlichungen hintereinander dar.

1. Die auf der Empirie basierende Definition der Masse: Wenn die Kraftklasse k (erster Stufe) besteht, die in einem implikativen Verhältnis zu Raum- und Zeitklassen (Beschleunigung a) steht, so tritt der „Begriff" oder die Vergegenständlichung Masse (m) auf. In logischen Zeichen: $\frac{k}{a} \supset m$. Oder in Form einer Definition: $m =_{Df} \left(\frac{k}{a}\right)$. In diesem Ausdruck stellt die Masse keine Klasse dar, sondern einer Vergegenständlichung, die mittels einer Implikation definiert wird.

2. Die auf der Empirie basierende Definition der Oberflächenfarbenvergegenständlichung, auf deren Grundlage die topologische und metrische Messung dieser Größe möglich ist. Wenn die Farbenklasse (j) (erster Stufe) die Flächenklasse f (höherer Stufe) impliziert, so tritt die Oberflächenfarbe (i) auf.

Genauer ist die Form dieses empirischen Ausdruckes die folgende. PIPER hat gezeigt, daß, wenn man beim Bestimmen der Sehschwellen des dunkeladaptierten Auges verschieden große beleuchtete Flächen verwendet, das der Sehschwelle entsprechende Produkt der sog. physikalischen Lichtintensität der beleuchteten Fläche (i) und der Quadratwurzel aus der Größe der beleuchteten Fläche (f) (oder also dem ihr entsprechenden Gesichtswinkel) mit großer Genauigkeit konstant ist; $i \cdot \sqrt{f} =$ konst. Diese Regel gilt für Flächen von 1 qcm bis zu 100 qcm (die entsprechenden Gesichtswinkel betragen $2{,}45^0$ und 26^0). Die von PIPER entlehnte Tabelle 5 erweist die Genauigkeit der Regel. Der Inhalt der PIPERschen Versuche ist, unter Berücksichtigung der Versuchsverhältnisse, folgender. Die Versuchsperson konstatiert in ihrem Gesichtsfeld Lichter und bildet aus diesen unmittelbaren Lichtintensitätserlebnissen eine Lichtintensitätsklasse, die wir mit j bezeichnen. Diese Klasse ist offenbar vom Typus $t\,1$, also eine Vergegenständlichung erster Stufe, entspricht somit hinsichtlich ihres Typus einer Kraftklasse. Es ist besonders darauf hinzuweisen, daß diese Schwellenlichtempfindungen nicht den Charakter von Oberflächenfarben haben; die Schwelleninhalte des „peripheren" Gesichtsfeldes sind beim dunkeladaptierten Auge nicht von dieser Art. Der Versuchsleiter versucht nun die so gebildete Klasse und die „örtliche" Beleuchtungsflächenklasse zu implizieren. Er stellt fest, daß es gelingt, die Wahrscheinlichkeit der Implikation hochwertig zu gestalten, wenn das Implikat zu einer Produktrelation aus der Quadratwurzel der beleuchteten Fläche sowie einer anderen Größe, nämlich der physikalischen Lichtintensität gemacht wird. Also $j \supset i \cdot \sqrt{f}$. Die beleuchtete Fläche (f) ist ein Gegenstand höherer Stufe. Die Größe $\sqrt{f}$ ist also analog wie die im Grundsatz der Mechanik vorkommende Beschleunigungsgröße gebildet. Diese beiden Größen stellen Relationen von $t\,1$-Gegenständen dar.

Tabelle 5.

Nach PIPER; gibt die bei der Dunkeladaptation bezüglich der Sehschwelle herrschende Regel $i \,.\, \sqrt{f} =$ konst. wieder, worin f die Größe der beleuchteten Fläche und i deren Lichtintensität darstellt.

Größe der Fläche in qcm f	$\sqrt{f}$	1. Fall		2. Fall	
		Relat. Schwellenwert i	„Reizwert" $\frac{1}{\sqrt{i}}$	Relat. Schwellenwert i	„Reizwert" $\frac{1}{\sqrt{i}}$
1	1	10	1	10	1
10	3,15	2,94	3,4	3,03	3,3
25	5	1,96	5,1	2,08	4,8
100	10	1,02	9,8	1,15	8,7

Welchen Charakter hat aber die vom Versuchsleiter bei der Bildung der Implikation zu Hilfe genommene Größe, die physikalische Lichtintensität? Erstens konstatieren wir, daß sie bei dem in Frage stehenden Versuch etwas ganz Fremdes darstellt. Wir wollen nachprüfen, welches ihr Typus ist, ob sie eine wirkliche, aus unanalysierten Erlebnissen zusammengesetzte Klasse ist, also vom Typus $t\,1$, eine Vergegenständlichung erster Stufe, oder etwa eine Vergegenständlichung höherer Stufe. Diese Größe, die physikalische Intensität des Lichtes, kann man auch durch die Ausdrucksweise: Lichtenergie pro Zeit- und pro Flächeneinheit wiedergeben. Wie werden diese Größen bestimmt? Das Bestimmungsverfahren beruht schließlich immer auf einem Vergleich, auf einer Inhaltsgleichheit, einem photometrischen Experiment, bei welchem auf Grund der Inhaltsgleichheit die erwähnte „physikalische" Lichtintensitätsabstraktionsklasse gebildet wird. Diese Vergleichsversuche lassen sich nicht mit dunkeladaptierten Augen unter Verwendung verschieden großer Beleuchtungsflächen ausführen, weil man dann, wie PIPERS Versuche erweisen, eine Lichtintensitätsklasse erhielte, die mit der oben beschriebenen, physikalisch definierten Lichtintensität nicht identisch wäre. Ebensowenig kann man die Versuche so ausführen, daß man dem dunkel- oder auch lichtadaptierten Auge verschieden lange dauernde, aber an und für sich immer kurze Lichtreize darbietet, weil man auch hierbei, wie die früher referierten Versuche von BLOCH und CHARPENTIER dartun, nicht eine Lichtintensitätsklasse der Physik, sondern eine andersartige Lichtabstraktionsklasse erhielte. Die Experimentiermethode, welche die gebrauchte physikalische Lichtabstraktionsklasse liefert, ist das Experimentieren mit lichtadaptierten Augen unter Verwendung von lange dauernden Lichtreizen und unter Darbietung von relativ großen beleuchteten Flächen. Welcher Art sind nun die „Licht"-Erlebnisse bei einem solchen Experiment? Es sind keine unanalysierbaren Elementarerlebnisse; die Versuchsperson konstatiert mit ihren lichtadaptierten Augen, daß sich die betreffenden Farben oder Lichter auf eine Fläche von bestimmter Größe ausbreiten. Die Zusammenfassung dieser Gegenstände, die also keine auf der Gleichheit von $t0$-Gegenständen basierende Klasse darstellen, ist somit auch kein $t1$-Gegenstand, d. h. eine Vergegenständlichung erster Stufe, sondern eine Vergegenständlichung, die wir mit dem Namen *Oberflächen-* oder *Flächenfarbe* bezeichnet haben. Die in dem Ausdruck von PIPERS Experiment vorkommende Größe i, die physikalische Intensität des Lichtes, ist also in Wirklichkeit eine Vergegenständlichung höherer Stufe, und ihre logische Bezeichnung ergibt sich nur mittels der in diesem Ausdruck vorkommenden Implikation, und zwar in genau analoger Weise wie die Definition des Massengegenstandes mittels des Grundsatzes der Mechanik. In Zeichen also $i \supset \frac{j}{\sqrt{f}}$ oder $i =_{Df} \left(\frac{j}{\sqrt{f}}\right)$, Ausdrücke, die Analogien des Ausdruckes der Massenvergegenständlichung sind. Auf diese Weise haben wir zeigen können, daß die Flächenfarben-Vergegenständlichung ganz genau so zu definieren und topologisch sowie metrisch mittels $t1$-Gegenständen (Empfindungen, Vergegenständlichungen erster Stufe) zu messen ist, wie die Massenvergegenständlichung definiert worden und mit Hilfe von Kraft-, Raum- und Zeitgegenständen zu messen ist.

Wir sehen, wie in diesen beiden Fällen die Implizierung einer fremden Klasse mit Klassen von Ortscharakter einen neuen Begriff mit sich bringt. Der Begriff, den die Kraftklasse mit sich bringt, die Masse, wird explizite in dem Grundsatz der Mechanik ausgedrückt und kommt dann in sämtlichen sich auf diesem Axiom aufbauenden Ausdrücken der

Mechanik vor. Der Oberflächenfarbenbegriff, den die Gesichts- oder Lichtintensitätsklasse mit sich bringt, scheint dagegen in der Wissenschaft kaum explizite aufzutreten, sondern die Erwähnung derselben beschränkt sich hauptsächlich auf die in der Psychologie gemachte Feststellung, daß die Farben verschiedene Erscheinungsformen haben, und daß eine von diesen, die Oberflächenfarbe, Gegenständlichkeitscharakter besitzt.

Es ist zu beachten, daß der Oberflächen- oder Flächenfarbenbegriff, d. h. der Lichtintensitätsbegriff der Physik sowohl wie der Massenbegriff somit auf Grund von *Erlebnissen* definiert wird. Sie sind demnach aus den *elementarsten Gegenständen*, den *wirklichen* $t0$-Gegenständen konstituiert. Und die Art der Vergegenständlichung, der Objektivierung der Flächenfarbe und der Masse geht aus den sie darstellenden, oben wiedergegebenen Ausdrücken hervor.

In dem Ausdruck der Oberflächenfarbenobjektivierung erscheint die Größe „Fläche". Dies ist eine Relationsgröße von Ortscharakter, wie sie die Geometrie behandelt. In der Flächenfarbenkonstitution tritt *außerdem* eine Klasse vom Typus $t1$, die Licht- oder Gesichtsintensitätsklasse (j) auf. Die Flächenfarbenobjektivierung ist also hinsichtlich ihrer Konstitution komplizierter als z. B. die Ortscharakter besitzenden Streckenobjektivierungen in der Geometrie. Wenn man so die beiden Objektivierungen bis auf den Grund, d. h. bis zu den $t0$-Gegenständen analysiert, kommt der Unterschied in ihrer Konstitution zum Vorschein, und dem entspricht die unmittelbare Feststellung, daß die Flächenfarbenobjektivierung irgendwie „gegenständlicher" ist als die ganz abstrakten Objekte der Geometrie von Ortscharakter. Diese beiden als Objektivierungen bezeichneten Gegenstände sind jedoch in der Tat ziemlich schwache Vergegenständlichungen.

Die Massenvergegenständlichung ist in dieser Beziehung, wie man unmittelbar feststellen kann, „handgreiflicher" gegenständlich als die vorigen Gegenstände. Der unmittelbar wahrnehmbaren größeren Stärke der Massenvergegenständlichung entspricht auch eine größere Kompliziertheit ihrer Konstitution. In der Konstitution der Masse erscheinen Klassen von Ortscharakter, die den Charakter der von uns oben geschilderten Relationsgegenstände darbieten. Außerdem kommt darin die Kraftklasse vor, die eine aus $t0$-Gegenständen gebildete $t1$-Klasse darstellt, sowie ferner eine Zeitgröße, deren Konstitution wir noch nicht zu erörtern versucht haben. Wir gehen auch hier nicht an die Analyse und Konstituierung der Zeitgrößen, sondern verschieben dies auf das folgende Kapitel, in welchem auch der *Vergleich* zwischen Gegenständen von Ortscharakter und überhaupt verschiedenartigen Gegenständen anzustellen versucht wird. Als sicher darf indessen gelten, daß die starke Gegenständlichkeit der Massengröße nicht auf Grund des Vorkommens der

Zeitgröße in ihrer Konstitution zum Ausdruck kommt, sondern daß diese Gegenständlichkeit darauf basiert, daß sich die propriozeptiven Intensitätsinhalte hinsichtlich der Intensitätserlebnisse anderer Kreise, z. B. des Gesichtskreises, in einer Ausnahmestellung befinden; der Propriozeptivkreis ist ja der einzige „aktive" Modalkreis. So ruft die Implikation der Kraftklasse des Propriozeptivkreises „über die Modalgrenzen hinaus" einen „aktiv" gegenständlicheren Eindruck hervor als z. B. die entsprechende, „über die Modalgrenzen" erfolgende Implikation der Sehintensitätsklasse.

Man fragt sich wohl, welcher Art die Vergegenständlichungen und die Gegenstände sind, die uns im täglichen Leben begegnen, aber in der Physik nicht vorkommen. Sind solche Gegenstände, wie z. B. der Tisch, das Buch usw. ebenfalls auf Grund von unanalysierbaren Erlebnissen der t_0-Gegenstände zu konstituieren? Derartige Objektivierungen versuchen wir ebenfalls im folgenden Kapitel zu behandeln.

Die Objektivierung oder Vergegenständlichung; die verschiedenen Stufen derselben.

Wie wir uns erinnern, gehen nach HILBERT in die Ordnung eines jeden Wissensgebietes, wenn dessen Analyse eine höhere Stufe erreicht, für das Wissensgebiet charakteristische *Objekte* (Grundobjekte) sowie deren gegenseitige *Beziehungen* ein. So sind ja die Grundobjekte der Planigeometrie die Punkte, die Geraden und die Flächen und ihre Grundrelationen die sog. Verknüpfungs-, Ordnungs- und Kongruenzrelationen. Beim Analysieren unserer *Inhalte* erweist es sich, daß die Analyse auch auf dem Wissensgebiet der Sinnesphysiologie oder der Psychologie, wie wir früher dargelegt haben, zu Grundobjekten und Grundrelationen führt. Als Grundobjekte erscheinen hier Gegenstände, die wir als wirkliche t_0-Gegenstände bezeichnet haben, die unanalysierbaren Erlebnisse, und als Grundbeziehungen die Relationen, von denen früher die Rede gewesen ist. In diesem Kapitel wollen wir versuchen, die Grundobjekte sowie auch die auf ihrer Grundlage aufgebauten, in den Wissenschaften vorkommenden Objekte höherer Stufe, genauer als es bisher geschehen ist, zu analysieren, ohne jedoch auf die Beziehungen einzugehen, auf Grund welcher sich diese Gegenstände höherer Stufe bilden; den Charakter und die Psychologie dieser Beziehungen behandeln wir dann in dem folgenden, dem letzten Kapitel.

Weil man durch Analyse zu den Objekten und Relationen irgendeines Wissensgebietes gelangt, ist es evident, daß wir, wenn wir zu ermitteln versuchen, welches die Grundobjekte der unsere Inhalte behandelnden Wissenschaft sind, die vollständige *Unanalysierbarkeit* derselben als deren Kennzeichen betrachten müssen. Falls wir an die analysierende

Behandlung der Ganzheit unserer Inhalte gehen, darf die Analyse erst haltmachen, wenn sie die Grenze ihrer Möglichkeiten, das unanalysierbare Erlebnis erreicht hat. Letzteres sprechen wir natürlich als das Grundobjekt unseres Wissensgebietes, unserer Wissenschaft an; sein Typus ist also *to*; es ist ein wirklicher *to*-Gegenstand. Was bedeutet die Ausdrucksweise, daß wir im Bereich der unsere Inhalte behandelnden Wissenschaft ein inhaltliches analysierendes Verfahren benutzen? Im Bereich der reinen Naturwissenschaften braucht eine derartige Frage überhaupt nicht gestellt zu werden, weil alle Inhaltlichkeit in deren Bereich implizite auftritt, wogegen dies in der die Inhalte selbst behandelnden Sinnesphysiologie und Psychologie eine ganz zentrale Frage ist. In bezug auf die Sinnesphysiologie möchten wir die etwas unbestimmte Ausdrucksweise benutzen, daß das analysierende Verfahren in dieser Wissenschaft dasselbe bedeutet wie die Benutzung der Denkverfahren bei dem herkömmlichen Stoff dieser Wissenschaft; mit bestimmter Notwendigkeit ergibt sich dann eine bestimmte Behandlungsmethode der Inhalte, nämlich die Methode der Denkwissenschaft, die Logik. Die *analysierende Sinnesphysiologie* und die Psychologie enthalten somit naturgemäß viel Logik. Weil unser *Denken* auch so, wie es als Struktur der Logik in Erscheinung tritt, und anderseits diejenigen *Erlebnisinhalte*, welche zum Untersuchungsgebiet der Sinnesphysiologie und der Psychologie gehören, einander nicht fremd sind, sondern zweifellos gemeinsam den Kreis unserer Inhalte im weiteren Sinne bilden, muß das System der Logik, also das Denken, mit den Inhalten der Sinnesphysiologie und der Psychologie in Zusammenhang stehen. Diesen Zusammenhang oder diese Wechselwirkung, deren Darstellung man mit dem leicht mißzuverstehenden Namen *Psychologie der Logik* bezeichnen könnte, versuchen wir im letzten Kapitel zu besprechen.

Wir erwähnten früher, daß die Grundobjekte der Sinnesphysiologie *to*-Gegenstände, d. h. unmittelbar erkennbar unanalysierbare Gegenstände sind. Die Ausdrucksweise „unmittelbar erkennbar" ist also so zu verstehen, daß das analysierende Denken die Unanalysierbarkeit dieser Gegenstände konstatiert, und nicht etwa so, daß sie bei dem „aktuellen Erlebnis an und für sich" möglichst einfach wären. An dieser Stelle geben die Worte und die verschiedenen Ausdrucksweisen das, was die Unanalysierbarkeit der Grundobjekte charakterisiert, ihren tatsächlichen *to*-Charakter, sehr unvollständig und ungenau wieder. Tatsächlich sind die Grundobjekte, welche durch die Tätigkeit, die wir als analysierendes Denken bezeichnet haben, schließlich enthüllt werden, gleichzeitig auch eine Art „Empfindungserlebnisse", Gegenstände, die sich gleichsam ohne analytische Gedankenanstrengung darbieten (Gegenstände vom Typus *to*). Dies bedeutet, daß unsere Inhalte und Erlebnisse, auch wenn wir von ihnen sagen, daß sie „als solche gegeben sind", immer in Zusammenhängen verknüpft sind, die wir als Denktätigkeit bezeichnen. Kurz: Die Darstellung dieser Dinge unter Benutzung der unbestimmten Umgangssprache ist nicht möglich, sondern wir können die Klarlegung derselben eher nur dadurch erhoffen, daß wir die Verfahren der Logik, wie es auch in dieser Studie zu tun versucht worden ist, mit den Ergebnissen der Experimentier- und Observationsmethoden der Sinnesphysiologie und der Naturwissenschaften kombinieren.

Wenn wir an die Darstellung der Grundobjekte der Sinnesphysiologie gehen, wollen wir sogleich erwähnen, daß man diese Darstellung auf zweierlei Weise vornehmen kann, die wir beide befolgen werden. Die beiden Methoden führen zu dem gleichen Endresultat, obgleich sie formal zunächst voneinander abweichen. Die eine Methode ist mehr formal und nimmt in ihrer Darstellung nicht so viel Rücksicht auf die „psychologischen" Unterschiede der verschiedenen Grundobjekte, die andere Methode ist „psychologischer" und nimmt Rücksicht auf diese Unterschiede. Wir beginnen unsere Schilderung mit der mehr formalen Darstellung.

Die Grundobjekte, denen wir beim Analysieren unserer Erlebnisse bis zu ihrem Grunde begegnen, sind 1. die *Intensitätsgrundgegenstände* to_i, deren es mehrere gibt, nämlich so viele, wie wir sog. Modalkreise besitzen. Also ein optischer Intensitätsgrundgegenstand, ein akustischer Grundgegenstand, ein Geschmacks- und Geruchsintensitätsgrundgegenstand, ein propriozeptiver Intensitätsgrundgegenstand, ein haptischer Intensitätsgrundgegenstand usw. Dies sind offenbar unanalysierbare Gegenstände. Der Grund dafür, weshalb sie alle unter der Rubrik Intensitätsgrundgegenstand zusammengefaßt sind, ist, daß zwischen ihnen zweifellos eine sie verbindende Relation, nämlich eine bestimmte „Ähnlichkeitsrelation" besteht. Auf Grund dessen können wir sämtliche Intensitätsgrundgegenstände zu einer „Ähnlichkeitsabstraktionsklasse" oder einem Ähnlichkeitskreise zusammenfassen. 2. Die *Ortsgrundgegenstände* to_l. Diese sind wie die vorigen unanalysierbar. Offenbar gibt es auch von ihnen mehrere Arten, weil die Örtlichkeit als to-Gegenstand, also nicht als Begriff, sondern als ein-für-allemaliger Inhalt von Erlebnischarakter, zweifellos verschieden ist, wenn er z. B. haptisch und wenn er optisch erlebt wird. Demgemäß könnten wir von optischen, akustischen, propriozeptiven und haptischen Ortsgrundobjekten sprechen. Es ist evident, daß der „unmittelbar feststellbare" Unterschied, der zwischen den Grundgegenständen von Intensitäts- und von Ortscharakter besteht, nicht zum Ausdruck kommt, wenn man sie auf diese Weise als einander gleichzustellende Gegenstandstypen wiedergibt. Dagegen tritt dieser Unterschied bei der später zu erläuternden anderen Darstellung der Gegenstände deutlich zutage. 3. Der *Grundgegenstand oder die Grundgegenstände von Zeitcharakter* to_z. Auch diese Gegenstände sind unanalysierbar. Man wäre zu behaupten geneigt, daß wir hier nur einerlei Gegenstände be sitzen, d. h. einen Gegenstand, der sich aus jedem unserer Erlebnisse völlig identisch herausanalysieren läßt, um was für ein Erlebnis, z. B. um was für einen Modalkreis es sich auch handeln mag. Diese Besonderheit des Zeitgrundgegenstandes kommt auch bei der vorliegenden formalen Darstellungsweise nicht hervor, kommt aber bei unserer andern Darstellung besser zu ihrem Recht.

Die Möglichkeit dieser mittels des Denkens *herausanalysierten* Gegenstände als *aktuelle Erlebnisse* aufzutreten, ist eine verschiedene. Wir berühren diesen Umstand hier im voraus, obwohl seine eigentliche Darstellung zu unserer andern, u. a. gerade diesen Umstand berücksichtigenden Ausführung gehört. Wir können kein Erlebnis besitzen, das ausschließlich to_z-Charakter hätte, d. h. unser *einziges* Erlebnis, unsere einzige Vorstellung oder unser einziger Inhalt kann nicht die Zeitlichkeit allein sein, sondern in Zusammenhang damit müssen immer auch ein oder einige intensitätsartige Grund- (to_i-) Gegenstände oder Gegenstände von höherem Typus vorkommen. Dasselbe können wir auch bezüglich der Gegenstände von Ortscharakter der to_l-Gegenstände sagen. Ohne Intensitätsgegenstände können Ortsgegenstände als Erlebnisse nicht auftreten. Wie könnten wir z. B. optische Ortserlebnisse besitzen, wenn dieselben nicht durch die in unserem Gesichtsfeld vorkommenden Intensitätsunterschiede „angezeigt" würden. In diesem Zusammenhang ist auch der von LIEBMANN nachgewiesene Umstand zu erwähnen, daß die Grenzlinien zwischen zwei verschiedenfarbigen Sehflächen undeutlich werden oder beinahe verschwinden, wenn man den Flächen eine möglichst gleiche Lichtintensität erteilt. Um unsere Ausdrucksweise zu gebrauchen, bedeutet dies, daß der optische Ortsgegenstand (to_{lo}, die Sichtbarkeit der Grenzlinie) nicht auftreten kann, wenn in demselben Zusammenhang nicht auch verschiedene Lichtintensitätsgegenstände auftreten ($to_{io'}$ und $to_{io''}$, die verschiedene Lichtintensität auf den beiden Seiten der Grenzlinie); ausschließlich verschiedene Farbenqualitätsgegenstände, die auch verschiedene Intensitätsgegenstände sind, reichen hierzu nicht aus.

Die Grundgegenstände von Intensitätscharakter existieren dagegen gleichsam mehr selbständig. (Diese ihre Besonderheit im Vergleich zu den andern Grundobjekten findet, wie schon erwähnt, einen deutlicheren Ausdruck in unserer späteren Darstellung.) Mit einem selbständigeren Dasein oder einer selbständigeren Existenz meinen wir, daß wir auf mehreren Sinnesgebieten experimentell Situationen herbeiführen können, in denen ein aktueller Inhalt fast nur Intensitätscharakter hat und gleichsam keinerlei Örtlichkeit besitzt. Z. B. ist das Gesichtserlebnis, das wir haben, wenn das ganze Gesichtsfeld sich in einer vollständig gleichfarbigen, gleichmäßig intensiven Beleuchtung befindet, wie von aller Örtlichkeit befreit (losgelöst), nur ein intensives Erlebnis. Desgleichen ist der Spannungsinhalt, der bei kräftigen Muskelanstrengungen unseres ganzen Rumpfes auftritt, so allgemeiner Art, daß es schwer ist, im Zusammenhang damit von einer Lokalisation zu sprechen. Es scheint, als ob wir Erlebnisinhalte besitzen könnten, die ohne jede Örtlichkeit und somit fast reine Intensitätsgrundobjekte sind, die aber offenbar eine von allen aktuellen Erlebnissen immer untrennbare Zeitkomponente besitzen.

Wenn wir uns anschicken, die Hierarchie der Typen der Grundobjekte und der daraus zu bildenden Gegenstände zu erläutern, ist es am bequemsten, alle wichtigeren, hier in Frage kommenden Typen von Gegenständen in Form einer Tabelle darzustellen. In dieser Tabelle 6 stehen an erster Stelle die Grundobjekte, die to-Gegenstände. Dieselben sind schon früher erläutert worden; es ist nur noch daran zu erinnern, daß es gemäß den verschiedenen Modalkreisen verschiedene to_i-Gegenstände gibt, desgleichen auch verschiedene to_l-Gegenstände, wogegen die to_z-Gegenstände nur einer Art sind; die folgenden Gegenstände höherer Stufe sind demgemäß gebildet.

Tabelle 6.

Die Gegenstände nullter Stufe, die Grundgegenstände. Die Endgegenstände des analysierenden Denkens, die unanalysierbaren Gegenstände.

to_i Der *Intensitätsgrundgegenstand.* Die to_i-Gegenstände der verschiedenen Kreise: $to_{i'}$, $to_{i''}$, usw. Kommt vielleicht frei von der Örtlichkeit, als ausschließlicher Erlebnisinhalt, bei bestimmten Versuchsanordnungen, als *Intensitätserlebnis* vor.

to_l Der *Ortsgrundgegenstand.* Die Gegenstände to_l der verschiedenen Kreise: $to_{l'}$, $to_{l''}$, usw. Kommt nicht als ausschließlicher Erlebnisinhalt vor.

to_z Der *Zeitgrundgegenstand.* Nur einer Art.

Die Gegenstände erster Stufe.

$t\text{I}_{ii}$	$= t(o_i o_i)$	Die „*Empfindung*", die *Intensitätsempfindung.* Klassenbildung in einem Modalkreis. Setzt darin „getrennte" to_i-Gegenstände, also eine Folge und damit eine Zeitlichkeit oder Örtlichkeit voraus.
$t\text{I}_{i'i''}$	$= t(o_{i'} o_{i''})$	Die Relation zwischen to_i-Gegenständen verschiedener Kreise. Kommt nur als *psychopathisches Erlebnis* vor.
$t\text{I}_{il}$	$= t(o_i o_l)$	Das Intensitäts*erlebnis,* bei dem auch die Örtlichkeit beachtet wird.
$t\text{I}_{iz}$	$= t(o_i o_z)$	Das Intensitäts*erlebnis,* bei dem auch die Zeitlichkeit beachtet wird.

$t1_{ll} = t(0_l 0_l)$ Die *Eigenortsklasse.* Klassenbildung innerhalb eines Modalkreises. Setzt „getrennte“ $t0_l$-Gegenstände, also eine Folge, die Zeitlichkeit voraus.

$t1_{l'l''} = t(0_{l'} 0_{l''})$ Die *intermodale Örtlichkeit.* Das *„Erlebnis“ der Geometrie.* Die Relation zwischen $t0_l$-Gegenständen verschiedener Modalkreise.

$t1_{lz} = t(0_l 0_z)$ Der Zeit-Ort-Gegenstand. *„Erlebnisse“ der Kinematik* (der Geschwindigkeit, der Beschleunigung).

$t1_{zz} = t(0_z 0_z)$ Die *Zeitklasse.* Der *Zeitbegriff.*

$t1_{lz} = t(0_i 0_l 0_z)$ Das *Erlebnis* in einem Kreise, formal am vollständigsten dargestellt.

Die Gegenstände zweiter Stufe.

Kombinationen von Gegenständen nullter und erster Stufe.

$t2_{i(ll)} = t(0_i 1_{ll})$ Das Eigenortsklassenintensitäts*erlebnis.* Z. B. das Flächenfarben*erlebnis,* dessen Flächenkomponente eine Klasse ist.

$t2_{i(l'l'')} = t(0_i 1_{l'l''})$ Das Intermodalortsklassenintensitäts*erlebnis.*

$t2_{i(zz)} = t(0_i 1_{zz})$ Das Zeitklassenintensitäts*erlebnis.*

Kombinationen von Gegenständen erster Stufe.

$t2_{(ii)(ll)} = t(1_{ii} 1_{ll})$ Die „Empfindung“ mit Eigenörtlichkeit. Die Eigenortsintensitätsklasse. Z. B. die *Flächenfarbenklasse.* Kommt oft in *Versuchen* vor.

$t2_{(ii)(l'l'')} = t(1_{ii} 1_{l'l''})$ Die „Empfindung“ mit Intermodalörtlichkeit.

$t2_{(ii)(zz)} = t(1_{ii} 1_{zz})$ Die „Empfindung“ mit Zeitbestimmung.

$t2_{(ll)(zz)} = t(1_{ll} 1_{zz})$

$t2_{(l'l'')(zz)} = t(1_{l'l''} 1_{zz})$

$t2_{(ii)'(ii)''} = t(1_{(ii)'} 1_{(ii)''})$ Kommt nur als *„psychopathische“ Klasse* vor. Hierher gehört jedoch auch die *propriozeptiv-haptische Kraftklasse.*

$t2_{(ll)'(ll)''} = t(1_{(ll)'} 1_{(ll)''})$ Die *Gegenstände, Klassen der Geometrie.*

Die Gegenstände dritter Stufe.

Kombinationen von Gegenständen erster und zweiter Stufe, die Bedeutung haben.

$t3_{(ii)(ll)'(ll)''} = t(1_{ii} 2_{(ll)'(ll)''})$ Der *Intensitätsbegriff einer geometrischen Klasse.* Z. B. die Farbenintensität einer als Objekt dienenden Fläche. Die *„objektive“ (physikalische) Oberflächenfarbe.*

$t3_{zz\,(ii)'(ii)''} = t(1_{zz}2_{(ii)'(ii)''})$ Z. B. der Kraftbegriff in der Zeit. Der *Kraftimpuls der Physik.*

$t3_{(zz)(ll)'(ll)''} = t(1_{zz}2_{(ll)'(ll)''})$ Z. B. die *Größen der Kinematik als Begriffe.*

Gegenstand der vierten Stufe.

$t4_{[(ii)][(zz)(ll)'(ll)'']} = t(1_{ii}3_{(zz)(ll)'(ll)''})$ Die *Masse* in der Mechanik.

Mittels der Abstraktion oder der Klassenbildung (Bestimmungsfunktion mit einem Argument) und mittels verschiedener Relationen werden aus $t0$-Gegenständen Gegenstände erster Stufe, vom Typus $t1$ gebildet. Solche kommen in der Tabelle mehrere vor. Als erste finden wir die Intensitätsklasse, $t1_{ii} = t(0_i 0_i)$, die wir mit dem Namen „*Empfindung*" bezeichnet haben. Wie wir bereits erwähnt haben, setzt ein derartiger Gegenstand immer eine Zeitlichkeit oder Örtlichkeit voraus; seine hier vorliegende Darstellungsweise ist somit unvollständig, was darin zum Ausdruck kommt, daß die Voraussetzung der Klassenbildung das Vorhandensein „getrennter" $t0_i$-Gegenstände, also das Vorhandensein einer Folge derselben in der Zeitlichkeit oder Örtlichkeit ist.

Gegenstände, deren Typus $t1_{i'i''} = t(0_{i'} 0_{i''})$, also eine Relation zwischen $t0_i$-Gegenständen verschiedener Kreise ist, kommen im allgemeinen nicht vor. Wir haben jedoch früher darauf hingewiesen, daß derartige „Intensitätskombinationen", intermodale Intensitätsklassen, als Besonderheiten, als psychopathische Erlebnisse vorkommen können. Den Gegenstand von der Form $t1_{il} = t(0_i 0_l)$ könnte man als ein auch die Örtlichkeit „beachtendes" Erlebnis bezeichnen. Ohne die Komponente der Zeitlichkeit kommt also auch dieser Gegenstand nicht als aktuelles Erlebnis vor. Dagegen ist das Erlebnis, dessen Typus als der folgende in der Tabelle auftritt, nämlich $t1_{iz} = t(0_i 0_z)$ als aktuelles Erlebnis möglich; die Möglichkeit dieses Intensitätserlebnisses wurde ja z. B. im optischen Bereich gezeigt.

Der Typus $t1_{ll} = t(0_l 0_l)$ repräsentiert eine Örtlichkeitsklasse, die „innerhalb" eines Modalkreises gebildet ist. Vom Standpunkt der Modalkreise könnte man diese Gegenstände als *Eigenortsklassen* bezeichnen. Die Gegenstände des folgenden Typus, $t1_{l'l''} = t(0_{l'} 0_{l''})$ dagegen sind aus Relationen zwischen $t0_l$-Gegenständen verschiedener Modalkreise gebildet, stellen also *intermodale Ortsklassen* dar. Wenn wir uns unsere frühere Darlegung über die Wahrnehmungsgrundlagen der Geometrie ins Gedächtnis zurückrufen, können wir feststellen, daß die hier in Frage stehenden Gegenstände solche sind, aus welchen die Objekte der Geometrie durch Abstraktion gebildet worden sind. Man könnte diese Gegenstände somit als *geometrische „Erlebnisse"* bezeichnen, weil sie vom Standpunkt der Geometrie $t0$-Gegenstände sind, d. h. Gegenstände, über die hinaus die Analyse in dieser Wissenschaft nicht geführt werden kann. Die

Indexe $l' \, l'' \ldots$ würden hier also zunächst den optischen, haptischen und propriozeptiven Modalkreis bedeuten.[1] Auch der folgende Gegenstand, $t1_{lz} = t(o_l o_z)$, ein „reiner Ortsgegenstand", kann nicht als Erlebnis auftreten, repräsentiert jedoch einen herausanalysierbaren „Grundgegenstand", nämlich einen *„Erlebnis"-Gegenstand der Kinematik.* Die Objekte der Kinematik, wie die Geschwindigkeiten, die Beschleunigungen, kann man nämlich als Abstraktionsklassen der jetzt in Frage stehenden Gegenstände betrachten.

Der folgende Gegenstand, $t1_{zz} = t(o_z o_z)$, ist die *Zeitklasse*, der Zeitbegriff, die Abstraktionsklasse einzelner Zeiterlebnisse. Und als letzter Gegenstand erster Stufe wird der Typus $t1_{ilz} = t(o_i o_l o_z)$ vorgeführt, welcher der Typus unseres sog. *monomodalen Erlebnisses* ist. Dieser ist von sämtlichen Typen erster Stufe der einzige, der einen im aktuellen Versuch möglichen, darin tatsächlich vorkommenden Gegenstand repräsentiert. Alle anderen sind nur Typen von *herauszuanalysierenden* Gegenständen.

Wenn wir die Hierarchie der Gegenstandstypen weiterhin auf dem Boden der Grundobjekte aufbauen, begegnen wir zunächst den Kombinationen zwischen Gegenständen erster Stufe. Wir bemerken, daß diese Kombinationsmöglichkeiten fast unbeschränkt vielfältig sind. Und desgleichen sehen wir, daß es nur mittels der logischen Hierarchie möglich ist, alle vorkommenden Gedanken- und Erlebnismöglichkeiten darzustellen zu versuchen; überhaupt alle möglichen „seienden" Gegenstände darzustellen, weil sie alle, auch die „Reize" und die physikalischen Größen, auf Grund von Gedankengrundobjekten zu konstituieren sind. In der Tabelle werden zuerst die Kombinationen von Gegenständen nullter und erster Stufe dargestellt. Die einzigen bemerkenswerten von diesen sind die $t2_{i(ll)}$-, $t2_{i(l'l'')}$- und $t2_{i(zz)}$-Gegenstände, die man als Eigenortsklassen-, Intermodalortsklassen- und Zeitklassenintensitäts-„*erlebnis*" bezeichnen könnte. Diese Gegenstände sind offenbar auch Gedankenprodukte und treten nicht als aktuelle Erlebnisse auf.

Als folgende Typen erscheinen in der Tabelle die Kombinationen von Gegenständen erster Stufe. Unter ihnen befinden sich mehrere beachtenswerte Gegenstände. Der Typus $t2_{(ii)(ll)} = t(1_{ii} 1_{ll})$ ist eine örtliche Intensitätsklasse. Wir könnten sie auch als eine „Empfindung" mit Eigenörtlichkeit bezeichnen. Derartige Ortsintensitäten können natürlich bei Versuchen in allen Modalkreisen vorkommen. Eine solche

---

[1] Zwischen den Ortsgrundobjekten kann eine *Konjugation* stattfinden, und als solche Konjugationsgegenstände müssen wir auch diese „Erlebnisgegenstände der Geometrie" auffassen, genau so wie wir die *Objektklassen* der Geometrie in dem Kapitel über die Wahrnehmungsgrundlagen der Geometrie als Konjugationsgegenstände von Eigenortsklassen dargestellt haben (der Typus der Objekte der Geometrie kommt in der Tabelle später unter den Typen zweiter Stufe vor).

ist z. B. die *Flächenfarben*klasse. Der folgende Typus $t2_{(ii)(l'l'')} = t(1_{ii}\,1_{l'l''})$ ist von der Art des vorigen, aber auf Grund der *Intermodalität* der Örtlichkeit könnte man ihn im Vergleich zu dem vorigen als *objektiver* ansprechen. Den Typus $t2_{(ii)(zz)}$ können wir als zeitliche Intensitätsklasse oder als „Empfindung" mit Zeitlichkeitsbestimmung bezeichnen. Die zwei folgenden Typen $t2_{(ll)(zz)}$ und $t2_{(l'l'')(zz)}$ sind Kuriositäten, worüber nichts weiter.

Weil die Intensitäts- und die Ortsklassen im obigen getrennt sind, haben wir noch die Kombination $t2_{(ii)'(ii)''} = t(1_{(ii)'}\,1_{(ii)''})$. Von diesem Typus sind die Konjugationsgegenstände der Intensitätsklassen der verschiedenen Modalkreise. Wie wir früher erwähnten, kommen derartige Gegenstände im allgemeinen nicht als aktuelle Erlebnisse vor, außer in speziellen seltenen Fällen, wo sie gewissermaßen *psychopathologische Gegenstände* darstellen. Eine Ausnahme existiert indessen, und das ist die Konjugation der propriozeptiven und der haptischen Intensitäts-, also Kraftklassen. Dieser Typus repräsentiert also die *propriozeptiv-haptische Kraft*. (Die ausschließlich propriozeptive und ebenso die haptische Kraftklasse ist natürlich vom Typus $t1_{ii}$.) Und als letzten wichtigen Typus haben wir hier $t2_{(ll)'(ll)''} = t(1_{(ll)'}\,1_{(ll)''})$, der offenbar auch der Typus der *Objekte* oder Klassen *der Geometrie* ist. (In dem Kapitel über die Wahrnehmungsgrundlagen der Geometrie sind die Gegenstände der Geometrie als vom Typus $t1$ bezeichnet. Ihre tatsächliche Zugehörigkeit zum Typus $t2$ verändert natürlich die Ausführungen in dem erwähnten Kapitel nicht, weil sämtliche Gegenstände der Geometrie von demselben Typus sind und die Erhöhung der Stufenziffer der Objekte nur die durchgehende Veränderung des Typenzeichens in den Ausdrücken bedeutet.)

Hiernach sind in der Tabelle Gegenstände dritter Stufe aufgeführt. Die Kombinationen von Gegenständen nullter und zweiter Stufe sind ohne Bedeutung. Die Kombinationen von Gegenständen erster und zweiter Stufe haben dagegen große Bedeutung. Als ersten von diesen finden wir den Typus $t3_{(ii)(l'l'')} = t(1_{ii}\,2_{l'l''})$. Dies ist der Intensitätsbegriff einer geometrischen Klasse, z. B. die Farbenintensität einer Fläche als Objekt. Auch könnten wir dies Objekt als *wirkliche* (*physikalische*) *Oberflächenfarbe* bezeichnen. Beim Vergleichen dieses Gegenstandes mit dem früher dargestellten Gegenstand $t2_{(ii)(ll)}$ (z. B. der örtlichen Farbenempfindung, auch einer „Flächenfarbe") bemerken wir, daß es nur mittels der Typenhierarchie möglich ist, diese Gegenstände voneinander zu unterscheiden und zu definieren; bei der gewöhnlichen Ausdrucksweise bringt man sie notgedrungen durcheinander. Vom Typus $t3_{(ii)(l'l'')}$ ist das Oberflächenfarbenobjekt, das wir im vorigen Kapitel behandelt haben, wobei wir die Analogie in seiner Bildungsweise mit der Bildungsweise eines in der Physik vorkommenden Objektes, nämlich der Masse nachwiesen. Wir erinnern uns, daß der Gegenstand „physikalische Flächenfarbe“ aus vollständig „inhaltlichen“ Grundobjekten konstituierbar ist. Einen Gegenstand vom Typus $t\,3_{(z\,z)\,(i\,i)'\,(i\,i)''} = t\,(1_{z\,z}\,2_{(i\,i)'\,(i\,i)''})$ repräsentiert nur die *Kraft*intensitätsklasse, weil dies der einzige (in der Physik) vorkommende intermodale Intensitätsgegenstand ist. Der Typus repräsentiert also die intermodale Kraft. Eine Größe dieser Art ist der *Kraftimpuls der Physik* (wenn die Kraft als intermodal und demgemäß als von zweiter Stufe gesetzt ist. Ist dagegen die Kraft ein Gegenstand erster Stufe, so ist der Typus des Impulses der Physik $t\,2_{(i\,i)\,(z\,z)}$). Der folgende Gegenstand dritter Stufe ist ebenfalls wichtig; er repräsentiert nämlich *Größen der Kinematik*, deren Typus also $t\,3_{(z\,z)\,(l\,l)'\,(l\,l)''}$ ist.

Die Kombinationen von Typen zweiter Stufe sind nicht bedeutungsvoll, ebensowenig im allgemeinen auch die Kombinationen von Typen nullter, erster und zweiter Stufe mit Typen dritter Stufe. Eine Kombination zwischen einem Typus erster und einem Typus dritter Stufe ist indessen äußerst wichtig. Der in unserer Tabelle als letzter rangierende Typus $t\,4_{(i\,i)\,(z\,z)\,(l\,l)'\,(l\,l)''} = t\,(1_{i\,i}\,3_{(z\,z)\,(l\,l)'\,(l\,l)''})$ ist nämlich der Typus der *Masse der Physik*. Die Art und Weise, in welcher sich dies stark „vergegenständlichte“ Objekt aus „inneren“ Grundobjekten, den Grundobjekten oder -gegenständen der Intensität, der Örtlichkeit und der Zeitlichkeit bildet, wurde früher bereits dargestellt. In ganz analoger Weise, wie z. B. die Flächenfarbe der Physik, die Objekte der Geometrie, der Kraftimpuls der Mechanik usw. kann also auch der am „stärksten“ objektivierte Massengegenstand auf Grund von inneren Erlebnissen konstituiert werden.

Die Durchmusterung der vorstehenden Tabelle zeigt, daß, ausgehend von den Grundobjekten nullter Stufe, welche jeglicher Vergegenständlichung entbehren, „reine Inhalte“ sind, die Gegenständlichkeit der daraus konstituierten Objekte mit dem Steigen der Stufenziffer der Objekte in der Typenhierarchie zunimmt. Die „Empfindungen“ erster Stufe sind nur „Begriffe“, aber als solche vielleicht nicht mehr ausschließlich „inhaltlich“. Die Gegenstände zweiter Stufe, wie z. B. die Objekte der Geometrie, sind mehr begrifflich als die vorigen und insofern gegenständlicher. Die Gegenstände dritter Stufe, wie die Oberflächenfarbe der Physik, der Kraftimpuls der Physik und die Größen der Kinematik sind solche, von denen wir im allgemeinen schon als „äußeren“ Größen sprechen, die von uns völlig unabhängig sind. Diese Größen treten oft als „*Reize*“ bei sinnesphysiologischen Versuchen auf. Die ausgeprägteste Äußerlichkeit unter den Gegenständen erreicht ein Gegenstand der höchsten, der vierten Stufe, die Masse. Es kann unserer Aufmerksamkeit nicht entgehen, daß als Intensitätskomponente von diesem Typus vierter Stufe nur der Kraftgegenstand vorkommt, nicht aber Intensitätsgegenstände anderer Modalkreise. Dies bedeutet, daß nur auf propriozeptivem Boden eine zeitlich-örtliche Physik entwickelt worden ist. Dies wird oft auch als die „Qualitätslosigkeit" der Physik bezeichnet, eine Ausdrucksweise, die also nicht ganz zweckentsprechend ist. Darauf, daß in der Konstitution der Gegenstände der Physik an Intensitätsgegenständen nur der Intensitätsgrundgegenstand des Propriozeptivkreises vorkommt, nicht aber Intensitätsgrundgegenstände anderer Kreise, basiert auch das dimensionale Gramm-Zentimeter-Sekunden-System der Physik. Der Propriozeptivkreis, unser einziger aktiver oder „mechanischer" Kreis, verleiht denn auch dem System der Physik seinen „mechanistischen" Charakter (im weitesten Sinne des Wortes).

Sämtliche oben dargestellten Objekte können wir in dem Sinne als exakt bezeichnen, daß sie alle mit Hilfe logischer Relationen aus Grundgegenständen nullter Stufe konstituiert sind. Es sind, die einen in größerem, die anderen in kleinerem Maße „vergegenständlichte" Objektivierungen. Man kann fragen, gibt es keine anderen Vergegenständlichungen, und vor allem, was sind unsere „gewöhnlichen" Dinge? Sind etwa solche Vergegenständlichungen oder Dinge wie Buch, Tisch usw. auch irgendwie auf Grund von Grundgegenständen mittels der logischen Beziehungen konstituierbar? Hierauf dürfte man verneinend antworten können; wenn wir eine derartige Konstitution versuchten, würden sich die Relationen sicher als so vieldeutig und schwer „durchschaubar" erweisen, daß der Versuch nicht durchzuführen wäre. Dies könnten wir so ausdrücken, daß sich die exakte Konstitution unserer alltäglichen Dinge aus Grundgegenständen nicht durchführen läßt, obgleich es evident ist, daß auch sie in dem von uns gebrauchten analytischen Sinne zuguterletzt auf unseren inhaltlichen Grundobjekten basieren. Daß diese Grundlage nicht explizite nachweisbar ist, könnten wir als die *Unexaktheit* der alltäglichen Dinge bezeichnen.

In der vorstehenden Darlegung sind die Grundgegenstände to_i, to_l und to_z einander parallel gesetzt. Gegen eine solche Parallelisierung spricht indessen die unmittelbare Feststellung. Befinden sich doch, wie früher erwähnt worden ist, die Intensitätsgrundgegenstände, to_i, in einer anderen Stellung als die übrigen Grundgegenstände. An Hand dieses Umstandes versuchen wir nun im folgenden, vielleicht in etwas zwangloserer Weise als zuvor, die Hierarchie unserer Inhalte und unserer Vergegenständlichungen zu entwickeln, was jedoch in bezug auf die Form der Ausdrücke der verschiedenen Gegenstände auf dasselbe Endresultat hinauskommt wie die soeben gelieferte, mehr schematische Darstellung.

Wir setzen als einzige Grundelemente die Intensitätsgrundgegenstände to_i. Wo bleiben dann die doch unmittelbar so primär anmutende Örtlichkeit und Zeitlichkeit? Wir bemerken leicht, daß sie dann dem Folgebegriff anheimfallen. Bei unserer Ausführung über die Wahrscheinlichkeitsrechnung (s. S. 31) wurde von der Zugehörigkeit der Elemente x_k zu einer bestimmten Folge gesprochen und diese Zugehörigkeit mit $\overset{n}{\underset{1}{N}} x_k$ bezeichnet, worin k den laufenden Index des Elementes bedeutet und die Bezeichnungen 1 und n angeben, daß die einzelnen x einander von 1 bis n folgen. Der Folgebegriff bezeichnet also, daß wir es mit in irgendeinem Sinne (in der Logik zwar in keinem einer Realität entsprechenden Sinne) aufeinanderfolgenden Elementen zu tun haben, daß die Elemente gewissermaßen von 1 bis n zu numerieren sind. Aber dies bedeutet dasselbe wie, daß die Elemente, abgesehen davon, daß sie Elementcharakter besitzen (bei uns in der Sinnesphysiologie den Charakter von Intensitätsgrundgegenständen), noch eine andere Eigenschaft, nämlich ihre Nummer in der Folge, besitzen müssen (was bei uns in der Sinnesphysiologie ihre Reihenfolge in der Zeitlichkeit oder Räumlichkeit bedeutet). Die ,,Numerierung" von Intensitätsgrundgegenständen in ihren Zeitlichkeits- oder Örtlichkeitsfolgen führt somit zu der empirischen, topologischen und metrischen Definierung der Zeitlichkeit und Örtlichkeit in genau der gleichen Weise, wie auch die Intensitätsseite in ihnen definiert wird, so daß wir, weil es sich um empirische Umstände handelt, formal zu analogen Ausdrücken kommen wie in unserer früheren Darstellung.

Wir entwickeln diesen Gedanken bezüglich der *Zeitlichkeit* etwas genauer. Angenommen, wir haben Intensitätsgegenstände i_k. Ihre Zugehörigkeit zu einer Folge wird mit $\overset{n}{\underset{1}{N}} i_k$ bezeichnet. In der Logik und in der Wahrscheinlichkeitsrechnung ist die Zugehörigkeit eines Elementes zu einer Folge ein ganz ,,formaler" Umstand; es wird behauptet, daß die Modelle erst dieser Zugehörigkeit einen Inhalt geben. Wir haben früher gezeigt, daß in der Sinnesphysiologie und in aller analysierenden Wissenschaft die einzigen wirklichen Grundgegenstände, die Gegenstände nullter Stufe, die unanalysierbaren Intensitäts-, Zeit- und Ortsgrundobjekte sind. Wenn wir nun nur die zuerst erwähnten, d. h. die Intensitätsgrundobjekte als Elemente unserer Entwicklung einsetzen, so sind die Folgen, in denen sie dargestellt werden müssen, d. h. in denen sie ,,existieren werden", die Folgen der Zeitlichkeit und der Örtlichkeit. Das Aufeinanderfolgen der einzelnen Intensitätsgrundgegenstände i_k, also der verschiedenen Intensitätserlebnisse als Objekte 1, 2, 3.., bedeutet somit gerade, daß diese Intensitätsgrundgegenstände sich in einer Zeitlichkeit (oder Örtlichkeit) befinden, d. h. daß uns ein präzisierter Ausdruck der Zeitlichkeit oder Örtlichkeit vorliegt.

Wenn wir die aus Gegenständen nullter Stufe gebildete Klasse erster Stufe mit O bezeichnen, erinnern wir uns, daß das Verhältnis zwischen Element und Klasse durch die ε-Relation bezeichnet wurde; $i_k \varepsilon O$. Die Klassenbildung im Kreis von Elementen *setzt* also die Zugehörigkeit der Elemente zu einer Folge schon *voraus. Demnach ergibt sich uns als Voraussetzung dafür, daß man aus Intensitätsgrundgegenständen überhaupt eine Intensitätsklasse oder einen Begriff bilden kann, die Zugehörigkeit der Intensitätsgegenstände zu einer zeitlichen* (*oder räumlichen*) *Folge.* Was für eine Beziehung besteht nun zwischen der hier dargestellten „Folge-Zeit" und der früher dargestellten „Elementar-Zeit" to_z? Hier ist an einen schon früher erwähnten Umstand zu erinnern, daß nämlich in unseren Erlebnissen tatsächlich niemals Intensitätsgrundgegenstände to_i allein vorkommen, sondern daß dieselben, ausgedrückt in unserer früheren formalen Darstellungsweise, stets an „gleichzeitige" to_z-Gegenstände gebunden sind. Die zeitlichen to_z-Gegenstände lassen sich also in der Tat aus ihren aktuellen Verbindungen nur „herausanalysieren". Und dies Herausanalysieren, welches die to_i-Gegenstände, die Intensitätsgegenstände, gleichsam als isoliert auftreten oder erscheinen läßt, bedeutet dasselbe wie die Außerachtlassung ihrer Zugehörigkeit zu einer Folge, nämlich der Zeitlichkeit.

Der Zusammenhang unserer Darstellungsweisen sowie auch ihre Unterschiede gehen deutlich aus folgendem hervor. Die *1., die frühere Darstellungsweise*: der Gegenstand to_i, konjugiert mit dem Gegenstand to_z „existiert", „ist"; dazu kommt ein zweiter Gegenstand to_i (z. B. das Licht erlischt oder wird schwächer), ebenfalls an einen Gegenstand to_z gebunden. Abermals folgt ein neues to_i, das seinerseits mit einem to_z konjugiert ist usw. Die Wörter „ist", „kommt" und „folgt" werden hier sämtlich durch den Gegenstand to_z genau definiert. Die *2. Darstellungsweise*: der Gegenstand to_i „ist". Dann „ist er nicht", d. h. wir haben „statt dessen" irgendein anderes to_i. Und darnach „ist" vielleicht wieder irgendein drittes to_i usw. In dieser Darstellung bedeuten die Wörter „ist" und „ist nicht" die Zugehörigkeit zu einer Folge. Wir haben hier keine Nuance der Zeitlichkeit, wie sie diesen Wörtern in der vorigen Darstellung anhaftete, aber wenn wir die verschiedenen „Existenzen" oder Formen des „Seins" in dieser zweiten Darstellung numerieren, kommen wir topologisch und metrisch zu der gleichen, *zusammen* mit to_l- und to_z-Gegenständen erfolgenden Wiedergabe der to_i-Gegenstände wie bei der ersteren Darstellung.

Die quantitative Wiedergabe unserer Inhalte und unserer Vergegenständlichungen ist also nicht davon abhängig, ob wir die eine oder andere Methode für unsere Darstellung wählen. Die formale Parallelsetzung der to_l- und to_z-Gegenstände mit den to_i-Gegenständen, wie es die erste Methode tut, obgleich diese Gegenstände, wie man erkennen kann, verschiedenartig sind, erhält also ihre Berechtigung dadurch, daß die „natürlichere", zweite Darstellungsweise, unsere Folgendarstellung, zu dem gleichen Ergebnis führt wie die erste Methode.

Unsere Folgendarstellung verleiht auch derjenigen Eigenschaft des

Grundgegenstandes to_z Ausdruck, die wir als die *Intermodalität* des Zeitgegenstandes bezeichnet haben (dies gilt in beschränkterem Sinne auch für den Ortsgegenstand). Der auf Grund der Zeitgrunderlebnisse to_z gebildete Zeitklassenbegriff $t1_{zz}$ läßt sich nämlich als *Auswahlklasse* der in verschiedenen Kreisen zu bildenden Klassen wiedergeben (s. CARNAP 3), wobei die unmittelbar erkennbare Besonderheit der Zeitgrund*erlebnisse* neben den Intensitätsgrund*erlebnissen, formal* darin zutage tritt, daß sie Elemente der gemeinsamen Auswahlklasse der Klassen dieser anderen Kreise sind.

Die genauere Entwicklung dieses Sachverhaltes ist folgende. Die Modalkreise sind, wie wir früher auseinandergesetzt haben, „Ähnlichkeitskreise", worin (in jedem Modalkreise) die Elemente durch eine nicht exakte Ähnlichkeitsrelation vereinigt werden. Wir können nun aus allen diesen „Ähnlichkeitsmodalkreisen" (*m*) eine um eine Stufe höhere Klasse $\varkappa$ bilden, deren Elemente dann die Modalkreise sind. Die Elem ente dieser Modalklasse selbst sind die $to_{i'}$, oder $to_{i''}$ oder $to_{i'''}$ ..., d. h. die Intensitätsgegenstände der verschiedenen Modalkreise, sowie to_l und to_z. Wenn wir aus den Elementen to_z eine Klasse, die Zeitklasse $t1_{zz}$, bilden, so hat dieselbe ein Element mit *sämtlichen* Modalklassen (*m*) gemeinsam. Eine derartige Klasse (μ) bezeichnet man als *Auswahlklasse.* Die *Zeitklasse* oder der Zeitbegriff, das, was wir am besten als *Zeit* bezeichnen (Analogie; wir kamen früher überein, Intensitätserlebnisklassen als *Empfindungen* zu bezeichnen) ist also eine „intermodale" Auswahlklasse. Ihre Elemente sind Zeiterlebnisse to_z, und sie selbst ist vom Typus $t1_{zz}$, also von erster Stufe.

Als *Selektorrelation* wird die Beziehung bezeichnet, die den verschiedenen Klassen *m*, also einem jeden Modalkreis ein Element, to, dieser Klasse als *Vertreter* dieser Klasse *m* der Auswahlklasse μ zuordnet. Man kann wohl fragen, was für eine Selektorrelation ist es, welche die Zeiterlebnisse to_z den verschiedenen Modalkreisen zuordnet, um aus ihnen die Zeitauswahlklasse entstehen zu lassen. Es ist die *Gleichheitsrelation*, die, wie man erkennt, zwischen den Inhalten (den Zeitlichkeiten) der einzelnen Modalkreise herrscht.

Es ist evident, daß die vorige Entwicklung auch in bezug auf die Ortsgrundgegenstände möglich ist; auch hier können wir von einer Ortsauswahlklasse sprechen. Unterschiede hinsichtlich der Zeitauswahlklasse existieren jedoch, was daraus hervorgeht, daß wir nur einerlei to_z-Erlebnisse und demgemäß nur eine entsprechende Auswahlklasse, die *Zeitklasse* $t1_{zz}$ haben, wogegen uns im Bereich der Örtlichkeit verschiedene Entsprechungen für diese Klasse vorliegen, wie $t1_{l'l''}$, das Erlebnis der Geometrie, und $t2_{(ll)'(ll)''}$, die Klasse (Begriff) der Geometrie, dartun. In Tabelle 6 wurden die verschiedenen Begriffe der Geometrie dargestellt, die wir also teilweise als Auswahlklassen ansprechen können.

Außerdem ist zu beachten, daß die Ortsauswahlklassen bei weitem nicht Vertreter aller Modalkreise sind, wie es die Zeitauswahlklasse mit ihrem allgemeineren Charakter ist.

Wenn wir an Hand der sich aus der obigen Analyse ergebenden Grundobjekte und der aus ihnen gebildeten Gegenstände, also der Vergegenständlichungen verschiedener Stufen, erneut zur Betrachtung der sinnesphysiologischen *Vollversuche* schreiten, d. h. der Implikationen, die, axiomatisiert, den Charakter von Kausalverbänden erlangen, sowie anderseits die in der Physik auszuführenden *Observationen* untersuchen, die meistens Zeit- und Ortskoinzidenzablesungen sind [SCHLICK (*2*)] und ebenfalls Implikationscharakter besitzen, so erkennen wir aufs neue die prinzipielle Übereinstimmung zwischen dem sinnesphysiologischen Versuch und der physikalischen Observation. Und weil das Hauptgewicht im sinnesphysiologischen Versuch auf die eingehendere Analyse der Erscheinung, im physikalischen Experiment dagegen oft nur auf die Form des Ausdruckes zu legen ist, haben wir den sinnesphysiologischen Versuch oder das nach der sinnesphysiologischen Methode ausgeführte Experiment demgemäß als die Grundlage aller exakten Observation bezeichnet.

In der Implikation des *sinnesphysiologischen Versuches* steht auf der linken Seite, als Implikans, wie wir gezeigt haben, immer ein Gegenstand erster Stufe. Meistens ist dies außerdem, bei Benutzung der soeben entwickelten Bezeichnungsweise, ein Gegenstand vom Typus $t1_{ii}$, eine Intensitätsempfindungsklasse. Als Implikat, auf der rechten Seite, steht eine „Reizgröße", als welche die verschiedensten, in der von Tabelle 6 angegebenen Weise aus inhaltlichen Grundgegenständen konstituierbaren Gegenstände der Physik und Chemie auftreten. Wir erinnern uns, daß der Hauptzweck der Konstitution des Reizes ist, eine solche Größe zu finden, welche der Wahrscheinlichkeit der Implikation einen möglichst hohen Wert verleiht.

Die *Experimente der Physik, die Observationen* sind auch bisweilen derartig, daß als Implikans ein Gegenstand vom Typus $t1_{ii}$, also eine Intensitätsklasse, darin auftritt. [In betreff der Observationen siehe SCHLICK (*1*) sowie speziell (*2*)]. Solche Experimente sind z. B. die photometrischen Ablesungen, bei denen ein Farbenintensitätsvergleich stattfindet. Meistens sind die physikalischen Observationen indessen solcher Art, daß Gegenstände vom Typus $t1_{ll}$ oder $t1_{zz}$ als Implikantien darin vorkommen; es handelt sich also um die Bildung von Zeit- oder Ortsklassen, d. h. um *Zeit- oder Ortskoinzidenzablesungen.* Die Feststellung der Gleichzeitigkeit zweier Ereignisse bedeutet die Zusammenfassung zweier Zeiterlebnisse $t0_z$ zu einer Klasse, so daß also der Zeitkoinzidenztypus $t1_{zz}$ ist. Das der Ortskoinzidenz entsprechende Zeichen ist entweder $t1_{ll}$ oder vielleicht $t1_{l'l''}$, wobei die Koinzidenz im letzteren Falle

„intermodal", unter Verwendung zweier Observationsmethoden (Sinne), erfolgt, was seltener sein dürfte. Die an der ATWOODschen Fallmaschine stattfindende Observation hat somit, was das Implikans des Versuches anbelangt, entweder die Form $t1_{zz}$ oder $t1_{ll}$, je nachdem, ob wir den Versuch als Zeit- oder als Ortskoinzidenzablesung ausführen; die beiden Verfahren sind früher ausführlich beschrieben worden.

In betreff des Implikates der Implikation der Observationen der beiden Wissensgebiete, der Sinnesphysiologie und der Physik, erwähnen wir noch folgendes. In den Implikationen (den Axiomen und Theoremen) der einfachsten Naturwissenschaft, der *Geometrie*, kommen zu beiden Seiten des Implikationszeichens nur $t1_{ll}$-Gegenstände (oder eigentlich $t2_{(ll)'(ll)''}$-Gegenstände) vor; hier handelt es sich also ausschließlich um Verhältnisse, die auf Ortsgrundgegenständen konstituiert sind. Dies ist also das, was wir als die *Monomodalität* der Geometrie bezeichnet haben, und darauf gründet sich die Klarheit im Aufbau der Geometrie im Vergleich zu den übrigen Teilen der Physik. In der *Kinematik* treten Gegenstände auf, die sowohl auf Zeit- wie Ortsgrundgegenständen basieren, aber es kommen keinerlei Intensitätsgrundgegenstände hier vor. Erst in der Mechanik und in der *Physik* erscheint *ein* Intensitätsgrundgegenstand, $t1_{ii}$, nämlich die im Propriozeptivkreis gebildete *Kraft*. Dieser Gegenstand tritt im Implikat der Observationen der Mechanik und folglich auch in den auf Grund der axiomatisierten Observationen gebildeten theoremartigen Lehrsätzen der Physik auf. Und in dieser Beziehung hat der allgemeine sinnesphysiologische Versuch genau den Charakter eines Versuches der Mechanik. Auch im Implikat des sinnesphysiologischen Versuches kommt neben der Zeitlichkeit und Örtlichkeit als *einziger* Intensitätsgrundgegenstand die propriozeptive Kraft vor. Zwischen dem klassischen sinnesphysiologischen Vollversuch und der physikalischen Observation besteht also ein Unterschied nur im Implikans; die „Reize" hingegen sind in beiden nach demselben Prinzip gebildet. Man kann wohl fragen, ob es nicht angebracht wäre, sich in der Sinnesphysiologie von dieser ihr seitens der Physik gestellten Begrenzung bei der Reizbildung frei zu machen und Typen von Gegenständen darin zu entwickeln zu versuchen, in welchen auch andere Intensitätsgrundgegenstände vorkämen als der im propriozeptiven Kreise gebildete Kraftbegriff?

Wenn wir das „Experiment" der Geometrie als *monomodal* und das „Experiment" der Kinematik auf derselben Grundlage als *bimodal* bezeichnen, können wir die Observation der Mechanik als ihrer Form nach *trimodal* anführen (in den in Frage kommenden Gegenständen erscheinen Zeit-, Orts- sowie Intensitätsgrundgegenstände des Propriozeptivkreises) und schließlich die Form des sinnesphysiologischen Versuches als *multimodal*, weil darin außer Grundgegenständen der Zeit und des Ortes

Intensitätsgegenstände aus *allen* Modalkreisen vorkommen können. Auch in dieser Beziehung stellt also der sinnesphysiologische Versuch die allgemeinste Form des „intermodalen“ Experimentes dar.

Das exakte und das nichtexakte Experimentieren.

Nachdem wir so im vorhergehenden mittels der logischen Analyse den Charakter unserer Inhalte und Erlebnisse sowie unserer Vergegenständlichungen, kurz der „Gegenstände“ erörtert haben, erheben sich noch zwei Fragen. Die erste Frage lautet: Welches ist der Zusammenhang des Obigen mit den in unseren Sinnesorganen, unserem Zentralnervensystem und unseren Nerven stattfindenden sog. *Prozessen*? Diese Frage stellen wohl in erster Linie die Physiologen, die daran gewöhnt sind, Lebensvorgänge von diesem Standpunkt aus zu betrachten. Was diese sog. Prozesse sind, vom Standpunkt der Analyse, darauf haben wir im Verlauf unserer Ausführung einige Male hingewiesen, und darauf will ich an anderer Stelle und in anderem Zusammenhang zurückkommen. Zu der *allgemeinen Sinnesphysiologie* gehört die Behandlung dieser Frage eigentlich nicht, sofern mit dieser Bezeichnung, wie es allgemein geschehen ist, die allgemeinen und nicht die speziellen Beziehungen der Erlebnisse und Empfindungen gemeint werden. Diesen Standpunkt hat offenbar auch v. KRIES eingenommen, als er seine allgemeine Sinnesphysiologie schrieb.

Die zweite sich erhebende Frage lautet: Welches sind die psychologische Bedeutung und der Charakter der vorgeführten Gegenstände und Relationen? In gewissem Sinne ist diese Frage schon entschieden, nämlich insofern, als die Grundgegenstände, aus denen all unsere Gegenstände aufgebaut sind, unanalysierbare, also der psychologischen Behandlung nicht mehr zugängliche Gegenstände sind. Aber viele Umstände, wie z. B. das Problem, welcher Art der Unterschied zwischen den auf diesen Grundgegenständen aufzubauenden und den nicht daraus zu konstituierenden Gegenständen ist, also der Unterschied zwischen der exakten und der nichtexakten Psychologie, entbehren noch der Erläuterung, und letztere kann, wie wir feststellen werden, nur mittels einer allgemeinen deskriptiven Diskussion erfolgen.

Im sinnesphysiologischen *Halbversuch* wird auf Grund von Grundgegenständen eine Abstraktionsklasse, eine „Empfindung“ gebildet. Von analogem Charakter ist, wie wir gezeigt haben, der „Halbversuch“ der physikalischen Observation. Der in diesem Sinne *exakten* Tätigkeit der Physik und der Sinnesphysiologie, daß die zu behandelnden Gegenstände Grundgegenstände (oder wenigstens aus Grundgegenständen zu bildende Gegenstände) sind, entspricht eine nichtexakte Tätigkeit, bei welcher die Abstrahierung oder die Bildung von Gleichheitskreisen aus Inhalten oder Erlebnissen stattfindet, die *nicht* auf Grund von Grundgegenständen zu bilden sind. Wenn wir das Wesentlichste im Charakter unseres Abstrahierungsbedürfnisses, d. h. unserer Eigenschaft oder unserer Fähigkeit, die Gleichheit oder Ähnlichkeit im allerweitesten Sinne des Wortes aufzusuchen und wahrzunehmen, zu beschreiben versuchen, können wir nicht umhin zu bemerken, daß diese Eigenschaft der allerzentralste „Zusammenhalt" unseres „Ichs" ist. Wenn wir eine derartige allgemeine reproduzierende Feststellung der Gleichheit und Ähnlichkeit nicht besäßen, ja was bliebe dann von der Kontinuität unseres Ichs über? Wenn wir dies allgemeine, immer stattfindende Aufsuchen und Auffinden der Ähnlichkeit und Unveränderlichkeit in den wechselnden Inhalten als Ichfunktion bezeichneten, würde die exakte Abstraktion eine Höchstleistung, einen Höhepunkt dieser Funktion bedeuten. Die Grundlagen der exakten *quantitativen* Sinnesphysiologie und überhaupt der exakten Observation fänden sich somit im natürlichen Leben. Einen dementsprechenden Standpunkt in der Logik und Mathematik vertreten die *Intuitionisten* (BROUWER), nach welchen die logische Analyse und die „Begriffe" nicht etwas Fertiges, gleichsam Immanentes sind, sondern auf der Tätigkeit und dem Leben des Menschen basieren.

Wenn es sich so verhält, daß wir gleichsam eine zweistufige Hierarchie des Denkens und der „Analyse" besitzen, eine *ursprünglichere*, geläufigere, sowie ferner eine auf Grund derselben gebildete, *exakte Begriffe besitzende* und das wissenschaftliche Denken umfassende, so ist es evident, daß die auf der sog. exakten Observation des letzteren Denkens und deren Axiomatisierung basierenden Verfahren, die amorphen Gebilde der ersteren Denkform nicht wiederzugeben vermögen. Deshalb kommt es einem so vor, als ob große Gebiete der Realität, und unter ihnen die unserem alltäglichen Leben am nächsten stehenden, sich der exakten Behandlung nicht erschließen könnten. Die allgemeine deskriptive Wiedergabe, die das, was sie zu sagen hat, nicht zu *erklären*, sondern, oft unter Benutzung vieler verschiedener Ausdrucksweisen nur unbestimmt *auszudrücken* strebt, hätte hiermit ihre wichtige Aufgabe.

Wenn wir den *Vollversuch* der Sinnesphysiologie und der Physik betrachten, in dem auf Grund einer Implikation Gegenstände höherer Stufe gebildet werden, mit dem Ziel, eine Implikation von hoher Wahrscheinlichkeit zwischen den Grund- und sonstigen Gegenständen der verschiedenen Modalkreise zu erreichen, so können wir, wie eben bei dem Halbversuch, wieder bemerken, daß diese „Tätigkeit" auf einer analogen, wenn auch primitiveren, nichtexakten, alltäglichen Tätigkeit basiert. Wir sind bestrebt, mit jedem unserer Inhalte oder Erlebnisse, mögen sie noch so unbestimmt sein (also durchaus nicht aus Grundgegenständen konstituierbar), andere Inhalte und Erlebnisse in Verbindung zu setzen; wir bemühen uns, „Ursachen" für einen Vorgang in anderen Vorgängen zu finden. Als Spitze dieser primitiven „Implikationstätigkeit" erscheint die Implikation der *Logik*, und nur in dieser Weise ist es unseres Erachtens möglich, einen Hinweis darüber vorzubringen, welcher Art die Wahrnehmungsgrundlagen der Logik sind. Die Auffassung, daß eine Begründung der Logik nicht zu vollziehen ist, ein Standpunkt, welchen der *Formalismus* (HILBERT) vertritt, enthält also nach unserer Meinung insofern etwas Richtiges, als man die Grundlagen des *exakten* Denkens (der Logik) nicht in dem exakten Denken selbst finden kann, ist aber insofern unberechtigt, als die exakte Logik zweifellos ihre Grundlage und Wurzel in unserer allgemeinen Lebenseinstellung hat, obwohl dieselben nicht mit der Logik nachweisbar sind. Dies dürfte der Grundgedanke des *Intuitionismus* sein.

Wenn wir mit einer *psychologischen* Antwort auf die von uns vorgelegte Frage nach der Bedeutung des logischen Denkens im Bereich der Sinnesphysiologie und überhaupt der Observationen eine *deskriptive* Wiedergabe der „Entstehung" oder „Entwicklung" des logischen Denkens verstehen — die Berechtigung eines solchen Verfahrens haben wir soeben zu begründen versucht —, können wir also sagen, daß die quantitative Sinnesphysiologie und die physikalische Observation ein mit Hilfe des exakten Denkens auf die Spitze getriebenes Sich-selbst-Konstatieren in der Vielfältigkeit ist.

Zum Schluß wollen wir noch auf eine Frage hinweisen, die notgedrungen auftaucht im Anschluß an den Vergleich, den wir oben zwischen dem sinnesphysiologischen Versuch und anderseits der physikalischen Observation anzustellen versucht haben. Die Implikantien der Sinnesphysiologie sind, wie wir dargelegt haben, auf dem Grunde von Intensitätsgrundgegenständen verschiedener Kreise gebildet; die Observationen der Physik hingegen sind nur aus Zeit- und Ortsgrundgegenständen gebildete, sog. Zeit- und Ortskoinzidenzablesungen. Die Implikate dagegen, die „Reize", sind in diesen beiden Zweigen der Wissenschaft aus den gleichen Grundobjekten aufgebaut (aus Zeit- und Ortsgrundgegenständen sowie *nur propriozeptiven* Intensitätsgrundgegenständen). Die „Qualitätslosigkeit" der Physik ist also auch auf das Implikat der Sinnesphysiologie ausgedehnt, obgleich das *Implikans* der Sinnesphysiologie vor allem ein „Qualitätsgegenstand" ist. Auf diese Weise wird die Sinnesphysiologie im Widerspruch zu ihrem Charakter beschränkt. Wäre es möglich, ein Lehrsystem zu entwickeln, in welchem als Gegenstände höherer Stufe auch andere Intensitätsgegenstände als solche des Propriozeptivkreises auftreten, wäre es möglich, ein „qualitätsreicheres" Lehrgebäude nach Art der Physik zu entwickeln, das auf Grundgegenständen mehrerer Qualitäten basierte? Das also ist die Frage, die sich die Sinnesphysiologie selbst vorlegen muß.

Die hier aufgestellte Frage sowie auch mancher Umstand in der früheren Ausführung haben unseres Erachtens dargetan, daß diejenige „Tätigkeit", die wir als sinnesphysiologischen Versuch bezeichnen, gewissermaßen alle exakte Observation in sich schließt. Als Tätigkeitsform der eigentlichen, der exakten Wissenschaft muß dem sinnesphysiologischen Versuch demgemäß die ihm gebührende Stellung eingeräumt werden.

Literaturverzeichnis.

ADRIAN, E. D.: The Mechanism of Nervous Action. Oxford: Univ. Press. 1932.

AJDUKIEWICZ, K.: Das Weltbild und die Begriffsapparatur. Erkenntnis, **4**, 259 (1934).

ALLERS, R. u. F. HALPERN: Die Beeinflussung der Tastschwelle durch die Hauttemperatur. Pflügers Arch., **193**, 595 (1921).

ASHER, L.: Z. Biol., N. F., **17**, 394 (1897).

v. BAGH, K.: (*1*) Quantitative Untersuchungen auf dem Gebiete der Berührungs- und Druckempfindungen. Akad. Abhandlung. Helsinki. 1934. (*2*) Quantitative Untersuchungen auf dem Gebiete der Berührungs- und Druckempfindungen. Z. Biol., **96**, 153 (1935).

BERGMAN, G.: Zur Axiomatik der Elementargeometrie. Mh. Math. Physik, **36**, 269 (1929).

BERNFELD, S. u. S. FEITELBERG: Deformation, Unterschiedsschwelle und Reizarbeit bei Druckreizen. Arch. f. Psychol., **83**, 197 (1932).

BLOCH: C. r. Soc. Biol. Paris, 2 (1885).

BON FRED: Der Gegenstand der Psychologie. Erkenntnis, **4**, 393 (1934).

BORING, E. G.: Did Fechner measure sensation? Psychologic. Rev., **35** (1928).

BORSARELLI, F.: L'eccitamento foveale in rapporto alla durata della stimolo cromatico. Arch. di Sci. biol., **13**, 473 (1929).

BRAUNE, W. u. O. FISCHER: Die Rotationsmomente der Beugemuskeln am Ellbogengelenk des Menschen. Abh. math.-physik. Kl. sächs. Ges. Wiss., Leipzig, **15**, 245 (1890).

BROUWER, L. E. J.: Mathematik, Wissenschaft und Sprache. Mh. Math. Physik, **36**, 153 (1929).

BRÜCKE, E. TH. v.: Einflüsse des vegetativen Nervensystems auf Vorgänge innerhalb des animalischen Systems. Erg. Physiol., **34**, 220 (s. S. 243) (1932).

CARNAP, R.: (*1*) Physikalische Begriffsbildung. Karlsruhe: G. Braun. 1926. (*2*) Der logische Aufbau der Welt. Berlin: Weltkreis-Verlag. 1928. (*3*) Abriß der Logistik. Berlin: Julius Springer. 1929. (*4*) Die physikalische Sprache als Universalsprache der Wissenschaft. Erkenntnis, **2**, 432 (1931). (*5*) Die alte und die neue Logik. Erkenntnis, **1**, 12 (1930/31). (*6*) Bericht über Untersuchungen zur allgemeinen Axiomatik. Erkenntnis, **1**, 303 (1930/31). (*7*) Die logizistische Grundlegung der Mathematik. Erkenntnis, **2**, 91 (1931). (*8*) Psychologie in physikalischer Sprache. Erkenntnis, **3**, 107 (1932). (*9*) Über Protokollsätze. Erkenntnis, **3**, 215 (1932). (*10*) Logische Syntax der Sprache. Wien: Julius Springer. 1934.

CHARPENTIER: Arch. d'Ophtalm., **10**, 110 (1890).

COOK, H. D. u. M. v. FREY: Der Einfluß der Reizstärke auf den Wert der simultanen Raumschwelle der Haut. Z. Biol., **56**, 537 (1911).

CORNELIUS, H.: (*1*) Grundlagen der Erkenntnistheorie. Transzendentale Systematik, 2. Aufl. München: Ernst Reinhardt. 1926. (*2*) Zur Kritik der wissenschaftlichen Grundbegriffe. Erkenntnis, **2**, 191 (1931). (*3*) Das philosophische System von

HANS CORNELIUS. Eigene Gesamtdarstellung. Berlin: Junker und Dünnhaupt. 1934.

CREED, R. S., D. DENNY-BROWN, J. C. ECCLES, E. G. T. LIDDELL and C. S. SHERRINGTON: Reflex activity of the spinal cord. Oxford: Clarendon Press. 1932.

DELBOEF, J.: (*1*) Théorie générale de la sensibilité. Bruxelles 1876. (*2*) Eléments de psychophysiologie. Paris 1883.

DINGLER, H. u. R. PAULI: (*1*) Untersuchungen zu dem WEBER-FECHNERschen Gesetze und dem Relativitätssatz. Arch. f. Psychol., **44** (1923). DINGLER, H. (*2*) Über den Aufbau der experimentellen Physik. Erkenntnis, **2**, 1 (1931). (*3*) Der Zusammenbruch der Wissenschaft. München: E. Reinhardt. 1926. (*4*) Das Experiment. 1928.

DUBISLAW, W.: (*1*) Die Definition. Leipzig: Felix Meiner. 1931. (*2*) Über den sogenannten Gegenstand der Mathematik. Erkenntnis, **1**, 27 (1930/31). (*3*) Zur Wissenschaftstheorie der Geometrie. Bl. f. Philos., **4** (1930). (*4*) Bemerkungen zur Definitionslehre. Erkenntnis, **3**, 201 (1932).

FECHNER, G. TH.: (*1*) Revision der Hauptpunkte der Psychophysik. Leipzig 1882. (*2*) Elemente der Psychophysik, Neuausgabe von WUNDT. Leipzig 1889.

FREY, M. v.: (*1*) Untersuchungen über die Sinnesfunktionen der menschlichen Haut. Abh. math.-physik. Kl. sächs. Ges. Wiss., Leipzig, **23**, 169 (1896). (*2*) Studien über den Kraftsinn. Z. Biol., **63**, 129 (1914). (*3*) Die Vergleichung von Gewichten mit Hilfe des Kraftsinns. Z. Biol., **65**, 203 (1915). (*4*) Über die zur ebenmerklichen Erregung des Drucksinns erforderlichen Energiemengen. Z. Biol., **70**, 333 (1920). (*5*) Fortgesetzte Untersuchungen über die sinnesphysiologischen Grundlagen der Bewegungswahrnehmungen. Z. Neur., **104**, 821 (1926). (*6*) Sinnesphysiologie. Jber. Physiol., **7**, 735 (1928). (*7*) Sinnesphysiologie. Jber. Physiol., **9**, 701 (1930). (*8*)—(*9*) u. R. PAULI: Die Stärke und Deutlichkeit einer Druckempfindung unter der Wirkung eines begleitenden Reizes. Z. Biol., **59**, 497 (1913). (*10*) u. A. GOLDMANN: Der zeitliche Verlauf der Einstellung bei den Druckempfindungen. Z. Biol., **65**, 183 (1915). (*11*) u. H. STRUGHOLD: Ist der Drucksinn einheitlich oder zwiespältig? Z. Biol., **86**, 227 (1927).

FRAENKEL, A.: Die heutigen Gegensätze in der Grundlegung der Mathematik. Erkenntnis, **1**, 286 (1930/31).

GATTI, A.: (*1*) Arch. ital. Psicol., **2**, 28 (1922). (*2*) u. R. DODGE: Über die Unterschiedsempfindlichkeit bei Reizung eines einzelnen, isolierten Tastorgans. Arch. f. Psychol., **69**, 405 (1929). (*3*) u. R. DODGE: Über die Deformation der Haut in einer Reihe von Druckwerten. Arch. f. Psychol., **71** (1929).

GELB, A.: (*1*) Die „Farbenkonstanz" der Sehdinge. Handbuch der normalen und pathologischen Physiologie, Bd. 12, 1, S. 594. 1929. (*2*) u. K. GOLDSTEIN: Psychologische Analyse hirnpathologischer Fälle, Bd. 1. Leipzig 1920.

GOLDSTEIN, K.: (*1*) Das Kleinhirn. Handbuch der normalen und pathologischen Physiologie, Bd. 10, S. 222. 1927. (*2*) Dtsch. Z. Nervenheilk., **109**, 1 (1929).

GRANIT, R.: Comparative Studies on the peripheral and central retina. I. On interaction between distant areas in the human eye. Amer. J. Physiol., **94**, 4 (1930). II. Synaptic reactions in the eye. Amer. J. Physiol., **95**, 211 (1930).

HAHN, H.: Die psycho-physischen Konstanten und Variablen des Temperatursinnes. I. Die Konstanz der Empfindlichkeit der Temperaturnerven. Z. Sinnesphysiol., **60**, 162 (1929).

HANSEN, K.: (*1*) Neue Versuche über die Bedeutung der Fläche für die Wirkung von Druckreizen. Z. Biol., **62**, 536 (1913). (*2*) Die Unterschiedsschwelle des Drucksinnes bei möglichst verhinderter Reizausbreitung. Z. Biol., **73**, 167 (1921).

HEAD, H.: Brain, **26**, 99 (1905); **31**, 323 (1908).

Hecht, S.: Die physikalische Chemie und die Physiologie des Sehaktes. Erg. Physiol., **32**, 243 (1931).

Heidegger: Sein und Zeit, 1. Hälfte. Jb. f. Philos. u. phrenolog. Forsch., VIII, 2. A. (1929).

Helmholtz, H. v.: (*1*) Wissenschaftliche Abhandlungen, I—III. J. A. Barth. (*2*) Handbuch der Physiologischen Optik, I—III. Hamburg u. Leipzig: L. Voss. 1909. (*3*) Die Lehre von den Tonempfindungen. Braunschweig: Fr. Vieweg u. Sohn. 1877. (*4*) Vorträge und Reden. Braunschweig: Fr. Vieweg u. Sohn. 1884.

Hering, E.: Zur Lehre von der Beziehung zwischen Leib und Seele. Sitzgsber. ksl. Akad. Wiss., Math.-naturwiss. Kl. III, **72** (1875).

Heyting, A.: Die intuitionistische Grundlegung der Mathematik. Erkenntnis, **2**, 106 (1931).

Hilbert, D.: (*1*) Grundlagen der Geometrie, 1. Aufl. 1899. (*2*) Axiomatisches Denken. Math. Ann., **78**, 405 (1918). Hilbert, D. u. Ackermann, W.: Grundzüge der theoretischen Logik. 1928.

Hirvonen, M.: Über die Reizbarkeit des Gesamtmuskels bei elektrischer Reizung. Skand. Arch. Physiol. (Berl. u. Lpz.), **64**, 1 (1932).

Hohenemser, K.: Beitrag zu den Grundlagenproblemen in der Wahrscheinlichkeitsrechnung. Erkenntnis, **2**, 354 (1931).

Jaensch, E.: Über den Aufbau des Bewußtseins. Z. Psychol., Erg.-Bd., **16** (1930).

Jalavisto, Eeva: Quantitative Untersuchungen über Spannungsempfindungen und ihre doppelte propriozeptiv-haptische Zuordnung. Acta Soc. Medici fenn. Duodecim, Ser. A, T. XVIII, 3 (1935), sowie Skand. Arch. Physiol. (Berl. u. Lpz.) 1936.

Jensen, P.: Kausalität, Biologie und Psychologie. Erkenntnis, **4**, 165 (1934).

Jordan, P.: (*1*) Quantenphysikalische Bemerkungen zur Biologie und Psychologie. Erkenntnis, **4**, 215 (1934). Die Quantenmechanik und die Grundprobleme der Biologie und Psychologie. Naturwiss., 20. Jg., 815. (*2*) Über den positivistischen Begriff der Wirklichkeit. Naturwiss., 22. Jg., 485 (1934).

Katz, D.: Die Erscheinungsweisen der Farben und ihre Beeinflussung durch die individuelle Erfahrung. Z. Psychol., Erg.-Bd., **7** (1911).

Kiesow, F.: (*1*) Über die taktile Unterschiedsempfindlichkeit bei sukzessiver Reizung einzelner Empfindungsorgane. Arch. f. Psychol., **43**, 11 (1922). (*2*) Zur Frage nach der Gültigkeit des Weberschen Gesetzes im Gebiete der Tastempfindungen. Arch. f. Psychol., **47**, 1 (1924).

Kobylecki, S.: Über die Wahrnehmung plötzlicher Druckänderungen. Wundts psychol. Stud., 1, 219 (1906).

Kraepelin, E.: Zur Kenntnis des Drucksinnes der Haut. Psychol. Arb., **7**, 413 (1922).

Kries, J. v.: Allgemeine Sinnesphysiologie. Leipzig: F. C. W. Vogel. 1923.

Langelaan, J. W.: Bemerkungen zu dem Aufsatze von Wertheim-Salomonson: „Die Effektgröße als Funktion der Reizgröße." Pflügers Arch., **107**, 94 (1905).

Lehmann, A.: Grundzüge der Psychophysiologie. Leipzig 1912.

Mach, E.: (*1*) Analyse der Empfindungen, 3. Aufl. 1902. (*2*) Die Mechanik in ihrer Entwicklung. Leipzig: Brockhaus. 1912.

Matthews, B. H. C.: (*1*) The response of a muscle spindle during active contraction of a muscle. J. of Physiol., **72**, 153 (1931). (*2*) Nerve endings in the mammalian muscle. J. of Physiol., **78**, 1 (1933).

May, P.: Über sensorische Nerven und periphere Sensibilitäten. Erg. Physiol., **8**, 657 (1909).

v. Mises, R.: (1) Grundlagen der Wahrscheinlichkeitsrechnung. Math. Z., **5**, 52 (1919). (2) Über Heisenbergs Ungenauigkeitsbeziehungen und ihre erkenntnistheoretische Bedeutung. Naturwiss., 22. Jg., 822 (1934).

MÜLLER, G. E.: Die Gesichtspunkte und die Tatsachen der psychophysischen Methodik. Erg. Physiol., **2**, 267 (1903).

NATORP, P.: Die logischen Grundlagen der exakten Wissenschaften. Leipzig u. Berlin: Teubner. 1923.

NEUMANN, J. v.: Die formalistische Grundlegung der Mathematik. Erkenntnis, **2**, 116 (1931).

NEURATH, O.: Protokollsätze. Erkenntnis, **3**, 204 (1932).

NEVANLINNA, R.: Unpublizierte Vorlesungen über das System der Geometrie.

NIPPOLDT, A.: Erkenntnis und Erklärung. Naturwiss., **20**. Jg., 879 (1932).

NOSKE, F.: Die Gültigkeit des WEBERschen Gesetzes für die Unterscheidbarkeit sukzessiver Belastung der nämlichen Hautstelle. Auf Grund eines von E. KRAEPELIN 1885—1888 gewonnenen Versuchsmaterials. Arch. f. Psychol., **52**, 195 (1925).

PAULI, R. u. A. WENZL: Experimentelle und theoretische Untersuchungen zum WEBER-FECHNERschen Gesetz. Arch. f. Psychol., **51**, 399 (1925).

PIERON, H.: (*1*) De la variation de l'énergie liminaire en fonction de la durée de l'excitation pour la vision péripherique. C. r. Acad. Sci. Paris, **170**, 1203 (1920). (*2*) De la variation de l'énergie liminaire en fonction de la durée d'excitation pour la vision fovéale. Ibidem, 525. (*3*) Des lois régissant la variation de l'intensité sensorielle en fonction de l'intensité du stimulus. Rev. Philos., 53 (1928). (*4*) L'intégration des „neuroquanta" et la relation des échelons de sensation avec les intensités des stimuli. C. r. Soc. Biol. Paris, **111**, 36 (1932).

PIPER, H.: Über die Abhängigkeit des Reizwertes leuchtender Objekte von ihrer Flächen- bzw. Winkelgröße. Z. Physiol. Psychol. d. Sinnesorgane, **32**, 98 (1903).

PLANCK, M.: Einführung in die Allgemeine Mechanik. Leipzig: S. Hirzel. 1920.

POPPER, K.: Logik der Forschung. Wien: Julius Springer. 1935.

PÜTTER, A.: Studien zur Theorie der Reizvorgänge. Pflügers Arch., **171**, 201 (1918).

RADAKOVIĆ, TH.: Die Axiome der Elementargeometrie und der Aussagenkalkül. Mh. Math. Physik, **36**, 285 (1929).

REICHENBACH, H.: (*1*) Axiomatik der relativistischen Raum-Zeit-Lehre. Fr. Vieweg u. Sohn. Braunschweig 1924. (*2*) Philosophie der Raum-Zeit-Lehre. Berlin u. Leipzig: W. de Gmyter & Co. 1928. (*3*) Kausalität und Wahrscheinlichkeit. Erkenntnis, **1**, 158 (1930). (*4*) Zum Anschaulichkeitsproblem der Geometrie. Erkenntnis, **2**, 61 (1931). (*5*) Bemerkungen zum Wahrscheinlichkeitsproblem. Erkenntnis, **2**, 365 (1931). (*6*) Die philosophische Bedeutung der modernen Physik. Erkenntnis, **1**, 47 (1930/31). (*7*) Axiomatik der Wahrscheinlichkeitsrechnung. Math. Z., **34**, 568 (1932). (*8*) Wahrscheinlichkeitslogik. Sitzgsber. preuß. Akad. Wiss., **29**, 476 (1932). (*9*) Die logischen Grundlagen des Wahrscheinlichkeitsbegriffs. Erkenntnis, **3**, 401 (1932/33). (*10*) Wahrscheinlichkeitslehre. Leiden: A. W. Sijthoff's nitgeversmaatschappij N. V. 1935.

RENQVIST, Y.: (*1*) Über den Geschmack. Skand. Arch. Physiol. (Berl. u. Lpz.), **38**, 97 (1918). (*2*) Der Schwellenwert des Geschmackreizes bei einigen homologen und isomeren Verbindungen. Skand. Arch. Physiol., **40**, 117 (1920). (*3*) Über die den Bewegungswahrnehmungen zugrunde liegenden Reize. Skand. Arch. Physiol., **50**, 52 (1927). (*4*) Über die Abhängigkeit der Kraftempfindungen von der zu bewegenden Masse und der Bewegungsgeschwindigkeit. Skand. Arch. Physiol., **51**, 157 (1927). (*5*) Über die Reizschwelle der Kraftempfindungen. Z. Biol., **85**, 391 (1927). (*6*) Über Bewegungswahrnehmungen. Naturwiss., **16**. Jg., 693 (1928). (*7*) Über die Spannungsempfindung bei Reibungsbewegungen. Skand. Arch. Physiol., **59**, 33 (1930). (*8*) Über Spannungsempfindung, Kraftbegriff und Bedeutung der Zeit bei dem Empfindungs-Reizverhältnis. Skand. Arch. Physiol., **59**, 53 (1930). (*9*) Empfindung und Reiz, ihre Beziehung zueinander und ihre Meßbarkeit. Naturwiss., **19**. Jg., 567 (1931). (*10*) Über Zuordnung von Bewegung und Bewegungswahrnehmung. Psychol. Forschg., **14**, 294 (1931). (*11*) Über das Messen (die quantitativen Verfahren) in der Sinnesphysiologie. Die topologische und die metrische Bestimmung der Sinnesinhalte. Skand. Arch. Physiol., **63**, 295 (1932). (*12*) u. A. MALIN: Vergleich der Kraftempfindungen bei willkürlichen und elektrisch ausgelösten Armbewegungen. Skand. Arch. Physiol., **51**, 136 (1927). (*13*) u. A. MALI: Über die elektrische Reizschwelle für Muskelzuckung, Spannungsempfindung und Hautprickeln. Skand. Arch. Physiol., **57**, 106 (1929). (*14*) u. H. KOCH: Periodendauer und Nutzzeit des Wechselstromes bei sensiblen und motorischen Schwellen. Skand. Arch. Physiol., **59**, 279 (1930). (*15*) u. EEVA ELMGREN u. K. v. BAGH: Die Unterschiedsschwellen der Spannungsempfindung. Skand. Arch. Physiol., **63**, 285 (1932). (*16*) Das Messen auf dem Gebiete der Propriozeptiv- und der Berührungsempfindungen. Erg. Physiol. **35**, 827 (1933). (*17*) Der sinnesphysiologische Versuch als Grundform des exakten Experimentes. Ann. Acad. Sci. Fennicae, Ser. A, **41**, No. 2 (1934). (*18*) Das WEBERsche Gesetz im Lichte der Wissenschaftslogik. Sudhoffs Arch., **27**, 243 (1934).

RÉVÉSZ, G.: Physiologische Analyse der Störungen im taktilen Erkennen. Z. Neur., **115**, 586 (1928).

SCHJELDERUP, H. K.: Über die Abhängigkeit zwischen Reiz und Empfindung. Z. Psychol., **80**, 226 (1918).

SCHLICK, M.: (*1*) Allgemeine Erkenntnislehre. Berlin: Julius Springer. 1925. (*2*) Über das Fundament der Erkenntnis. Erkenntnis, **4**, 79 (1934).

SCHRIEVER, H.: Über die Gültigkeit des WEBERschen Gesetzes im Gebiete des Drucksinnes bei möglichst verhinderter Reizausbreitung. Arch. f. Psychol., **51**, 137 (1925).

SCHOLZ, H.: Geschichte der Logik. Berlin: Junker u. Dünnhaupt. 1931.

SCHRÖDINGER, E.: Anmerkungen zum Kausalproblem. Erkenntnis, **3**, 65 (1932/33).

SHERRINGTON, C. S.: Proc. roy. Soc. Lond. B, **105**, 332 (1926). Siehe auch CREED u. a.

SKRAMLIK, E. v.: (*1*) Über irrtümliche Wahrnehmungen. Erg. Physiol., **24**, 648 (1925). (*2*) Über die Lokalisation der Empfindungen bei den niederen Sinnen. Z. Sinnesphysiol., **56**, 69 (1925). (*3*) Lebensgewohnheiten als Grundlage von Sinnestäuschungen. Naturwiss., **13**. Jg., 118, 134 (1925). (*4*) Physiol. d. Geschmackssinnes. Handb. d. norm. u. pathol. Physiol. Bd. XI. 1 (1926). (*5*) Die Grundlagen der haptischen Geometrie. Naturwiss., 22. Jg., 601, 623 (1934).

STEIN, H. u. V. v. WEIZSAECKER: (*1*) Der Abbau der sensiblen Funktionen. Dtsch. Z. Nervenheilk., **99**, 1 (1927). (*2*) Pathologie der Sensibilität. Erg. Physiol., **27**, 657 (1928).

STERN, W.: Raum und Zeit als personale Dimensionen. Acta psychol., **1**, 220 (1935).

STRATTON, G. M.: Über die Wahrnehmung von Druckänderungen bei verschiedenen Geschwindigkeiten. Wundts philos. Stud., **12**, 525 (1896).

v. STRÜMPELL, A.: Dtsch. med. Wschr., 1904, Nr. 39 u. 40.

SZÉKELY, L.: Über den Aufbau der Sinnesfunktionen. Z. Psychol., **127**, 227 (1932).

VOGEL, TH.: Bemerkungen zur Aussagentheorie des radikalen Physikalismus. Erkenntnis, **4**, 160 (1934).

WANGEL, RIITTA, EEVA ELMGREN, K. v. BAGH u. Y. RENQVIST: Kraft- und Längenmetrik der Bewegungsempfindung bei Beugungen im Ellbogengelenk. Skand. Arch. Physiol. (Berl. u. Lpz.), **63**, 133 (1931).

WEBER, E. H.: (*1*) De pulsu, resorptione, tactu et auditu. Annotationes anatomicae et physiologicae. Lipsiae 1834 u. 1851. (*2*) Der Tastsinn und das Gemeingefühl. Wagners Handwörterbuch der Physiologie, 3. Abt., 2, S. 93. Braunschweig 1846.

WEIZSAECKER, V. v.: (*1*) Dtsch. Z. Nervenheilk., **80**, 159 (1923). (*2*) Einleitung zur Physiologie der Sinne. Handbuch der normalen und pathologischen Physiologie, Bd. 11, S. 1. 1926.

WERNER, H. u. P. v. SCHILLER: Untersuchungen über Empfinden und Empfindung. Z. Psychol., **127**, 265 (1932).

WERTHEIM-SALOMONSON, J.: Die Effektgröße als Funktion der Reizgröße. Pflügers Arch., **100**, 455 (1903); 108, 105 (1905).

WEYL, H.: Philosophie der Mathematik und Naturwissenschaft. Handbuch der Philosophie, herausgeg. von BÄUMLER u. SCHRÖTER, Abt. II A. München u. Berlin 1926.

WUNDT, W.: Beiträge zur Theorie der Sinneswahrnehmung. Leipzig u. Heidelberg 1862.

ZILSEL, E.: Bemerkungen zur Wissenschaftslogik. Erkenntnis, **3**, 143 (1932).

Berichtigung.

Seite 32, letzte Formel: x_i statt y_i im Nenner.
Seite 72, zweiter Absatz, vierte Zeile von oben: (t 2, t 3) statt (t_2, t_3).
Seite 93, 22. Zeile von oben: ($A\,B$ und $B\,C$) statt ($A\,B$ und $A\,C$).
Seite 96, fünfter Absatz, dritte Zeile: 3. Stufe statt 2. Stufe.
Seite 96, fünfter Absatz, vierte Zeile: 2. Stufe statt 1. Stufe.